高等学校计算机应用规划教材

软件测试技术

杨怀洲　编著

清华大学出版社

北　京

内 容 简 介

本书系统地介绍软件测试的基本原理与方法，重点讲解软件测试的基本技术、测试用例的设计方法、软件测试的主要过程、软件缺陷的报告以及测试的评估方法。同时，结合软件测试工程实践，讲解测试项目管理、自动化测试原理以及测试工具的分类和选择。书后附录部分给出了常用软件中测试术语的中英文对照、与测试相关的软件工程国家标准目录、实用的软件测试计划模板和验收测试报告模板，供读者学习参考。

本书融入作者十余年软件工程领域实践与教学经验，内容精炼实用、条理清晰并且通俗易懂。通过丰富的实例和实践要点描述，方便读者理解测试理论和技术的具体应用方法，力求使软件测试初学者可以在短时间内掌握软件测试技术核心内容，为进一步适应高级软件测试工作打下坚实基础。

本书可作为软件工程、计算机科学与技术以及相关专业的本科生教材和硕士研究生参考教材，也可以作为各类软件工程技术相关人员的参考书。

本书对应的课件可以到 http://www.tupwk.com.cn/downpage 网站下载，也可通过扫描前言中的二维码下载。

图书在版编目(CIP)数据

软件测试技术 / 杨怀洲 编著. —北京：清华大学出版社，2019（2024.2重印）
(高等学校计算机应用规划教材)
ISBN 978-7-302-52501-1

Ⅰ. ①软… Ⅱ. ①杨… Ⅲ. ①软件—测试—高等学校—教材 Ⅳ. ①TP311.55

中国版本图书馆 CIP 数据核字(2019)第 043098 号

责任编辑：胡辰浩　李维杰
装帧设计：孔祥峰
责任校对：牛艳敏
责任印制：沈　露

出版发行：清华大学出版社
　　　　网　　　址：https://www.tup.com.cn，https://www.wqxuetang.com
　　　　地　　　址：北京清华大学学研大厦 A 座　　　　　邮　　编：100084
　　　　社 总 机：010-83470000　　　　　　　　　　　邮　　购：010-62786544
　　　　投稿与读者服务：010-62776969，c-service@tup.tsinghua.edu.cn
　　　　质 量 反 馈：010-62772015，zhiliang@tup.tsinghua.edu.cn
印 装 者：三河市少明印务有限公司
经　　销：全国新华书店
开　　本：185mm×260mm　　　　印　　张：17.75　　　　字　　数：455 千字
版　　次：2019 年 4 月第 1 版　　　印　　次：2024 年 2 月第 9 次印刷
定　　价：79.00 元

产品编号：083108-03

前　言

　　现阶段，软件测试基础人才不足，已成为制约我国软件产业发展的瓶颈。在国内，虽然软件测试仍然处于起步阶段，但是毫无疑问，就 IT 产业发展前景来看，软件测试是软件行业中的朝阳产业。信息产业目前已成为我国的支柱性产业，特别是伴随着"互联网+"战略上升至国家战略，软件行业正在以前所未有的速度蓬勃发展，因此也极大地带动了软件测试行业的快速发展。软件测试对于软件质量保障的重要性越来越多地得到软件企业和软件研发团队的重视，专业的软件测试人才需求不断扩大，各种软件测试培训机构和网站数量不断增多，软件测试已成为 IT 产业中的一个重要行业分支。

　　但是与软件测试发展和人才需求不相适应的是，很多软件企业认为，大量软件测试岗位应聘者缺乏对于软件测试技术的系统培训，未能系统化地掌握软件测试正规流程，一些应聘者虽然有一些软件研发经验，但是不了解软件测试岗位需求。从软件测试人员的现状来看，也存在着很多问题。测试人员的专业知识不够扎实，只懂得一些表面上的测试技术，不能全面胜任软件测试工作，更无法胜任软件测试项目管理工作；测试人员没有建立相对完整的测试体系概念，对软件测试的基本定义和目的不清晰，不了解如何具体开展软件测试工作；忽视软件测试理论知识，认为理论知识没有用而不去深入理解软件测试的基本原理。软件测试人才知识能力结构不健全的根本原因是人才培养途径不健全，因此，急须加强高等院校软件测试技术相关课程的建设。

　　软件测试远比人们直观想象的复杂，测试工作具有很高的组织管理和技术难度，测试理论也比较庞杂，具有理论和实践高度联系的特点。软件测试工具相比于软件开发工具来讲，分类更为细致并且数量众多，一个软件项目的测试工作往往需要多种软件测试工具的配合使用才能达到全面和深入测试的效果。同时，高等院校软件测试技术课程的讲授或多或少地受到讲授形式和有限课时的限制，与培训机构动辄 4~6 个月的软件测试培训周期和以实验练习为主的培训方式有很大的不同。

　　上述实际情况使得高等院校软件测试技术课程的讲授具有一定的挑战性，需要精心编排和组织授课内容，设定合理的授课目标，力争在有限的学时内，使学生掌握软件测试的基本原理、方法和技术，熟悉软件测试的正规流程以及相关标准和规范，了解软件测试项目的管理方法，并且能够学习掌握自动化测试的原理和基本的软件测试工具，为今后更为深入地学习软件测试知识技能和胜任高级软件测试工作打下坚实基础。为此，本书在内容上进行了精心组织，摒弃了一些复杂深奥和实用性不强的理论内容，加强了对软件测试基本技术的讲解，力求通过丰富的典型实例和通俗易懂的语言，使读者快速理解重点内容、切实掌握相关难点。同时，重视理论与实践相结合，根据当前软件测试行业技术应用现状和未来发展趋势，使读者既能够系统地

掌握软件测试的基本理论和方法,又能够明晰这些理论和方法是如何在实际应用中发挥作用的。本书主要包括以下内容:

(1) 测试基础知识。在第 1 章中通过分析软件测试工程师的职业发展前景和当前我国软件测试行业现状,使读者首先了解学习本课程的意义,增强学习兴趣;介绍软件测试的发展历程、基本概念、原则和术语;详细说明软件测试的目的、分类、流程和基本的软件测试过程;细致讲解常见的软件测试模型;阐述什么是测试用例、如何正规书写测试用例、如何保障测试用例的设计质量。

(2) 测试基本技术。在第 2 章和第 3 章中结合经典实例,重点讲解常用的白盒测试技术和黑盒测试技术以及相应的测试用例设计方法,对难以掌握和应用中易错的知识点进行实例化说明。总结和分析白盒测试和黑盒测试的优缺点,在此基础上给出白盒测试和黑盒测试技术的应用策略。

(3) 测试过程。在第 4 章中,从单元测试、集成测试、系统测试和验收测试 4 个阶段详细介绍软件测试执行过程,说明各测试阶段依据的主要技术文档、参与人员、典型测试数据和采用的主要技术,对回归测试的方法和注意事项进行介绍。

(4) 功能与非功能测试。在第 5 章中,对各种典型的功能和非功能测试技术进行说明,重点讲解性能测试的分类以及常用的性能测试指标。

(5) 缺陷报告与测试评估。在第 6 章中,详细说明报告软件缺陷的方法,重点说明如何完成定量化测试评估,介绍测试总结报告的编写方法。

(6) 测试管理。在第 7 章中,介绍测试管理中一些最为重要的管理内容和相关知识,主要包括软件质量管理标准和管理体系、如何制定测试计划、测试项目中的测试文档以及测试配置管理等内容。

(7) 软件测试自动化。在第 8 章中,介绍自动化测试的原理,说明测试工具的分类和选择方法,给出一些常用测试工具的说明。

本书在编写过程中参考了很多专著、教材、论文和大量的网上资料,由于篇幅所限,一些细节之处未能一一列出。在此,向所有作者表示衷心的感谢和诚挚的敬意。由于作者专业水平有限,书中难免有缺点和欠妥之处,恳请读者批评指正,以便于今后不断修正和改进。我们的电话是 010-62796045,信箱是 huchenhao@263.net。

本书对应的课件可以到 http://www.tupwk.com.cn/downpage 网站下载,也可通过扫描下方的二维码下载。

作　者

2018 年 12 月

目　　录

第 1 章

软件测试概述

软件测试是保障软件质量的关键手段。当今社会是信息化社会,各种信息化技术高速发展,表现为软件几乎无所不在。软件不仅存在于我们的计算机中,而且几乎存在于我们日常接触和使用的所有电子设备之中。随着软件数量、规模和复杂度的增加,其质量优劣深刻影响着各行各业的发展和人们的日常生活。对软件测试技术的学习与应用越来越得到 IT 从业人员的重视。

本章介绍软件测试的行业需求、现状和发展历程,给出软件测试的基本概念、目的、分类和原则,说明软件测试过程、常见测试模型和测试用例。目的在于使读者在深入学习具体测试技术之前,首先建立起正确和全面的测试思想,理解和掌握软件缺陷、软件测试、测试过程模型和测试用例编写规范等基本软件测试知识。

1.1 软件测试行业需求与现状

近年来,我国软件测试行业一直呈现出迅猛发展的势头,留意一下 51Job 和中华英才网有关软件测试工程师的大量招聘信息即可体会一二。据国家权威部门统计,中国软件测试人才缺口高达 30 多万,并且仍以每年 20%的速度增加。这一现象背后的主要原因是,随着软件行业竞争的加剧和用户对于软件产品质量意识的逐步提升,国内软件企业都在加大对于软件质量管理的投入。我国软件行业起步较晚,大量软件企业在发展初期往往重开发而轻测试,软件质量管理意识薄弱,为抢占市场和降低运营成本,片面追求软件开发的短平快,不少企业因软件产品质量问题而导致生存极其困难。

我国软件测试行业虽然经历了近几年的快速发展,但是仍然非常薄弱,比较明显的反映是软件测试和开发工程师在人员比例上的严重失衡。国际上公认的软件测试和开发工程师人员配置比例标准是 1∶1,国外一些开发大型、复杂软件系统的成熟企业(如微软公司),软件测试人员和开发人员的比例约为 2∶1,表 1-1 中是微软公司两个大型软件产品在开发过程中开发人员和测试人员的比例。

表 1-1   微软公司 Exchange 2000 和 Windows 2000 项目的测试人员和开发人员比例

	Exchange 2000	Windows 2000
项目经理	25 人	250 人
开发人员	140 人	1700 人
测试人员	350 人	3200 人
测试人员与开发人员比例	2.5∶1	1.9∶1

但是如图 1-1 所示，能够达到上述合理比例的国内企业数量仅占 7%，1∶7 以上配置比例的企业数量仍然高达 18%，这从一个侧面反映了我国软件测试行业的成熟度与国外相比还有很大的差距，同时也说明其增长空间是巨大的。随着移动计算、互联网+、物联网和大数据的兴起，我国软件产业在今后必将蓬勃发展，但是软件测试人才的极度短缺会成为制约软件产业发展的瓶颈，这一状况的改善需要一定的时间。除此之外，国内软件测试行业在对测试的理解和认识、对测试过程的正规化管理、对自动化测试工具的使用和对测试人员的培养方面也存在着诸多不足之处。

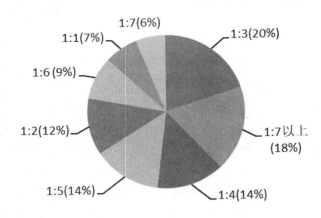

图 1-1　软件测试人员和开发人员比例

软件测试职业具有良好的发展空间和独特的职业优势，除了上述谈到的软件测试人才需求量越来越大的特点外，其职业优势还体现在以下几个方面：

(1) 职业门槛不高。通过短期系统化地学习软件测试理论和技术，就能胜任基本的软件测试工作。但需要注意的是，软件测试工作对于专业综合素质要求比较高。

(2) 职业生命周期长。软件测试工作没有年龄限制，更多的是要求经验和耐心，随着测试经验的不断丰富与积累，职业价值会越来越高。

(3) 无性别偏好。软件开发岗位因种种原因男性从业人员较多，软件测试工作对于耐心细致、条理性、沟通与交流能力等相对偏重，工作压力和强度相对较小。据统计，目前软件测试领域女性比例比男性稍多一点，维持在男女比例较均衡的状态。

(4) 多元化发展，职业空间广阔。测试人员不但需要对软件的质量进行检测，还能接触到与软件相关的各行各业，项目管理、沟通协调、市场需求分析等能力都能得到很好的锻炼，从而为自己的多元化发展奠定基础，经过一两年实践后，很容易晋升到主管、项目经理等高级职位。

如图 1-2 所示，据统计，软件测试人员所属行业主要是通信及互联网行业、应用软件行业和金融行业，所占比例分别为 41%、20% 和 14%，三者总体占比达到 75%。这一数据从一个侧面反映了在我国信息化建设过程中，软件产品开发和应用色彩浓厚的企业受到社会和个人的青睐，测试人才需求量不断上升。可以预见的是，随着我国建设数字化强国战略的实施，电子、教育、政府和工业控制等行业对于软件测试人才的需求量还将不断扩大。

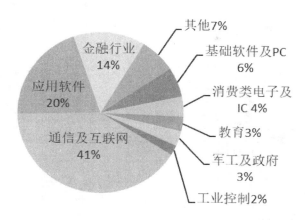

图 1-2　软件测试人员所属行业分布

从软件测试职业发展方向来看，大体可以分为技术和管理两个方向。根据测试能力和经验的不同，技术方向又可分为初级、中级和高级 3 个技术阶段。

1）初级技术阶段

大体涵盖初级和中级软件测试工程师职位，一般是进入软件测试行业 3 年以内的常规测试从业者所经历的阶段。处于这一阶段的测试人员的工作内容主要是接受测试主管分配的任务，根据已有测试计划、流程和方案编写和执行测试用例、提交软件缺陷报告、完成阶段性测试报告以及参与部分阶段性评审工作。

初级测试工程师一般需要熟悉软件测试理论和技术、测试用例编写方法、测试流程和规范、常用测试管理工具，能够独立设计测试方案和编写测试报告，主要完成软件功能测试任务。中级测试工程师一般需要能够制定测试计划、审核功能需求和设计文档、编写自动化测试脚本，并且能够合理运用测试工具完成自动化测试，提交质量分析报告。

2）中级技术阶段

处于此阶段的软件测试从业人员已经能够胜任自动化测试工程师、白盒测试工程师、性能测试工程师职位。自动化测试工程师能够熟练运用测试工具进行软件黑盒测试。白盒测试工程师能够完成单元测试阶段的代码级测试，包括代码走读、逻辑测试、代码效率检查和覆盖率分析等。由于需要熟练掌握程序语言，因此技术要求较高。性能测试工程师需要能够在功能测试后对系统性能指标进行测试分析，综合技术能力要求非常高，要求熟练掌握软件开发、操作系统、数据库、应用服务器、网络协议等理论和技术，这样才能够准确捕捉和定位性能问题。

3）高级技术阶段

相比于中级技术阶段的技术能力要求，高级技术阶段的自动化测试工程师不仅需要能够完成自动化测试脚本的设计和开发，还需要能够设计数据驱动，开发测试框架以及自主开发测试特定业务所需要的一些企业内部小型测试工具。对于白盒测试来讲，需要结合不同软件架构和多种开发技术，寻找最为有效的代码测试方法，并且具有对代码进行优化的能力。对于性能测试来讲，需要具备设计整体性能测试方案的能力，这就要求对主流的软件开发模式和应用系统具备丰富的知识和经验。

从技术能力上来讲，安全测试工程师已经属于高级技术阶段的职位。这是由于安全测试工程师必须具有极高的专业理论和技术水平，对安全标准和体系、操作系统与网络、软件开发模式和架构、软件系统功能和性能测试等都要有很丰富的经验，这样才能预见软件安全漏洞并且进行尝试性攻击，完成安全性测试任务。

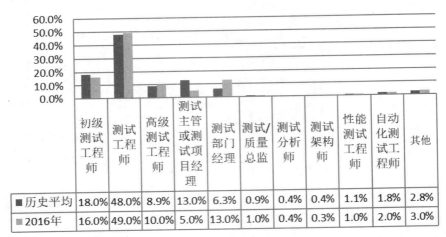

	初级测试工程师	测试工程师	高级测试工程师	测试主管或测试项目经理	测试部门经理	测试/质量总监	测试分析师	测试架构师	性能测试工程师	自动化测试工程师	其他
■历史平均	18.0%	48.0%	8.9%	13.0%	6.3%	0.9%	0.4%	0.4%	1.1%	1.8%	2.8%
■2016年	16.0%	49.0%	10.0%	5.0%	13.0%	1.0%	0.4%	0.3%	1.0%	2.0%	3.0%

图 1-3 软件测试人员职位分布

软件测试职业向管理方向发展，一般会经历测试主管、测试经理和测试总监 3 个职位。

1) 测试主管

一般由具备 3~5 年软件测试经验的人员担任，其工作职责通常是根据项目经理或测试经理的计划安排，负责调配 1~3 名测试工程师完成模块级或项目级测试工作。测试主管需要熟练掌握各种测试方法，具备过硬的测试技术，其具体工作内容往往是负责测试流程的具体实施，在思考如何对软件进行深入、全面测试的基础上完成测试设计工作。

2) 测试经理

一般由管理和技术能力都比较成熟的资深测试人员担任，负责调配业务测试、功能测试、性能测试等不同类型测试工程师，完成企业级或大型项目级软件总体测试工作的策划和实施。除此之外，还需要研究不同软件架构和开发技术下的测试方法，为测试团队成员提供业务指导。

3) 测试总监

在大型软件企业或专门提供测试服务的企业中一般会设立该职位。测试总监负责企业级全部测试及产品质量保障工作，全面管理企业的相关测试资源。

由图 1-3 的统计结果可知，虽然软件测试职位具有很多分类，但是初级和普通的测试工程师两者占比之和高达 55%，高精专的技术和管理测试人才非常稀缺，反映了 IT 行业从来都是"千军易得，一将难求"的行业特征。

1.2 软件中的 Bug

1.2.1 Bug 与软件缺陷

我们常说，软件测试就是寻找软件中的 Bug。Bug 是"虫子"的意思，现在人们将计算机系统或程序中隐藏的问题、缺陷或漏洞统称为 Bug。在软件测试领域，我们一般使用更为正规的名词：软件缺陷(Software Defect)。

软件缺陷的含义比较宽泛，国内软件可靠性工程领域广泛使用的定义为：软件缺陷就是存在于软件(程序、数据和文档)中的那些不希望或不可接受的偏差，会导致软件产生质量问题。在这里需要注意两点：一是这里所说的偏差是指软件与用户需求的偏差；二是不仅是程序，各类软件文档中的错误也属于软件缺陷，都是 Bug！

IEEE 国际标准 729—1983 中给出的软件缺陷标准定义是：从软件产品内部看，软件缺陷是软件开发或维护过程中存在的错误、毛病等各种问题；从软件产品外部看，软件缺陷是系统所需要实现的某种功能的失效或违背。

通常认为，只要符合下面 5 条规则中的任意一条，就是软件缺陷：

(1) 软件未达到软件规格说明书中规定的功能；

(2) 软件超出软件规格说明书中指明的范围；

(3) 软件未达到软件规格说明书中指出的应达到的目标；

(4) 软件运行出现错误；

(5) 软件难以理解，不易使用，运行速度慢，或者最终用户认为使用效果不好。

在一些外文书籍中，只是将软件测试执行过程中发现的问题称为 Bug，而将软件需求和设计阶段引入的错误称为 Defect(缺陷)，将编码错误称为 Error(错误)，将软件交付用户使用过程中的错误称为 Failure(故障)。这种狭义上的概念划分我们了解即可。

Bug 一词的产生来源于一次有趣的历史事件。

1945 年 9 月 9 日，美国海军的 Grace Hopper 中尉作为程序员正在研制一台被称为 MARK II 的计算机。那时的计算机还不是完全的电子计算机，需要使用大量的继电器完成工作。因为正值炎热的夏天，机房又位于一栋没有空调的老建筑内，因此为了散热，所有窗户都敞开着。突然，MARK II 死机了。Grace Hopper 经过排查，在计算机的继电器里，找到了一只被继电器打死的小飞蛾，这只小虫子卡住了计算机的运行。Grace Hopper 顺手将飞蛾夹在工作笔记里，并诙谐地把程序故障称为"Bug"。这一称呼后来演变成表达缺陷漏洞的计算机专业术语，人们习惯地把排除程序故障叫作"Debug"(除虫)。这一事件记录和那只飞蛾可以被称作第一个 Bug 记录手稿(如图 1-4 所示)，现在陈列在美国历史博物馆中。这就是我们今天所说的 Bug 的由来，它最初竟然真的就是"一只虫子"。

图 1-4　第一个 Bug 记录手稿

值得一提的是，Grace Hopper(如图 1-5 所示)后来成为美国海军少将，她是第一个程序语言编译器的开发者，第一个使用词语的计算机语言开发者，第一个商用编程语言 COBOL 的开发者，是与阿兰·图灵、史蒂夫·乔布斯、比尔·盖茨等一同入选"IT 界十大最有远见的人才"的唯一一位女性。2016 年，Grace Hopper 被奥巴马追授总统自由勋章，这是美国平民所能获得的最高荣誉。

图 1-5　Grace Hopper

1.2.2　软件 Bug 的普遍性与危害性

今天，在我们的日常生活中所能碰到的软件 Bug，多到了令人难以置信的程度。就拿我们经常使用的 Windows 系统来说，它的每一个版本中都含有太多的 Bug，从微软公司每发布新的 Windows 版本后不断推出补丁程序这一现象我们就能窥知一二。据报道，早期的 Windows 95 中含有 5000 多个 Bug！即使目前最新版本的 Windows 系统也仍然有似乎无数的 Bug 被不断地发现。再看看我们手机中的 Android 系统，越用越慢，无缘无故死机，各种 Bug 频出。

据统计，每年因软件问题会让美国经济损失近 600 亿美元。软件 Bug 的普遍存在影响的不仅仅是我们的日常生活，历史上很多灾难性事件的发生都是由软件 Bug 引起的。

1979 年 11 月 28 日，新西兰航空 901 号班机因计算机控制的自动飞行系统发生故障在南极洲埃里伯斯火山撞山坠毁，机上 237 名乘客及 20 名机组成员全部罹难。

1982 年夏天，苏联西伯利亚天然气管线发生一次特大爆炸，这次爆炸对苏联经济的打击异常沉重。由于天然气管线设计十分复杂，需要一种高级自动控制软件进行控制，当时苏联人还没能掌握相关技术。苏联政府向美国公司求购遭到拒绝，随后派遣间谍进入一家加拿大公司企图盗取这一技术。美国中情局特工决定让苏联人得到一种"特殊版本"的自动控制软件，并且将这种软件提供给所有可能已被苏联间谍渗透的加拿大公司。苏联间谍果然偷走有问题的软件，导致前面提到的大爆炸。

1987 年 10 月 19 日，道琼斯指数一天之内下跌达 22.6%，创下历史单日最大跌幅，引发金融市场恐慌，股市一天就损失 5000 亿美元。很多人认为这场股灾是因程序交易引起的，计算机程序看到股价下挫，便按早就设定好的机制大量抛售股票，造成系统崩溃，导致大多数的投资者盲目跟从，从而形成恶性循环，令股价加速下跌。

1991 年 2 月 25 号，海湾战争期间，一枚美国的爱国者导弹因为基于内部时钟的时间计算缺陷，无法在沙特阿拉伯的达兰成功拦截伊拉克发射过来的一枚飞毛腿导弹。该飞毛腿导弹击中该地区的一个美军军营并导致 28 名士兵阵亡。美国审计总署提供的报告描述了该拦截失败的原因，其标题为："爱国者导弹防御：软件缺陷导致防御系统在沙特阿拉伯达兰的拦截失败"。

1996 年 6 月 4 日，欧洲航天局发射的一架未载人的阿丽亚娜 5 号火箭，在发射升空 40 秒之后发生了爆炸。这项造价 70 亿美元的火箭项目是 10 年研发后的首次发射。损毁的火箭和货仓就价值 5 亿美元。事故调查委员会两周后给出了爆炸的起因，声称是惯性参考系统的一个软件错误引发的。

2016 年 10 月 19 日，欧洲太空总署火星登陆器"斯基亚帕雷利"坠毁在火星表面。欧洲航天局事后宣布，事故原因调查发现，由于用以测量登陆器旋转速度的数据错误，登陆系统软件认为登陆器已经着陆，提早释放了降落伞，而减速用的推进器只点火几秒就终止，当时它仍然位于火星表面上方 3.7 公里处。错误虽只持续了一秒，但足以破坏登陆器的导航系统。

以上我们列举了一些历史上发生在航空、航天、能源、金融和军事领域的典型软件缺陷案例，但这仅仅是"软件 Bug 灾难史"的一小部分！今天，随着软件无所不在，软件 Bug 也总是如影随形。软件测试就是为了发现和清除软件缺陷，生产出满足人们需要的高质量软件产品。

1.2.3　软件缺陷产生的原因

软件中有如此多的缺陷，其产生原因是多方面的。我们具体分为软件、技术、团队和管理四个方面并进行分析(如图 1-6 所示)。

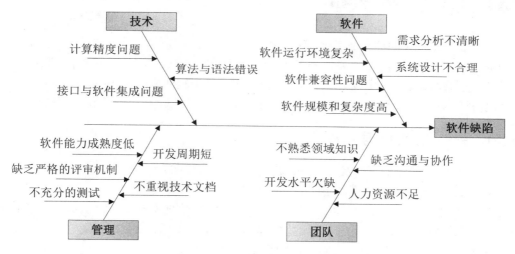

图 1-6　软件缺陷产生的原因

1) 软件自身因素

软件是具有复杂运算逻辑的产品，软件的规模越来越庞大，复杂度也越来越高，软件是由人开发的，因此不可能完美无缺，软件缺陷是难以避免的。实践表明，软件需求和设计问题是导致软件缺陷的主要原因，包括软件需求说明书编写不全面、不完整、不准确，需求分析时与用户交流不足，需求的频繁变更，以及开发人员不能很好地理解需求说明书和沟通不足等。当需求分析人员与用户沟通的时候，没有详细了解到用户的具体需求，导致需求分析不够全面。分析人员可能会误解用户需求，或者做软件分析说明书时出现误差。软件设计人员在体系结构或构件设计方面可能设计得不够合理。编程人员按照软件设计说明实现软件时，也可能在理解和沟通上出现问题，做出的产品与设计不符。除此之外，软件运行环境的复杂性以及兼容性等问题，也是软件缺陷产生的重要原因。

2) 软件涉及的具体技术问题

软件开发会涉及大量具体的技术问题，如算法、语法、软件接口、计算精度、软件安全、性能保障以及模块封装与集成，等等。对于任何一项技术，如果有处理不当之处，都会产生软件缺陷。

3) 开发团队问题

开发团队如果出现业务领域知识不足、开发水平达不到要求、人员之间缺乏沟通与协作以及软件项目团队人力资源不足的情况，都会埋下产生软件缺陷的隐患。

4) 项目管理问题

大量的软件项目难以按照计划的进度和预算完成，超预算和超进度的情况比比皆是。软件项目进度和预算的压力必然会对软件项目管理造成影响，使得原有的软件质量控制目标难以达成。保证软件质量的测试工作是相当耗时的，一个软件项目往往需要经过很多次的测试才能将软件缺陷的数量降低到可以接受的程度。此外，软件能力成熟度低、技术文档缺失、评审不严格等管理问题必然会引发大量的软件缺陷。

1.3 什么是软件测试

我们都知道测试的英文是 Test，源于拉丁语 Testum，原意是罗马人使用的一种陶罐，用来评估稀有矿石类材料的质量。从这一点我们就可以知道，测试和产品质量是紧密联系的。测试事实上包含硬件测试和软件测试两个方面，在本书中特指软件测试(Software Testing)。软件测试在其发展历程中有过不同的定义和观点，了解它们有助于建立正确的软件测试思想。

1.3.1 软件测试的发展历程

迄今为止，软件测试的发展一共经历了五个重要时期。

1) 1957 年之前，以调试为主(Debugging Oriented)

20 世纪 50 年代，英国科学家图灵就给出了软件测试的原始定义："测试是程序正确性证明的一种极端实验形式"。由于当时的软件规模小、复杂度低、开发过程无序，测试被等同于软件调试，真正意义上的软件测试还未形成。

2) 1957—1978 年，以证明为主(Demonstration Oriented)

1957 年之后，软件测试和软件调试才被区分开来，成为一种发现软件缺陷的独立活动。但是，此时的测试活动往往在代码完成之后进行。相比于软件开发，软件测试的投入非常少，而且缺乏有效的测试方法。20 世纪 50 年代后期到 60 年代，虽然高级语言相继出现，软件复杂度增加，但是相比于硬件系统而言，软件处于次要地位，其正确性仍然主要依赖软件开发人员的水平。这一时期，软件测试理论和方法的发展都很缓慢，测试主要以功能验证为主，测试被看作证明软件正确性的一种方法。1957 年，Charles Baker 对调试和测试进行了区分：调试(Debug)是确保程序做了程序员希望它做的事情，而测试(Testing)是确保程序解决了它该解决的问题。这一区分是软件测试史上的一个重要里程碑，它标志着测试首次具有了独立性。

1972 年，在美国的北卡罗莱纳大学举办了历史上首届正式的软件测试会议，标志着软件测试作为一个学科正式诞生了。软件测试一直与软件工程的发展紧密相关。20 世纪 60 年代中期之后，随着软件应用数量的急剧增长，软件危机愈演愈烈。为了研究如何通过系统化和工程化的方法应对软件危机，1968 年北大西洋公约组织在联邦德国召开国际会议，会议上正式提出了"软件工程"这一名词，标志着软件工程学科的诞生。随着软件开发在软件工程方法指导下不断正规化，软件测试理论和方法也不断完善。1973 年，William C. Hetzel 整理出版了软件测试的第一本著作 *Program Test Methods*，对测试方法和测试工具进行了论述。1975 年，Goodenough 和 Gerhart 首次提出了软件测试的理论，使得软件测试成为具有理论指导的实践性学科。

3) 1979—1982 年，以破坏为主(Destruction Oriented)

1979 年，Glenford J. Myers(见图 1-7)出版了对软件测试行业影响深远的著作《软件测试的艺术》，他在书中给出了具有开创性意义的软件测试定义："测试是为了发现错误而执行程序或系统的过程"。这一时期，软件测试的重要意义逐渐被人们所认识，逐渐产生了专业的测试人员，也出现了一些专门的测试工具。同时，人们也意识到，测试不仅是编码之后的一项工作，为了减少改正软件错误的成本，测试工作必须在软件生命周期的前期需求和设计阶段就开始进行，并且需要制定周密的测试计划。受这种软件测试思想的影响，在这一时期，测试往往以破坏性为导向，被看作从软件中寻找错误的过程。

图 1-7　Glenford J. Myers

4) 1983—1987 年，以评估为主(Evaluation Oriented)

20 世纪 80 年代以来，软件行业开始高速发展，软件规模不断增大，复杂度越来越高，并且以各种形式应用于各行各业，深刻影响着人们的生活。因此软件的质量变得越来越重要。软件测试需要运用专门的方法、手段和工具才能满足测试时间和成本的要求，各种实用的软件测试工具应运而生。这一阶段的测试内涵也发生了转变，测试不再是单纯发现错误的过程，而是包含软件质量评价的内容。软件测试成为保障软件质量的重要手段，并且完全融于整个软件开发生命周期。正如 1983 年软件测试先驱 Bill Hetzel 在其著作 *The Complete Guide to Software Testing* 中所描述的软件测试内涵："测试是以评价程序或系统属性为目标的任何一种活动，是对软件质量的度量"。这一时期，出现了测试领域著名的两个名词：验证(Verification)和确认(Validation)。人们提出了在软件生命周期中通过分析、评审和测试来评估软件产品的理论。

5) 1988 年至今，以预防为主(Prevention Oriented)

2002 年，Rick D. Craig 和 Stefan P. Jaskiel 在 *Systematic Software Testing* 一书中对软件测试进一步阐述为："测试是为了度量和提高被测软件的质量，对测试软件进行工程设计、实施和维护的整个生命周期过程"，进一步明确了软件测试的目的、价值以及测试活动的系统性。这一时期，预防为主成为软件测试的主流思想之一。STEP(Systematic Test and Evaluation Process)是最早的一个以预防为主的测试生命周期模型，该模型体现了测试与开发的并行性，强调了整个测试的生命周期也由计划、分析、设计、开发、执行和维护组成。也就是说，测试不是在编码完成后才开始介入，而是贯穿于整个软件生命周期。百分之百完美的软件是不存在的，零缺陷是不可能的，所以软件开发过程中测试应当尽早介入，及早发现错误。错误发现得越早，修复的成本越低，产生的风险也越小。

近年来，各种商业化和开源的测试工具大量出现，测试自动化程度不断提高。面向对象测试、面向构件测试、敏捷测试和测试驱动开发等测试思想和方法在实践中得到应用，测试理论和技术得到了长足发展。软件测试已成为一种快速发展的新兴产业。

1.3.2　软件测试的定义

　　回顾软件测试的发展历程,我们会发现,在不同时期产生过很多对软件测试的定义,这些定义直接反映了在当时历史条件下人们对软件测试的认识。因此,理解软件测试的定义有助于我们正确地完成软件测试工作。

　　在软件测试的早期阶段,曾经出现过关于软件测试正反两方面的争论,代表人物是软件测试领域的两位先驱 Bill Hetzel 和 Glenford J. Myers。

　　早在 1973 年,Bill Hetzel 就给出了软件测试的正式定义:"软件测试就是为了程序能够按照预期设想运行而建立足够的信心"。1983 年,为了更清晰地描述软件测试,Bill Hetzel 将软件测试的定义修改为:"软件测试是为了评估程序或软件系统的特性或能力,并且确定其是否达到预期结果的一系列活动"。上述两个定义代表了一种正向思维方式,认为软件测试是为了验证软件是"工作的",也就是为了验证软件功能是按照需求定义和软件设计的结果正确执行的。

　　但是,Bill Hetzel 的观点受到 Myers 的质疑。Myers 认为软件测试应当着眼于证明软件是"不工作的",应当用逆向思维的方式去发现尽可能多的错误。因此,Myers 将软件测试定义为:"测试是为了发现错误而执行程序或系统的过程"。

　　Myers 认为,通过软件测试能够提高程序的可靠性和质量,实现途径是发现并修改程序错误。因此,需要尽可能多地发现错误。人类心理学特征造成人们的行为具有高度的目标性。如果为了证明程序能够正常运行去进行软件测试,潜意识中就会倾向于去实现这个目标。可能造成在测试中不能尽力思考和选择那些能够导致程序失效的测试数据,而选择一些常用的数据,测试容易通过。与软件开发过程中分析、设计和编码等"建设性"工作相比,软件测试是唯一具有"破坏性"的活动,甚至是"施虐"的过程。以发现错误为导向,才能更好地设计测试用例,去攻击系统弱点甚至摧毁系统,以此发现系统中的各种问题。另外,测试是为了证明程序有错,而不能保证程序没有错误,只是至今未发现软件中所有潜在的错误。

　　上述正反两方面的观点都具有一定的局限性。正向思维很可能降低测试的效率,不利于开拓思维采用有效的方法去完成测试工作。但是,正向思维能够较好地界定测试工作范围,也有利于测试和开发人员密切合作,达成软件质量目标。逆向思维有利于发挥测试人员的主观能动性,测试效率高。但是,过分强调测试的目的是寻找错误会造成测试人员容易忽视软件的基本需求,使测试活动带有一定的随意性和盲目性。另外,仅仅将测试定义为"软件测试就是为了发现错误而执行程序或系统的过程"是不完善的。例如,文档测试也属于软件测试,但一般不需要运行程序。未发现错误的测试也是有意义的,其结果可能说明系统基本功能满足用户需求。

　　1983 年,IEEE 给出了如下比较完善的软件测试标准定义:"使用人工或自动手段来运行或测定某个系统的过程,其目的在于检验它是否满足规定的需求或弄清预期结果和实际结果之间的差别"。该定义明确说明了软件测试以检验软件是否满足需求为目标。预期结果和实际结果之间的差别,也就是软件错误,是测试过程的结果而不是目标,发现软件错误只是一种手段。

　　软件测试也可定义为:软件测试是由验证(Verification)和有效性确认(Validation)活动构成的整体,也就是软件测试=V&V。该定义反映了对软件测试的广义理解,有别于只把软件测试看作代码实现后的一项软件工程活动的狭义理解。软件测试是贯穿于整个软件生命周期的活动，需求评审和设计审查等软件质量保证活动都属于软件测试的范围。测试对象不仅是程序，而且包括各类软件开发文档。

验证是指检验软件生命周期的每个阶段和步骤的产品是否符合产品规格说明中定义的功能和特性要求，并且与前面的阶段和步骤所产生的产品保持一致性。验证通过数据和证据表明每个软件生命周期活动是否已正确完成，判断是否在正确地开发软件产品，是否可以开始另外的生命周期活动，强调的是过程的正确性。有效性确认是保证所开发的软件是否真正满足用户实际需求，用数据和证据表明是不是制造了正确的产品，强调的是结果的正确性。1981 年，Boehm 给出了有关验证和有效性确认的简洁解释，说明了两者之间的区别：

- 验证。Are we building the product right? 也就是，我们是否正在正确地构造软件？检验软件开发过程中阶段性产品与软件规格说明书的一致性。
- 有效性确认。Are we building the right product? 也就是，我们是否构造了正确的产品？即是否构造了用户需要的产品。

软件规格说明也可能出错，对用户需求理解不当。只有验证测试是不够的，还必须进行确认测试，检验软件产品功能的有效性。

1.3.3 软件测试认识误区

长久以来，由于软件测试没有得到足够的重视，软件行业存在着重开发而轻测试的现象。因此，对于软件测试的重要性、测试技术与方法、测试过程与管理等方面都存在着很多错误的认识。如果不对这些认识误区加以纠正，将会影响测试工作的正常开展，并且阻碍测试质量的提升与改进。

误区一：如果已发布的软件有质量问题，都是测试人员的责任。

产生这一错误认识的主要原因是很多人认为软件质量主要由测试人员把关，软件是经过测试人员同意才发布的，因此发布后的软件出现错误是测试人员的责任。事实上，软件测试只能证明软件中存在缺陷，但不能证明其无错，软件测试不可能找到全部错误。软件缺陷可能来自于任何一个软件生命周期阶段，需要通过软件工程的方法，从管理和技术上保证软件生命周期中每一个阶段的正确性，尤其是需求与设计的正确性。软件质量事关每一个软件项目参与人员，需要全员关注过程改进，不断发现和改正错误，提升软件质量。

误区二：软件测试技术要求不高，至少比编程容易多了。

软件测试对专业综合能力要求很高，软件项目初期测试人员就已经介入，需要对软件需求分析和设计有很好的理解和控制能力。同时，测试人员必须对产品开发技术有一定的了解，具有良好的开发经验才能设计出好的测试用例，并且开发测试用例涉及大量的编程工作。软件测试已经是一个独立学科，新的测试技术与管理方法不断涌现，需要掌握很多实践经验和理论知识才能胜任测试工作。软件测试和开发只是工作内容不同，并不存在水平差异的问题。软件测试有其自身的理论与方法，对测试人员在测试分析、设计、编程、沟通、协调、细致严谨等能力方面的要求是很高的。

误区三：软件测试是开发后期的一个阶段。

将软件测试看作软件编码和实现之后的一个阶段是完全错误的，我们应当牢记，软件测试贯穿于整个软件开发生命周期。在软件生命周期的每个阶段，都需要不同目的和内容的测试活动。软件测试的对象不仅是程序，还包括需求和设计等各类技术文档和所有的软件项目产品。大量软件缺陷来源于需求和设计阶段，如果仅仅在编码后进行测试，发现和改正错误的成本将非常高昂，并且用于测试的时间将很有限，难以满足测试覆盖率等测试质量要求。

误区四：有时间就多测试一些，来不及就少测试一些。

这一错误观念主要是由于将测试看作编码之后的一个阶段造成的。由于商业竞争的原因，软件项目开发周期往往很紧，如果因为项目进度吃紧就压缩测试时间，必然大大降低测试的质量。在软件项目计划制定的同时就应当制定好软件测试计划，规划好测试的时间和资源安排。测试时间的多少应当取决于项目特点和风险分析结果，而不应当仅仅取决于项目进度。

误区五：软件测试是测试人员的工作，与开发人员无关。

软件测试贯穿于整个软件开发周期，测试和开发是相辅相成的关系。每一个开发阶段都需要测试和开发人员密切合作，及时发现和改正软件缺陷，提高测试效率。此外，单元测试一般是由开发人员完成的，开发人员也需要具备一定的测试知识与经验。割裂测试和开发人员的关系往往会造成两者的对立，错误地将测试人员的工作简单看作给开发人员挑错。测试和开发人员应当以用户需求为驱动，以保障软件质量为共同工作目标。

误区六：有太多的问题无法测试。

图形用户界面、硬件、数据库等与核心软件功能密切相关的部分往往很难测试，其根本原因是软件模块内部的逻辑功能与外部难以测试的部分发生过于紧密的耦合，这是由于软件设计不够合理，没有充分考虑可测试性的问题。这种现象提示我们需要改进设计和系统架构，例如采用三层软件体系架构，将软件逻辑功能尽可能与数据存储和界面表现层相分离，去除不会测试的耦合部分。

误区七：测试自动化将取代手工测试。

测试工具的使用的确能够大幅提高很多测试工作的效率，例如重复性比较高的回归测试以及模拟大量用户的情况。但是测试自动化不可能完全代替手工测试，也不可能保证 100%的测试覆盖率，更不能弥补测试实践的不足。大量测试工作还需要手工测试完成，例如文档测试和界面测试。软件质量是以用户需求为标准的，只有人才能真正理解用户需求，这是机器永远无法代替的。

误区八：软件测试工作不如软件开发工作有前途。

软件开发不仅仅是编码，随着对软件质量要求的提高，软件测试工作越来越重要，测试和开发人员在数量和待遇上的差别会越来越小。软件行业需要更多具备丰富测试管理和技术的专业人员，它们同样是软件专家，软件测试大有前途。

1.4 软件测试的目的与原则

1.4.1 软件测试的目的

软件测试的目的是什么？答案其实很简单，就是为了保证软件产品的最终质量。软件测试是在软件开发过程中对软件质量进行控制的重要手段之一，软件测试活动贯穿于软件生命周期的各个阶段，甚至在软件交付后，用户也或多或少地继续扮演着软件测试的角色。通过测试可以检验软件系统是否满足规定的需求，衡量出预期结果和实际结果之间的偏差，识别出软件阶段或最终产品的正确度和完全度。

关于软件测试的目的 Glenford J. Myers 曾经给出过如下观点：

(1) 软件测试是程序的执行过程，目的在于发现错误；

(2) 好的测试用例很可能会发现至今尚未发现的错误；

(3) 成功的测试是那些发现了至今尚未发现的错误的测试。

上述观点也可以看作服务于测试目的的一些被广泛接受的规则，但需要注意的是，发现错误是软件测试的手段而不是软件测试的唯一目的，未发现错误的测试依然是有价值的，软件测试的最终目的是检验软件产品是否满足用户的需求。

软件测试是要以最少的人力和时间找出软件中潜在的错误和缺陷，通过改正这些已发现的错误和缺陷来提高软件质量。因此，软件测试的目的一般包含以下内容：

(1) 验证软件是否满足开发合同、开发计划、需求规格说明和设计说明等规定的软件质量要求；

(2) 由于难以消除软件中的所有错误，因此通常来说软件测试的目的就是发现尽可能多的软件缺陷，消除它们，提高软件质量；

(3) 测试不仅是为了发现软件缺陷，还是对软件质量进行度量和评估的过程。测试结果数据可以为软件产品的质量测量和评价提供依据；

(4) 通过分析软件缺陷产生的原因，可以有针对性地进行软件过程改进。

1.4.2　软件测试的原则

下列软件测试原则属于软件测试工作的基本常识，理解它们有助于测试人员正确、有效地完成测试工作。

1) 软件测试不能证明程序无错

软件测试是发现软件错误的过程，但是不能证明软件无错，未发现错误的测试并不能证明被测软件不存在问题。

2) 所有测试都应当追溯软件缺陷的起源

程序中发现的问题可能起源于开发前期阶段，因此从根本上消除错误需要追溯到前期工作，尤其是需求分析阶段造成的错误。软件从最初的用户需求到最终的不完善的产品经历了一系列的过程，发现一个软件问题后，应当根据这些过程去追溯它的源头，分析出到底是编码、设计还是需求分析的错误。

3) 尽早和不断地进行软件测试

软件生命周期的各个阶段都可能产生错误，因此在需求和设计阶段就应当开始测试工作，能够在早期发现和改正错误可以大幅降低后期发现错误的修改成本。同时，为了预防和尽早发现错误，需要坚持软件开发各阶段的技术验证和评审工作。

4) 软件测试应尽可能具有独立性

开发人员既是运动员又是裁判员是很不合理的。软件开发人员或组织可能意识不到自身的问题，从心理学角度来看，也很难去彻底地发现自己作品中的错误。因此，让他人来测试程序会更加有效，也会更容易测试成功。相对于编程组织来讲，由独立的第三方组织完成测试会更为客观。需要说明的是，由于国内测试行业发展还不够成熟，现实的情况是，黑盒测试往往由测试人员完成，而白盒测试往往由开发人员进行交叉测试。

5) Pareto 原则

错误具有群集现象，历史统计表明，80%的软件缺陷起源于20%的模块。发现错误越多的地方，残留错误也越多。因此，需要集中人力和时间对错误集中的模块进行重点测试，提高测试效率。

6) 重视无效数据和非预期的功能

未预料的程序运行方式会暴露许多软件问题，因此无效输入数据更能发现问题。同时，测试应当重视检查软件是否做了不应当做的事，具有非预期功能的程序仍然是不正确的程序。

7) 完全测试不可行，测试需要适时终止

完全测试是指试图找出所有的软件缺陷，使软件完美无缺，这是不可能的。一方面因为穷举测试是不可能的，另一方面因为测试资源(人力、物力和时间)是有限的。另外，测试后期发现错误的成本非常大，需要权衡投入/产出比。不充分的测试是不负责任的，过度测试是浪费资源，同样是不负责任的。因此，需要根据软件质量要求，在满足的情况下，确定合理的测试终止时间。通俗来讲，测试不应追求 Zero Bug，而应当尽量做到 Good Enough。界定测试是否充分没有统一的标准答案，一般需要根据具体软件项目事先制定测试通过的标准和测试内容，例如制定如下测试通过标准：

- 测试用例的执行率为100%，通过率为95%；
- 单元测试中语句覆盖率为100%，分支覆盖率达到85%。

8) 重视回归测试的关联性

一种常见的现象是，改正一个错误后却引起更多错误的发生。经验表明，每修复3或4个缺陷，一般就会产生一个新的缺陷。因此，需要重视回归测试的合理范围。

9) 软件缺陷的免疫性

我们都知道，当一种农药使用很长时间以后，害虫会产生抗药性，农药的灭害效果会大打折扣。与此类似，软件缺陷对测试用例也具有"免疫性"。随着缺陷的修复和软件版本的更新，原有测试用例发现错误的能力会不断降低。这就要求我们根据软件版本的变化不断修改和添加测试用例。

10) 测试过程文档需要妥善保存

软件缺陷复现、测试评测和过程改进都依赖完备的测试文档。

1.5　软件测试过程与分类

在本节内容中，我们对软件测试过程予以说明，目的是让读者对软件测试的整个生命周期有一个宏观上的认识，建立正确的软件测试全局思想。同时，对软件测试的主要分类进行说明，使读者能够理清有关软件测试的很多庞杂名词与概念，方便对后续内容的学习和理解。

1.5.1　软件测试过程

软件测试是软件工程的一部分，根据国家标准 GB/T 15532—2008《计算机软件测试规范》中的规定，软件测试过程一般包括四项活动，按顺序分别是：测试策划、测试设计、测试执行、测试总结。这就构成了软件测试的生命周期。

(1) 测试策划。主要是进行测试需求分析并制定测试计划。测试需求分析的结果反映在测试计划中，主要包括测试内容与质量特性、测试充分性要求、测试基本方法、资源与技术需求、风险分析与评估。

(2) 测试设计。根据测试需求与计划，选择已有的或设计新的测试用例，准备测试数据，获取测试资源，开发测试软件，建立测试环境，进行测试就绪评审。

(3) 测试执行。执行测试用例，获取和分析测试结果。测试执行一般由单元测试、集成测试、系统测试、验收测试以及回归测试等阶段组成。

(4) 测试总结。整理和分析测试数据，评价测试效果和被测软件项，描述测试状态。完成软件测试报告，对软件的质量、开发和测试的工作情况等进行评估。

在这里需要说明的是，在一些软件测试资料中，将软件测试过程称为软件测试流程，两者的实际含义是一样的，我们了解即可。为了与软件开发过程、软件测试过程模型所表达的含义相统一，在本书中，软件测试过程一词是指贯穿于软件开发生命周期从始至终的一系列软件测试活动。另外需要注意的是，一些软件测试资料在描述软件测试过程时，将其划分为单元测试、集成测试、系统测试和验收测试。实际上，它们只是测试执行过程中的四个主要阶段。我们无须纠缠于各种名词的不同，真正重要的是在实际工作中定义好测试过程的范围以及这个测试过程所需完成的任务，通过制定标准和计划保证任务的完成。

在实际工作中，我们一般将测试过程分为制定测试计划、测试设计、测试准备、执行测试、测试评估和整体项目测试总结等几个阶段，如图 1-8 所示。

(1) 制定测试计划。在需求评审和设计评审的基础上制定测试计划。以测试计划指导整个测试工作，内容主要包括确定测试范围、识别和分解测试任务、识别风险并给出应对措施、规划测试资源、确定测试策略和确定测试进度等。

(2) 测试设计。设计测试用例和测试执行过程，保证测试用例完全覆盖测试需求。

(3) 测试准备。为执行测试进行前期准备，包括配置测试环境、准备测试数据、开发测试用例或测试脚本、选择测试工具等。

(4) 执行测试。执行测试用例，发现和修正软件缺陷，主要包括单元测试、集成测试、系统测试和验收测试四个阶段。修改缺陷后往往需要进行回归测试。

(5) 测试评估。分析测试结果，对测试对象的可靠性、稳定性以及性能进行评测，为测试总结记录量化评测数据。由于需要不断量化测试进程，判断测试进度状态，决定何时终止测试，因此测试评估是与执行测试并行进行的。

(6) 整体项目测试总结。总结整体项目测试工作，为今后不断改进测试质量和效率做准备。事实上，测试工作的每个阶段都应当有相应的测试总结。

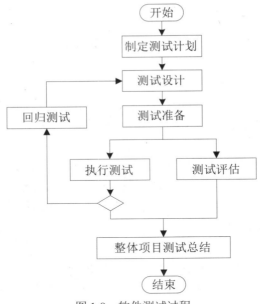

图 1-8　软件测试过程

1.5.2　软件测试分类

软件测试可以从不同的角度进行分类，图 1-9 给出了几种主要的软件测试分类。

1) 按照测试执行阶段划分

按照软件测试执行阶段的不同，一般将软件测试分为单元测试、集成测试、系统测试和验收测试。

- 单元测试是对软件的最小可测试单元进行检查和验证。单元测试是测试执行的开始阶段，与程序设计和实现密切相关，测试的对象一般是软件的最小单元，如函数、类、模块或软件构件等。
- 集成测试有时也称为组装测试，是把经过单元测试的模块按照软件设计不断进行组装而进行的测试，重点是测试模块间的接口部分。例如，测试模块之间的数据传输是否正确，是否存在数据丢失或参数类型不匹配的问题，模块集成后能否相互配合正常运行。
- 系统测试是将软件作为整个计算机系统的一部分，与计算机硬件、外设、某些支持软件、数据和人员等其他系统元素结合在一起，对计算机系统进行的一系列全面测试。前期主要测试系统的功能是否满足需求，后期主要测试系统性能、可靠性、安全性等非功能特性是否满足要求，以及系统在不同软硬件环境中的兼容性等。
- 验收测试是把软件交付给用户使用前的最后一项测试工作，目的是向用户证明软件系统在功能、性能以及其他特性方面与用户的要求相一致。验收测试工作一般在实际用户环境中进行，在用户为主测试人员参与的情况下共同完成。

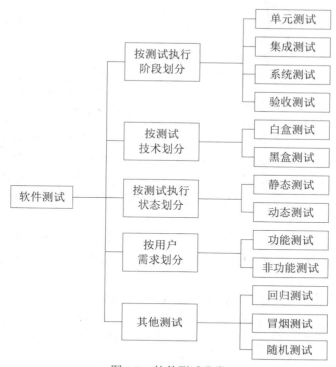

图 1-9 软件测试分类

在这里需要说明的是，在一些软件测试资料中还存在着对于软件测试执行阶段的不同划分方法，例如将测试阶段更为细致地划分为单元测试、集成测试、确认测试、系统测试和验收测试。确认测试又称为软件合格性测试或配置项测试，用来检验所开发的软件功能、性能和其他限制条件(如兼容性、可移植性、文档资料)是否与用户的要求一致。由于确认测试的内容与系统测试和验收测试的内容存在着重叠，验证和确认活动贯穿于整个软件测试过程，软件最终合格与否依赖于验收测试结果是否得到用户的肯定，因此实际工作中并不强调存在这一独立测试阶段，其工作内容在系统测试和验收测试中得以体现。

对测试执行阶段的另一种划分是单元测试、集成测试、功能测试、系统测试和验收测试。这种划分的目的是着重区分功能测试和非功能测试，将系统测试只看作针对软件非功能特性而进行的测试。这种划分其实是不太准确的，因为功能测试在单元测试、集成测试、系统测试和验收测试中都可以进行，需要在各个测试层次上保证软件系统执行的正确性。因此，本书采用单元测试、集成测试、系统测试和验收测试这种实际工作中较为通用的测试执行阶段划分方法，真正重要的是理解各阶段测试工作的相互关系及其主要测试目的与内容，避免测试过程的混乱无序和测试内容的缺失。

2) 按测试技术划分

按照测试技术，软件测试分为白盒测试与黑盒测试。白盒测试和黑盒测试是测试领域中两个最基本的概念。

- 白盒测试又称为结构测试或逻辑驱动测试。盒子在这里是指被测试的软件，白盒是指盒子里的东西及其运作是看得见的。白盒测试是在已知产品内部工作流程的情况下，研究程序的源代码和程序结构，按照程序的内部结构测试程序。要求对程序的语句和分支结构做到一定的覆盖，对所有逻辑路径进行测试，并且检查程序内部控制结构和数据结构是否存在错误。

- 黑盒测试又称为数据驱动测试。黑盒测试不关心程序内部结构，将程序看作不能打开的黑盒，用于检查程序所应具有的功能是否已实现，每个功能是否都能正常使用，是否满足用户的需求。黑盒测试主要针对程序接口和用户界面进行测试，检查程序是否能够适当地接收输入数据并产生正确的输出结果。

在有些软件测试资料中将黑盒测试也称为功能测试，这种说法不是非常准确，因为采用黑盒测试技术既可以进行功能测试，也可以进行很多非功能测试，如性能测试。另外，在一些软件测试书籍中还列出了灰盒测试技术。严格来说，灰盒测试可以看作白盒测试和黑盒测试的一种结合，并不能算是一种新的、独立的测试技术。灰盒测试方法大多应用于集成测试阶段，主要测试单元模块之间的逻辑关系、程序的处理能力和健壮性。灰盒测试不仅关注程序输入和输出的正确性，同时也关注程序内部的情况。它不像白盒测试那样详细、完整，但又比黑盒测试更关注程序的内部逻辑，常常通过一些表征性的现象、事件、标志来判断内部的运行状态。

3) 按测试执行状态划分

按照测试执行状态，或者说按照是否运行程序，软件测试分为静态测试和动态测试。

- 静态测试不实际运行被测程序，只是静态地检查程序代码、文档或软件界面是否存在错误。对于程序代码，主要检查是否符合标准和规范，并对程序的数据流和控制流进行分析；对于文档测试，主要是检查需求、设计、用户手册等文档是否完整、正确、内容一致、易于理解等；对于软件界面，主要检查界面与需求和设计中的说明是否一致。需要注意的是，静态测试，尤其是对代码进行的静态测试，可以借助很多测试工具进行，静态测试和人工测试是不同的两个概念。

- 动态测试需要实际运行被测程序，输入测试数据，对比程序输出结果与预期结果是否一致，分析对比结果，发现软件中潜在的缺陷。区分测试是动态测试还是静态测试的唯一标准就是看是否运行程序。

4) 按用户需求划分

按照用户需求，软件测试分为功能测试和非功能测试。软件测试是为了满足用户需求，而用户需求主要分为功能需求和非功能需求。软件的功能需求定义了软件期望做什么，而非功能需求则指定了关于软件如何运行和功能如何展示的全局限制，是对功能需求的补充，应当充分考虑对功能需求的影响。

- 功能测试比较容易理解，主要根据软件需求规格说明书，检验软件是否满足各方面功能的使用要求。通常是测试人员直接运行软件，针对程序接口或软件界面进行测试。针对不同系统的功能测试内容差别很大，但是都可以归结为界面、数据、操作、逻辑、接口等几个方面，常见的功能测试包括逻辑功能测试、界面测试、可用性测试、接口测试等。

- 非功能测试是相对于功能测试而言的，软件系统能否正常运行不仅依赖于其功能是否正确实现，而且依赖于其非功能性属性能否满足使用要求，尤其是软件性能是否满足要求。常见的非功能测试包括性能测试、安全性测试、可靠性测试、恢复测试等，而性能测试又包括一般性能测试、稳定性测试、负载测试、压力测试、容量测试等。

这一部分的测试名词众多，容易混淆。因此，对它们的实际测试目的与内容，留待后续章节进行全面深入的说明。在这里，只需要理解功能测试和非功能测试的划分及其主要含义即可。

　　5) 其他测试

　　软件测试中还有一些不易归类的测试，例如回归测试、冒烟测试和随机测试等。

　　回归测试一般是指在修改代码之后，为了保证修改没有引起新的错误而进行的重新测试过程。严格来讲，回归测试不是一个测试阶段，它是一种可以在单元测试、集成测试、系统测试和验收测试等任何测试阶段进行的测试活动。既有黑盒测试的回归，也有白盒测试的回归。软件测试中，回归测试的工作量极大，尤其是在软件版本频繁升级和发布的软件项目中。因此，回归测试往往需要使用测试工具来提高测试效率。

　　冒烟测试是对每一个新编译的需要正式测试的软件版本，在大规模测试之前，先检查软件基本功能是否正常，是否具有可测试性。冒烟测试主要是确认新的程序版本是否存在致命的软件缺陷以至于系统功能无法正常运行，或是程序主要功能都还没有正常实现，如果存在这种情况，那么后续的软件测试工作将无法开展。简单地说就是先保证软件系统能够运行起来，不至于让测试工作做到中途因突然出现的错误而导致中断。如果程序没有通过冒烟测试，通常的做法是将程序返回给开发部门重新开发，这样做的好处是可以节省大量的时间与人力，减少测试的轮次。

　　冒烟测试严格来说就是对软件基本功能点进行初步测试的过程。这一名称来自于硬件行业，可以形象地类比为新电路板基本功能检查。检查新电路板质量时，先进行通电检测，如果电路板冒烟烧毁的话，说明电路板的质量存在严重问题，必须返回去进行重新设计和生产。冒烟测试和回归测试往往是结合进行的。当开发出新版本的软件后，首先要进行冒烟测试，测试通过后，再进行回归测试。但是，回归测试并不都在新版本冒烟测试之后进行，在软件开发和测试的各个阶段都会进行很多次的回归测试。

　　随机测试是根据测试人员的经验，对软件进行功能和性能抽查，是根据测试说明书和测试用例进行测试之外的补充测试手段，可以更好地保证测试覆盖的完整性。

　　随机测试的输入数据都是随机生成的，目的是模拟用户的真实操作，对一些特殊使用操作、特殊使用环境、程序并发运行可能造成的问题进行检查。对于软件的重要功能、测试用例未覆盖到的部分、软件更新和新增功能，尤其是前期测试出现严重缺陷的部分，应当进行随机测试，可以结合回归测试一起进行。对每一个新的软件版本都需要进行随机测试，尤其需要重视对即将发布的软件版本的随机测试工作。目前，随机测试已经演化为更为系统和专业的探索性测试。

　　当然，随机测试存在着一些明显的缺点，例如测试方法不系统，无法统计覆盖率指标，很难回归测试等。顺便一提的是，有时也将随机测试称为猴子测试，意思是大量用户很可能像猴子一样对软件随意操作，可能执行一些非常规的意想不到的业务流程，由此引发一些深层次不易发现的错误。通过这种无需求、无测试计划、无测试用例、无主观想法的测试活动，可以发现很多隐藏较深的软件缺陷。

1.6　软件测试过程模型

　　软件测试与软件开发紧密相关，与软件开发具有过程模型一样，软件测试也有其过程模型。软件测试过程模型是对测试过程的一种抽象，用于定义软件测试的流程和方法，并与开发方法进行了有机结合。掌握软件测试过程模型可以帮助我们正确理解测试与开发的关系，根据不同的软件开发过程选择合适的测试过程。

1.6.1　V 模型

如图 1-10 所示的软件测试 V 模型是最具代表性的测试模型，由 Paul Rook 在 20 世纪 80 年代后期提出，目的是改进软件开发的效率和效果。

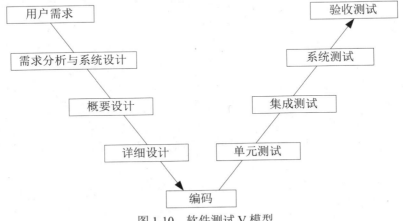

图 1-10　软件测试 V 模型

V 模型是软件开发瀑布模型的变形，突出了测试过程的独立性，反映了软件测试活动和软件开发活动的关系，明确标明了测试过程中存在的不同级别的测试阶段，并且清楚地描述了这些测试阶段和开发过程各阶段之间的对应关系。V 模型中的测试在软件编码之后进行，箭头代表时间进度，左侧是开发阶段，右侧是测试阶段。V 模型在测试中的地位就如同瀑布模型在开发中的地位一样，都是最基础的模型，大部分测试模型都从这个模型演化而来。

V 模型的测试策略包含低层和高层测试，低层测试是为了保证源代码和设计的正确性，高层测试是为了使系统满足用户需求。单元测试和集成测试主要验证软件是否满足设计要求，系统测试是为了验证系统功能和性能是否达到质量要求的指标，验收测试是确定最终的软件产品是否真正满足用户需求。

但是，V 模型存在明显的局限性，它只是将测试看作编码之后的一个阶段，主要是针对程序寻找错误的活动，从而忽视了测试活动对需求分析和系统设计等前期开发活动的验证和确认功能。

1.6.2　W 模型

如图 1-11 所示，软件测试 W 模型相对 V 模型而言，增加了软件开发各阶段中应当同步进行的软件测试验证和确认活动。W 模型由两个 V 模型组成，分别代表测试和开发过程，明确表示出测试和开发具有并行关系，也就是说，软件测试同步于软件开发，贯穿于整个软件开发生命周期。同时，W 模型还强调测试的对象不仅仅是程序，还应当包括软件需求和软件设计。

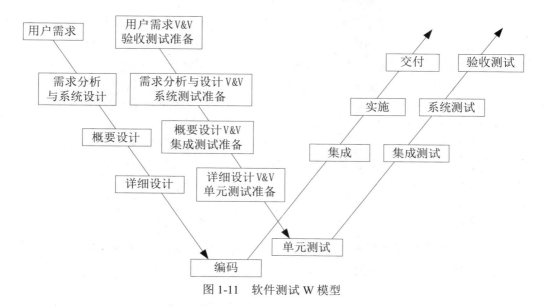

图 1-11　软件测试 W 模型

　　W 模型的优点是有利于尽早和全面地发现软件缺陷。在软件需求分析完成后，就应当及时对需求分析结果进行验证和确认，尽早发现隐藏在需求分析结果中的错误。同时，对需求进行测试可以使测试人员及时了解软件项目的功能和性能要求、项目的难度和复杂度以及测试工作的风险，便于有针对性地制定测试计划，提高测试工作的准确度和效率，保障软件的质量满足用户需求。同理，对软件设计的及时测试可以保障设计结果的合理性和正确性。

　　但是，W 模型也存在着明显的局限性。W 模型将需求、设计和编码等开发活动都看作串行活动。同时，测试和开发活动也保持着一种线性的前后关系，前面的一个阶段完成后，才可以开始下一个阶段的工作。因此，W 模型无法支持迭代的软件开发过程，也难以适应需求变更调整。

1.6.3　H 模型

　　如图 1-12 所示的软件测试 H 模型是针对 V 模型和 W 模型的局限性而提出的。V 模型和 W 模型都将软件开发过程视为一系列刚性的串行活动，因此都无法支持迭代开发。事实上，上述两个模型都过于理想化，软件开发在需求分析、设计和编码等任何一个阶段都可能发现错误，都需要回溯到错误源头进行修改。因此，相应的测试活动之间也不存在严格的次序关系，测试活动之间也需要经常进行迭代。

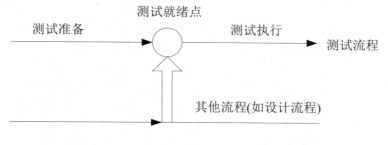

图 1-12　软件测试 H 模型

为了解决上述问题，H 模型将测试活动完全独立出来，形成一个完全独立的流程，将测试准备活动和测试执行活动清晰地体现出来。图 1-12 只是展示了整个软件开发周期中某个层次上一次测试的"微循环"，图 1-12 中的其他流程可以是设计流程或编码流程等任意开发流程。H 模型适合于迭代特征比较明显的软件开发过程，例如面向对象的软件开发过程，这类开发过程在各个开发阶段之间或一个开发阶段内的各个开发步骤之间经常会多次反复迭代。

H 模型所表达的主要原理是：软件测试是一个独立的流程，以"微循环"的方式参与软件开发生命周期的各个阶段，与其他流程并发地进行。软件测试要尽早准备，尽早执行。只要测试准备活动完成了，就可以执行或者需要执行测试活动，并且不同的测试活动可以按照先后次序进行，也可以反复进行。

1.6.4 X 模型

如图 1-13 所示的 X 模型弥补了 V 模型欠缺测试设计环节和不能进行测试回溯的缺陷，并且增加了探索性测试这种新的测试思维方式。

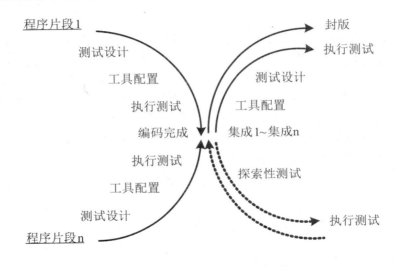

图 1-13　软件测试 X 模型

X 模型能够很好地处理软件开发和测试的交接过程。X 模型的左侧描述了针对每一个单独程序片段进行的相互独立的编码和测试过程，每一个过程中都包含测试设计、工具配置和测试执行环节。程序片段的编码和测试在完成后将进行频繁的交接，通过程序集成形成可执行程序。X 模型的右上方表示对已通过集成测试的程序成品形成某一版本的软件并提交给用户，也可以将已集成好的阶段产品用于更大规模的集成活动。多根并行的曲线表示变更可以在各个部分发生。

X 模型的右下方给出了一种探索性测试方式作为传统测试过程的补充，这是一种不进行事先计划的特殊类型的测试，强调的是测试设计和测试执行的并行性，区别于传统测试过程中"先设计后执行"的方式。探索性测试在对测试对象进行测试的同时学习测试对象并设计测试，在测试过程中运用获得的关于测试对象的信息设计新的更好的测试。这一方式强调在碰到问题时及时改变测试策略，抛弃繁杂的测试计划和测试用例设计过程，这样往往能帮助有经验的测试人员在测试计划之外发现更多的软件错误。但由于缺乏计划性，可能造成测试资源的浪费，对测试人员的经验要求很高。

1.6.5 前置测试模型

如图 1-14 所示的前置测试模型是一种将测试和开发紧密结合的模型，它将 V 模型和 X 模型相结合，沿用它们的长处，同时又弥补它们的不足。运用前置测试模型可以加快项目开发的速度。

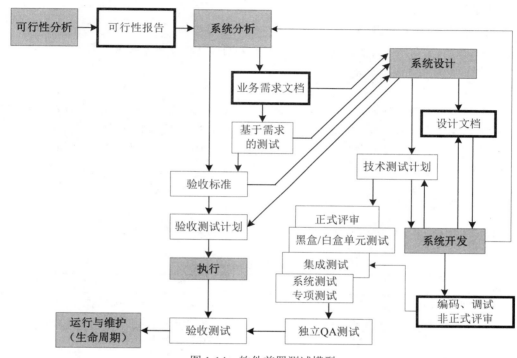

图 1-14 软件前置测试模型

前置测试模型具有以下特点。

1) 开发与测试相结合

前置测试模型将开发和测试的生命周期整合在一起，标识了项目生命周期从开始到结束之间的关键行为，关键行为的缺失将会降低软件项目成功的可能性。前置测试在开发阶段可以通过编码和测试交替的方式进行。也就是说，程序片段一旦编写完成，就会立即进行测试。

2) 对每一个交付内容进行测试

每一个交付的开发结果都必须通过一定的方式进行测试，程序源代码并不是唯一需要测试的内容。图 1-14 中的粗线框表示了其他一些要测试的对象，包括可行性报告、业务需求说明以及系统设计文档等。这同 W 模型中开发和测试的对应关系是一致的，并且在其基础上有所扩展，变得更为明确。

3) 在设计阶段进行测试计划与设计

设计阶段是做测试计划与设计的最好时机。前置模型认为测试主要包括验收测试和技术测试两种类型，它们都需要测试计划。验收测试计划的制定不仅依赖于系统分析的结果，而且依赖于系统设计的结果(注意图 1-14 中系统设计到验收测试计划的箭头)，需要根据系统设计所决定的一些具体系统操作来判断验收标准是否达成，以及基于需求的测试是否成功完成。技术测试主要是针对代码的测试(如单元测试、集成测试和系统测试)，最基本的要求是验证代码和设计的要求是否相一致。

4) 验收测试和技术测试相互保持独立

提倡验收测试应该独立于技术测试，这样可以提供双重的保险，以保证设计及程序编码能够符合最终用户的需求。

5) 反复交替的开发与测试

软件项目经常会在各个开发阶段发生变更，例如新增功能并同步修改技术文档，开发和测试需要一起反复交替地执行。

6) 模型内在价值

通过对风险优先级进行划分，可以用较低的成本及早发现错误，并且充分强调测试对确保软件质量的重要意义。前置测试定义了如何在编码之前对程序进行测试设计，提前定义好该如何对程序进行测试会让开发人员节省至少 20%的时间，在编码之前对设计进行测试可以节省总共将近一半的时间。

1.6.6 测试模型的特点

表 1-2 对 V 模型、W 模型、H 模型、X 模型和前置模型的主要特点做了总结。

表 1-2　测试模型的主要特点

测试模型	主要特点
V 模型	明确说明了软件测试在整个软件开发周期中需要经历的阶段，每个测试阶段都与一个开发阶段对应。但是测试只在编码之后进行，没有明确说明应对需求和设计进行测试，不支持迭代开发
W 模型	强调了测试和开发的并行性，明确了需要对需求和设计进行测试，有利于尽早发现软件缺陷。将开发和测试都看作串行活动，无法支持软件迭代开发
H 模型	表明了测试是一个独立的流程，贯穿产品整个生命周期，与其他流程并发进行。强调了软件测试要尽早准备和尽早执行，只要具备测试条件就可以开始测试，支持迭代开发。但模型意义仅在于应用其思想指导工作，模型本身没有太多的可执行意义
X 模型	体现了测试设计和测试回溯的过程，能很好地处理开发和测试的交接过程，探索性测试有利于有经验的测试人员发现测试计划之外的软件缺陷
前置模型	将开发和测试紧密结合，明确了除程序外的测试对象，强调了验收测试和技术测试的独立性，支持反复交替的测试过程，可以加速开发进度

1.7　软件测试信息流

如图 1-15 所示的软件测试信息流，反映了软件测试过程中一些主要的处理活动以及与这些处理活动相关的输入与输出信息。了解它们有助于从宏观上理解软件测试的基本脉络。

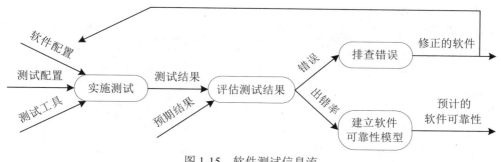

图 1-15　软件测试信息流

软件测试在实施前应当给出如下三类信息：

(1) 软件配置。这里的软件配置特指软件测试的对象，包括被测试的目标执行程序、软件数据结构、需求规格说明书和设计规格说明书等软件开发文档。

(2) 测试配置。包括测试计划、测试用例或测试数据、测试驱动程序等。实际上，从软件工程整体角度来看，测试配置只是软件配置的一个子集。

(3) 测试工具。为提高软件测试效率所使用的测试工具，例如，程序静态和动态分析工具、负载测试工具、测试度量报告工具、测试管理工具等。

评估测试结果是对实施测试后得到的测试结果进行分析，分析过程中需要将实际获得的测试结果和预期结果进行对比。如果发现对比结果不一致，则意味着软件中存在错误，需要进行错误排查，定位错误并确定错误性质。修改错误后，需要修改相关的技术文档，并且对修改后的程序进行重新测试，直到测试通过为止。

排查与修正错误所需花费的时间往往难以预估，这种排错所固有的时间不确定性很可能造成测试进度的延后，需要在测试项目管理中引起高度重视。

通过评估测试结果，可以获得软件的出错率。建立软件可靠性模型能够定量地给出软件的可靠性，以此判断软件质量是否达到可以接受的程度，软件可以发布。但是，如果经常发现需求和设计方面的严重错误，那么软件的质量和可靠性就值得怀疑，说明测试工作还需要继续深入进行。另一方面，如果测试不能发现错误，那么往往意味着测试配置还不够细致充分，软件中还存在着潜在的错误。

1.8　软件测试用例

测试用例构成设计和制定测试过程的基础，是软件测试中最重要的工作。

1.8.1　什么是测试用例

测试用例是测试执行之前已设计好的一套详细的测试方案，也是测试执行时的最小实体。测试用例一般是文档，有时也以测试脚本程序的形式出现，描述了测试一个特定软件产品的具体任务，体现了测试方案、方法、技术和策略，包含了测试目标、测试环境、输入数据、测试步骤、预期结果等内容。概况来讲，测试用例是为了某个特殊目标而编制的一组测试输入、执行条件以及预期结果，其目的是确定应用程序的某个特性是否能够正常工作，并且满足特定用户需求和软件设计结果。

执行测试用例之后，如果发现软件不能正常运行，或者测试结果和预期结果不一致，那么意味着发现了软件缺陷。此时，需要详细记录所发现的软件缺陷，并且将其输入到缺陷跟踪系统内，通知软件开发人员改正缺陷。软件缺陷经开发人员修改完成后，再次返回给测试人员进行确认，以保证该软件问题已成功修改。

首先，我们来看一个测试软件卸载功能的测试用例。表 1-3 是一个测试通过安装程序进行软件卸载的测试用例，里面体现了用例序号、被测功能、用例目的、前提条件，尤其是测试输入和预期输出、测试结果等信息。这个测试用例是用一个简单的 Word 模板写出的，不同的软件企业一般都会有自己特定的测试用例模板。Word 类型的模板使用较少，在写信息比较丰富的性能测试用例时会使用 Word 模板，而对于大量的功能测试用例往往使用 Excel 模板。例如，上面提到的测试用例，仅仅是测试软件卸载功能是否正确的测试用例集中的一个测试用例。也就是说，仅测试通过安装程序进行卸载是远远不够的，我们再看一下通过 Excel 模板完成的软件卸载测试用例。

表 1-3　Word 形式的软件卸载测试用例

序号	XZ01	
功能描述	通过安装程序进行卸载	
用例目的	测试是否能通过安装程序自带的卸载程序进行正确卸载，并卸载干净	
测试类型	卸载测试	
前提条件	已经安装好程序，并且安装程序自带了卸载程序	
测试方法与步骤	输入	单击自带的卸载程序，根据卸载提示信息卸载程序
	期望输出	卸载后，系统能恢复到软件安装前的状态(包含目录结构、动态库、注册表、系统配置文件、驱动程序、关联情况等)
测试结果		
功能完成	是□　　否□	

由表 1-4 可见，针对软件卸载功能的测试包含一组相关测试用例，我们称之为测试套件(Test Suite)，测试套件是根据特定的测试目标和任务而构造的某个测试用例的集合。每个 Excel 形式的测试用例占用一行，因此能够比较方便地对针对某一软件功能的测试用例进行呈现、管理和维护，而 Word 形式的测试用例一般每个独占一页，用例信息丰富，但管理和维护起来比较分散。

上面两个测试用例是否就已经是完整的测试用例了呢？答案是否定的，因为仍然欠缺一些构成测试用例的必备信息，例如测试环境信息。由于正规的 Excel 形式的测试用例版面较大，不易在此展现，因此我们在 1.8.2 节给出较为实用的测试用例编写规范，无论测试用例的形式如何，都应当包含测试用例编写规范所要求的信息。

表 1-4　Excel 形式的软件卸载测试用例

序号	测试项	测试结果
XZ01	通过安装程序进行卸载	
XZ02	通过控制面板进行卸载	
XZ03	通过第三方卸载工具卸载	

序号	测试项	测试结果
XZ04	程序正在使用时卸载	
XZ05	卸载过程中取消卸载	
XZ06	突然中断卸载过程(关闭程序、关机、断电、断网等)	
…	…	…

1.8.2　测试用例编写规范

测试套件或测试用例一般包括如下内容。

1. 用例版本历史信息

(1) 项目名称。

(2) 项目代号。项目研发代号，部分项目没有代号时可空缺。

(3) 创建日期。测试用例文件的创建日期。

(4) 版本。测试用例文件的版本号。

(5) 作者。创建或修改新用例版本的测试人员。

(6) 类型。新用例版本的操作选项：C 创建、A 添加、M 修改、D 删除。

(7) 备注。创建或修改用例的一些特殊说明或提醒。

(8) 参考文件名称。项目文档或技术文档的文件名。

(9) 参考文件路径/附件。项目文档的公共提取地址，此条目为用例编写依据。

2. 用例模板信息

(1) CaseID(用例编号)。

(2) CheckPoint(检查点)。统一使用"功能分支--功能点"命名方式，每个 CheckPoint 不允许出现相同的描述，必须做到可区分，例如"网上订货--订购"。

(3) Preset Condition(预置条件)。实施此项测试用例的前提条件。

(4) Test Environment(测试环境)。测试所需硬件、软件和网络等测试平台的描述。

(5) Input Data(输入数据)。可能包括数据、文件以及必要的数据库信息。

(6) Test Steps(测试步骤)。

● 测试步骤的编号统一使用"1.XX"的编号方式；

● 使用"->"作为测试步骤的提示指引符号，例如"打开文件->关闭对话框"；

● 测试步骤如果与当前条目的用例检查点无关，则尽可能合并步骤，不要每步操作对应一个步骤编号，例如将"打开文件"和"关闭对话框"合并为"打开文件->关闭对话框"。

(7) Expect Results(期望结果)。

● 预期结果编号需要与步骤编号完全一致，编号命名与步骤一致；

● 如果测试结果中有特殊情况，需要加括号以注明，例如"测试网上订购接口(不确定接口参数)"。

(8) Actual Results(实际结果)。当测试用例执行失败时的执行结果描述(注意：该条目对 NA 用例不适用)。

(9) Pass/Fail/Blocked/NA(测试结论)。记录用例的通过和失败，Blocked 为 Bug 无法测试，NA 为当前用例不适用当前测试。

(10) Priority(用例优先级)。使用率高且对项目有重大影响的功能点为 P1，使用率不高但同属于功能性的为 P2，其他文字性和界面美观性为 P3 或 P4。

(11) Created By(用例编写者)。

(12) Creation Date(用例编写日期)。

(13) Executed By(用例执行人员)。

(14) Execution Date(用例执行日期)。

(15) Execution Version(执行用例时使用的软件版本号)。

(16) Comments(说明)。测试用例时如果出现失败或被阻碍，描述简要现象和其他问题。

总的来讲，测试用例包含测试目标、测试环境、输入数据、步骤和期望结果等信息。实际工作中，重要的是理解测试用例应当包含哪些重要信息，至于用例模板的具体样式和内容可以灵活修改，不需要拘泥于固定格式。

1.8.3 编写测试用例的注意事项

1) 为什么需要测试用例

- 有效性：测试用例能够快速发现软件缺陷，提高测试效率。
- 客观性：设计好的测试用例能够减少人为因素的影响，使测试人员按照统一的规范进行测试。同时，有了测试用例就有了客观的测试评判依据，可以确定测试结果是否通过，避免测试的盲目性。
- 复用性和可维护性：软件开发过程中会有不同的版本，可以重复使用测试用例对它们进行测试，测试用例经少量修改后即可用于新的测试工作。
- 可评估性：利用测试用例的通过率和覆盖率等指标可以检验程序的质量。
- 便于项目管理：根据测试用例的执行情况可以了解项目概况，比如缺陷集中在哪些模块，哪一部分的质量急需改进；通过修改和增加测试用例可以不断提升测试质量；利用测试用例容易量化工作，有利于跟踪和控制项目进度。
- 便于交流与学习：测试用例反映了产品的主要特性和具体的测试工作内容。团队成员，尤其是新的测试人员，可以通过对测试用例的交流与学习深入掌握产品和测试知识。

2) 测试用例设计原则

- 正确性：包括数据的正确性和操作的正确性。
- 经济性：测试用例应当尽可能多地发现软件缺陷，避免设计出测试效果相同的多个重复性测试用例。
- 最小化：每个测试用例应当尽可能简单，覆盖尽可能少的功能，这样可以使用例清晰、测试目的明确、用例间耦合度低，因此便于用例的调试、分析和维护。
- 完备的步骤：需要足够详细、准确和清晰的测试步骤描述，任何一名测试人员都可以根据测试用例准确地完成测试。
- 可判定性：测试执行结果的正确性是可以判定的，每一个测试用例都要有相应的期望结果。

- 可再现性：对同样的测试用例，系统的执行结果应当是相同的。
- 代表性：能够代表并覆盖各种合理的和不合理的、合法的和非法的、边界内的和越界的以及极限的输入数据、操作和环境设置等。

关于测试用例的代表性，有两个常用的测试概念：正面测试和负面测试。完整的测试应当包括正面测试和负面测试。

正面测试验证程序应该执行的工作。根据需求和设计要求，从用户正常使用软件各项功能的角度出发设计测试用例，测试用例的输入数据和操作步骤都是有效与合理的，以此验证程序基本功能是否能够正常使用。

负面测试验证程序不应该执行的工作。从用户可能输入非法数据、异常操作、程序运行环境异常变化等非正常角度出发设计测试用例，主要是通过无效输入数据构成测试用例，以此发现更多的潜在软件缺陷。

3) 什么时候编写测试用例

对于这个问题还没有统一的标准答案，当然，测试用例需要尽早编写。一般来讲，通常会在测试设计阶段编写测试用例。此时，需求分析和测试计划都已完成，编写测试用例的前提条件已初步具备，可以同步于概要设计尽早开始测试用例编写工作。测试用例编写越早，就能越早地深入理解需求与设计的细节内容并且发现可能存在的问题，使得这些问题在软件开发过程的早期得到修正，大幅减小后期修正的代价。

4) 测试用例编写依据

测试用例是为了发现软件缺陷，而软件缺陷就是软件与用户需求的偏差。因此，编写测试用例的唯一标准就是用户需求。具体来讲，编写测试用例所依据的主要参考文档和相关资料包括：

- 软件需求规格说明书；
- 软件设计说明书，包括概要设计和详细设计等；
- 软件测试计划；
- 软件原型系统；
- 已有的成熟软件测试用例等。

软件设计说明和测试计划都来源于软件需求。软件原型系统可以看作没有嵌入全部代码的软件界面，可以用来展示很多具体化的软件需求。参考同类软件的已经基本成型的或成熟的测试用例，可以很好地启发测试用例设计思路，通过借鉴性的修改可以节省大量设计时间。

概括来讲，设计测试用例时所需要做的就是理解软件需求与设计，层层分解出若干具体的功能和非功能需求点，根据一定的测试用例设计方法，设计出全面、合理的测试用例。

5) 测试用例编写人员

通常安排经验丰富的测试人员设计测试用例，经验不足的测试人员可以先从事测试用例执行工作，随着知识与经验的积累，再逐步开始用例设计工作。

这是因为，虽然测试用例设计和编写能力是测试人员的必备能力，但是有效和熟练地设计和编写测试用例是非常复杂的技术工作。用例设计和编写者不仅需要掌握软件测试的基本理论和技术，而且对特定软件项目业务知识、需求和设计具体内容、软件程序与模块结构都要非常了解。另一方面，让经验不足的测试人员编写用例会带来很大的风险，很容易造成测试覆盖率低、重用性差、不易审查和修改等问题。

1.8.4　设计测试用例的误区

设计和编写测试用例时经常会存在以下误区。

1）把测试用例的设计等同于测试输入数据的设计

这种错误认识掩盖了测试用例设计内容的丰富性和技术的复杂性。虽然测试的有效性和效率很大程度上是由测试用例输入数据决定的，但是通过对测试用例编写规范的学习，我们应当认识到，测试输入数据仅仅是测试用例的一部分。除了确定测试输入数据之外，测试用例还包括测试环境、测试步骤、预期结果、优先级等重要内容。欠缺上述信息，将造成测试用例无法正常执行、无法验证测试结果、无法进行有效的组织管理等问题。

2）强调测试用例设计得越详细越好

这种错误认识经常表现在两个方面：尽可能设计足够多的测试用例和测试用例写得越详细越好，带来的最大危害就是会耗费大量的测试资源，包括时间、人力与物力。

测试工作也是一项软件工程项目，因此必须满足软件工程项目质量、时间和成本三要素平衡的原则。软件项目中留给测试工作的时间往往极为有限，测试设计耗费时间过长，实际执行测试的时间就所剩无几了，结果是无法保证测试任务的完成。我们需要理解的是，测试的根本目的是尽可能发现软件缺陷，因此需要在软件工程三要素平衡的基础上，用有效的方法设计出合理数量的测试用例，用较少的测试用例满足测试覆盖率要求。同时，根据项目和测试人员情况确定测试用例详细描述程度，满足测试团队人员基于用例文档进行沟通的要求即可，在用例评审阶段进行综合把关。

3）追求测试用例设计"一步到位"

软件在不断变化，测试用例自然也就需要随之不断变化，因此测试用例设计不可能一步到位，一劳永逸。这种错误认识会导致设计出的测试用例与需要和设计不同步，难以维护和复用，缺乏实用性。

软件项目的变化来自于很多方面，用户可能对软件功能提出新的需求，软件设计会发生变更，程序代码不断细化，软件版本不断升级，测试过程中可能发现已有测试用例需要完善。因此，需要根据开发和测试过程中的具体变化，增减测试用例的数量，修改和更新测试用例的内容。

4）将多个测试用例混在一个用例中

这种错误的测试用例设计结果很容易引起混淆，执行测试用例的时候，如果有些用例通过而有些没有通过，那么将很难记录测试结果。这种错误的起因往往是由于片面地追求单个测试用例的覆盖率，使得一个测试用例涉及多个相互关联的程序功能，给测试用例的调试、分析和维护带来了困难。

1.9　思考题

1. 什么是软件缺陷？评判是否是软件缺陷的标准是什么？
2. 除了程序，软件文档中也有软件缺陷吗？
3. 软件测试的任务就是发现软件缺陷，这个观点对吗？

4. 简述常见的软件测试认识误区。

5. 软件测试都包含哪些主要分类？

6. 从软件测试过程模型谈一下测试与开发的关系。

7. 什么是测试用例？测试用例中最主要的应当包含哪些信息？

8. 简述设计测试用例时常见的认识误区。

第 2 章
白 盒 测 试

本章从静态测试和动态测试两个方面介绍白盒测试基本技术。静态白盒测试主要包括代码检查和静态结构分析两种方法。动态白盒测试主要包括程序插桩、逻辑覆盖测试、基本路径测试、循环结构测试等。动态白盒测试方法是本章重点内容，也是白盒测试中发现软件缺陷的主要手段。其中，逻辑覆盖测试和基本路径测试方法是实际工作中最常用到的两种动态白盒测试技术，本章将通过多个示例对上述两种白盒测试方法进行详细说明。

2.1 对于白盒测试的基本认识

在第 1 章介绍的软件测试分类中，我们已经简单介绍了什么是白盒测试。在这里，我们给出对于白盒测试更为详细的说明，以便于加深对白盒测试的认识。

白盒测试一般用来分析程序的内部结构，因此有时也被称为基于程序的测试。白盒测试的前提条件是已知程序的内部工作过程，清楚其语句、变量状态、逻辑结构和执行路径等关键信息，因此也被称为玻璃盒测试。白盒测试主要是根据程序内部的逻辑结构和相关信息，检验程序中的各条通路是否都能够按设计要求正确工作，从这个意义上讲，白盒测试又常被称为结构测试或逻辑驱动测试。当然，白盒测试还包括对程序所有内部成分和内部操作的检查过程，例如代码评审也属于白盒测试，是对编码规范性和正确性的综合检查过程。

白盒测试针对的是程序的内部结构和运行过程，可以对程序的每一条语句、每一个条件、每一个分支甚至每一条路径进行测试。白盒测试重视测试覆盖率的度量，被看作"基于覆盖的测试"，要求对被测程序的结构能够做到一定程度的覆盖，通过不同类型的覆盖准则来判断测试执行的充分性。白盒测试有利于引导测试人员向提高覆盖率的方向完成测试工作，不断发现那些潜在的程序错误。理论上如果有充分的时间，白盒测试能够保证所有的语句和条件得到测试，使测试的覆盖程度达到很高。

白盒测试主要用于测试过程早期的单元测试阶段，是进一步完成功能测试和性能测试的基础，基本测试原则包括：

- 保证程序模块中的所有独立路径都至少使用一次；
- 保证程序中的所有逻辑值都能测试 True 和 False 两种情况；
- 在循环的边界和运行的界限内执行循环体；

● 测试程序内部数据结构的有效性以及完成边界数据取值情况下的测试。

白盒测试用例的设计经常需要参考软件详细设计说明，对测试人员软件编程经验和综合业务能力的要求很高，白盒测试工程师已经属于高级测试工程师。另外，满足一定覆盖准则和覆盖率的白盒测试经常比程序编码本身所花费的时间还要长，因此测试成本很大，往往给白盒测试的正常实施带来一定的困难。

需要注意的是，白盒测试方法试图穷举所有程序路径进行测试，这往往是不可能的。图 2-1 所示的程序流程图包含 30 次循环，虽然程序流程结构很简单，但是可能存在的执行路径数高达 3^{30}。如果对所有路径进行穷举测试，假设测试每条路径需要 1ms，总共需要约 6528 年。因此，需要根据特定的原则设计测试用例，使得用例数量尽可能少。

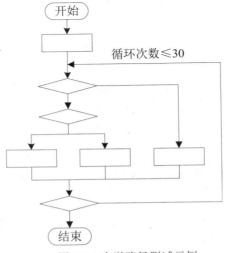

图 2-1 穷举路径测试示例

当然，产生上述天文数字路径数的原因是程序包含循环结构。那么，如果不考虑循环结构，100%覆盖所有路径，是否就能够发现所有程序问题呢？答案是令人失望的，程序仍然可能存在错误！原因是穷举路径测试查不出违反设计规范的错误，不能发现程序中已实现但不是用户所需要的功能，不可能查出程序中因遗漏路径而产生的错误，可能发现不了一些与数据相关的异常错误。

因此，尽管白盒测试方法深入程序内部，针对程序细节的逻辑结构进行测试，对代码的测试比较彻底，但仍然存在着一定的局限性。

2.2 静态测试

根据测试时是否运行源程序，白盒测试可以分为静态测试和动态测试，而静态测试方法又主要分为代码检查和静态结构分析等。静态测试就是不实际运行被测试的软件，而只是静态地检查程序代码、界面或文档中可能存在的错误的过程。

2.2.1 代码检查法

代码检查法主要包括桌面检查、代码走查和代码审查，主要检查代码的规范性、可读性、结构的合理性、逻辑表达的正确性等内容。实践证明，代码检查比动态测试更为有效，能快速发现30%~70%的逻辑设计和编码缺陷，应当在程序编译和动态测试之前进行。但是，代码检查对技术能力和经验的要求很高，并且非常耗时。表2-1给出了常见的三种代码检查法的对比。

表2-1 桌面检查、代码走查和代码审查的对比

项目	桌面检查	代码走查	代码审查
准备	程序的规格说明、编码规范、错误列表、源代码	参加人员事先阅读设计和源代码，准备代表性测试用例	需求与设计文档、源代码、编码规范、缺陷检测表、会议计划和流程
形式	无	非正式会议	正式会议
参加人员	程序编写者本人	开发组内部人员	开发、测试和相关人员
主要技术方法	无	逻辑运行测试用例	缺陷检测表
注意事项	注释与编码规范	限时、不当场修改代码	限时、不当场修改代码
生成文档	无	静态分析错误报告	结果报告
目标	无	代码标准规范、无逻辑错误	代码标准规范、无逻辑错误
优点	省时	便于项目组成员交流，共同理解软件产品	有计划地对软件产品进行编码质量控制
缺点	不正式、依赖个人能力、效率低	耗时	耗时

1) 桌面检查

桌面检查是最不正式，也是最省时的静态测试技术。桌面检查就是程序员对自己的代码进行一次自我检查，对编码成果进行自我完善。程序员根据程序的规格说明、编码规范、常见错误列表等，仔细阅读源代码，发现程序中的问题和错误。由于桌面检查没有任何约束，依赖程序员个人的经验和技术能力，因此对于大多数人而言，检查效率很低。由编程者本人完成的桌面检查明显违背了软件测试的独立性原则，因此最好由其他编程人员通过伙伴检查的方式进行。即便如此，其效果仍然远远逊色于代码走查和代码审查。

通常桌面检查包含以下内容：

- 对变量和标号的交叉引用表的检查。检查变量的定义和使用以及转向特定位置的标号；
- 对子程序、宏、函数的检查；
- 等价性检查。检查全部等价变量类型的一致性；
- 常量检查；
- 设计标准检查。检查程序是否违反设计标准；
- 风格检查；
- 控制流检查；
- 选择、激活路径检查。检查每条控制流路径是否都能被程序激活，达到语句覆盖；
- 规格符合性检查。检查是否符合程序规格说明以及编码规范；
- 补充文档检查。

2) 代码走查

代码走查的过程是非正式的，一般在开发组内部进行，通过代码走查小组，以会议的方式来检查代码。小组成员一般提前阅读设计规格书、源程序等文档，准备一些代表性的测试用例，通过逻辑运行程序的方式共同交流、讨论和发现程序问题。借助典型测试用例可以帮助发现程序在逻辑和功能上的问题，但是对所发现的问题并不做现场修改。

代码走查有利于项目组人员共同理解项目所涉及的业务信息和具体代码实现过程，交换代码编写思路，帮助开发人员找出程序错误和解决方法。很多软件缺陷并非需要到运行程序进行测试时才能发现，通过合理的代码走查可以发现和解决相当多的程序问题。

3) 代码审查

代码审查是一种正式的评审活动，通过正式会议的方式进行，事先一般具有制定好的会议计划和流程，会议中应用预先定义好的标准和检查技术检查程序和文档，发现软件缺陷，会后形成正式的审查结果报告。与代码走查相比，代码审查也是通过组成审查小组的形式对程序进行检查，但是组成人员更多，包括项目开发组、测试组和相关人员(QA、产品经理等)。

会议前，审查小组成员需要提前阅读需求和设计规格说明书、源程序等文档。另外，还需要准备一份缺陷检查表，在表中分类列出所有可能发生的错误供审查小组对照检查。开发人员是会议中检查项目的生成者，因此一般由开发人员负责提供有关检查项目资料，并且在会议过程中回答审查小组成员的问题。程序员在会议中讲解程序的逻辑实现，审查小组通过提问、讨论和争论的方式促进问题的暴露，往往能够发现 30%~70%的逻辑设计错误和编码错误。与代码走查一样，为了节约时间不跑题，避免无休止的争论，代码审查限时并且不对所发现的问题进行现场修改。

代码审查是软件开发过程中必不可少的环节。谷歌前资深软件开发工程师 Mark Chu-Carroll 博士(见图 2-2)认为，Google 的程序之所以如此优秀的一个重要原因看起来很简单：代码审查。在 Google，没有任何项目的程序源代码可以在没有经过有效的代码审查前就提交到代码库中。代码审查最重要的作用和需要注意的事项为：

图 2-2　Mark Chu-Carroll 博士

- 因为知道存在代码审查，编码者编写代码更为规范；
- 代码审查能传播知识，使模块编写者之外的审查者也能熟悉程序的设计和架构；
- 确保程序作者自己写出的代码是正确的；
- 不应过于匆忙地完成代码审查；
- 需要遵循严格的编码规范。

2.2.2　静态结构分析法

静态结构分析法实际上是通过白盒测试工具辅助进行程序检查的一种方法。阅读和理解代码是一件很困难的工作。代码以文本格式写成，包含很多复杂的数据结构和逻辑结构，即使是非常符合编码规范的源代码，理解起来也具有一定的困难。研究表明，程序员 38%的时间都被用于理解源代码。白盒测试工具能够在分析程序的基础上提供各种直观的图表，全面详细地展示程序各方面的情况，使开发和测试人员更容易找出其中的问题。

在静态结构分析中，测试人员通过测试工具分析程序的系统结构、数据结构、数据接口、控制逻辑等内部结构，生成函数调用关系图、程序控制流图、内部文件调用关系图、子程序表、宏和函数参数表等各类图表，可以清晰地呈现整个系统的组成结构，方便阅读和理解。通过分析这些图表，测试人员可以快速和有效地发现程序中潜在的错误。表 2-2 给出了主要的静态结构分析图表及其内容与作用。

表 2-2　静态结构分析图表及其内容与作用

分类	名称	内容与作用
图	函数调用关系图	• 列出所有函数，用连线表示调用关系，展示系统的结构 • 发现系统是否存在结构缺陷、区分函数的重要程度、确定测试覆盖级别 • 检查函数的调用关系是否正确 • 是否存在递归调用 • 函数的调用层次是否过深 • 检查是否存在孤立而未被调用的函数 • 确定函数调用频度，重点检查被频繁调用的函数
	模块控制流图	• 由节点和边组成，每个节点代表一条或多条语句，边表示控制流 • 能够直观地反映模块的内部逻辑结构
表	标号交叉引用表	• 列出所有模块中用到的标号 • 标号的属性，包括已说明、未说明、已使用、未使用 • 模块以外的全局标号、计算标号
	变量交叉引用表	• 展示所有变量的定义和引用情况 • 变量的属性，包括是否已说明、是否已使用、类型、是否属于公共变量、全局变量等
	子程序(宏、函数)引用表	列出所有子程序、宏和函数的属性，包括类型、是否定义、是否已引用、引用次数、输入输出参数的数量、顺序和类型
	等价表	列出在等价语句或等值语句中出现的全局变量和标号
	常数表	列出所有数字和字符常数

借助图表信息，测试人员可以完成如下静态错误分析：

- 数据类型和单位分析；
- 引用分析。找出变量引用错误，例如变量赋值以前被引用或赋值后未被引用；
- 表达式分析。发现表达式中括号使用不正确、数据下标越界等错误；
- 接口分析。检查模块之间接口的一致性，以及模块与外部数据库之间接口的一致性。

2.3　程序插桩

在白盒测试中，程序插桩是一种最基本的动态测试手段，有着广泛的应用。

程序插桩技术，是在保证被测程序原有逻辑完整性的基础上在程序中插入一些语句，这些语句被称为"探针""探测器"或"探测点"，其本质就是进行信息采集的代码段。通过探针的执行，记录和显示程序语句的执行情况、变量的变化等特征数据。通过对这些数据的分析，可以获得程序的控制流和数据流信息，进而得到逻辑覆盖等动态信息，从而对程序运行状态和运行逻辑的正确性进行判断，发现其中的问题。

测试人员常常借助程序插桩的方法来收集程序动态运行行为，一些与运行环境相关的程序行为只能通过程序插桩的方法来收集，静态程序分析无法完成这样的工作。通过程序插桩技术，能够获取各种程序信息，是对程序进行白盒测试的一种有效手段。例如，如果想知道程序中所有语句是否都被执行，也就是语句或程序分支覆盖的情况，或者想了解每个语句的实际运行次数，就可以利用程序插桩技术。

图 2-3 是计算两个整数的最大公约数的程序插桩示例，左边是函数源程序，右边是程序的流程图。最大公约数是指两个或多个整数共有约数中最大的一个，例如，12 和 30 的最大公约数是 6，算法的含义在这里并不重要。虚线框代表在源程序中插入的一些探针语句，用于记录语句执行的次数，是一些计数器，可以用数组的方式实现。

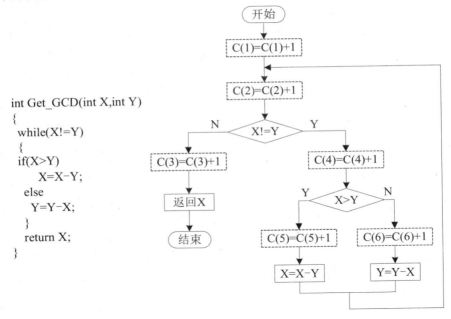

图 2-3　最大公约数计算函数的程序插桩过程

C(1)用于记录函数被调用的次数，C(2)用于记录循环执行的次数，C(3)是函数出口计数器，C(4)和 C(5)是主要程序分支上的计数器。如果在程序开始时插入对计数器数组的初始化程序，在程序返回前输出各计数器的值，就构成了完整的插桩程序。

在程序插桩时，需要注意的要点如下。

1) 需要探测哪些信息

这需要根据具体的测试目标来决定。例如，如果需要知道各种覆盖标准下对应元素的覆盖情况，就需要探测相应元素是否运行；如果需要知道程序运行到每个位置的执行结果是否正确，就需要输出该位置的特定信息。

2) 在什么位置设置探测点

通常在如下位置设置探测点：

- 程序的第一条可执行语句之前，用于判断程序是否被执行；
- 有标号的可执行语句之前；
- for、while、do until 等循环语句处；
- if、then、else 等条件分支语句处；
- 输入语句之后，用于检验输入数据的正确性；
- 输出语句之前，用于检验将要输出的数据是否正确；
- 函数、过程等程序调用语句之后，用于判断调用结果是否正确；
- return 语句之前，判断程序是否正常返回。如果探针设置在 return 语句之后，它将无法被执行。

3) 需要设置多少个探测点

一般情况下，在没有分支的程序段中只需要在首尾各设置一个探测点，用于确定程序执行时该段程序是否被覆盖。这样的程序段由一些顺序执行的语句组成，又称为"顺序块"。如果顺序块的第一条语句被执行，那么其他语句也会被执行。因此，无须对每条语句都进行插桩操作。但是，如果程序中有各种分支控制结构，如各种循环和条件判断分支结构，那么为了插入最少的探测点，需要针对程序的控制结构进行具体分析。

4) 如何在程序的特定位置插入用于判断变量特性的语句

通过程序插桩技术，可以在程序的特定位置插入某些用于判断变量特性的断言语句，以便证实程序运行时的某些特性，从而帮助排除故障。这种方法是证明程序正确性的基本步骤，虽然不是一种严格证明方法，但具有一定的实用性。

需要注意的是，程序插桩并不是独立的白盒测试方法，一般要和诸如覆盖测试等方法结合起来使用。在实现程序覆盖测试时，经常需要获得一些特定信息，例如：程序中语句被执行(也就是被覆盖)的情况，程序运行的路径，变量的定义和引用情况等。要想获得这些信息，就需要在被测程序中插入完成相应工作的代码，即运用代码插桩技术，如今大多数的覆盖测试工具均采用代码插桩技术。

还需要注意的是，代码插桩虽然不影响程序的逻辑结构和复杂性，但是会破坏程序的时间特性。因此，在用程序插桩辅助完成一些性能监视测试工作时，有时需要考虑插桩代码对程序运行效率的影响。

2.4 逻辑覆盖测试

逻辑覆盖测试是一种常用的动态白盒测试方法，主要包括语句覆盖、判定覆盖、条件覆盖、判定-条件覆盖、条件组合覆盖和路径覆盖。逻辑覆盖是基于程序的内部逻辑结构进行的测试，要求在设计测试用例时，对被测程序的逻辑结构有清晰的了解。

在图 2-4 中，左边是源程序，右边是程序流程图。流程图中的字符 "a~e" 标记了程序逻辑结构的节点，用于表示程序运行经过的路径。我们将这个程序作为被测程序，讲解上述几种常见的逻辑覆盖技术。

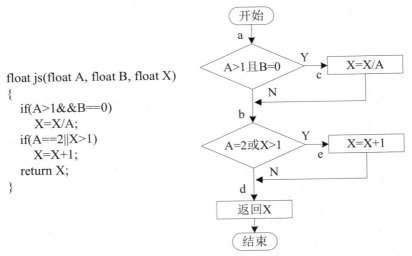

```
float js(float A, float B, float X)
{
    if(A>1&&B==0)
        X=X/A;
    if(A==2||X>1)
        X=X+1;
    return X;
}
```

图 2-4　逻辑覆盖测试的被测程序及其流程图

在逻辑覆盖测试中，决定程序分支走向的整体布尔型表达式被称为判定，取值为 True 或 False。判定不考虑其内部是否包含"与""或"等逻辑操作符。上述例程中包含两个判定：

- "A>1 且 B=0"，为方便表达记为 P1；
- "A=2 或 X>1"，记为 P2。

但是，大部分的判定表达式是由多个逻辑条件组合而成的。虽然上述例程中只有 3 个变量，但是却包含 4 个条件表达式：

- "A>1"，记为 C1；
- "B=0"，记为 C2；
- "A=2"，记为 C3；
- "X>1"，记为 C4。

2.4.1　语句覆盖

语句覆盖的含义是指，设计若干个测试用例，使被测程序中的每一条可执行语句至少执行一次。

需要说明的是，为了尽可能减少设计、实施和维护测试用例的成本，逻辑覆盖测试用例的数量应当越少越好，只要能够满足相应的覆盖标准即可。关于被测程序中语句的个数统计，图 2-4 所示程序中共有 3 条可执行语句，分别以分号结尾。"if (A>1&&B==0)"和"if(A==2|| X>1)"只是判定条件而不是语句。

对于图 2-4 中的被测程序来讲，为了使程序中的每条语句都被执行一次，只需要选取一组测试用例输入数据，使得程序沿着路径"a-c-b-e-d"运行即可。例如，可以选取(A=2，B=0，X=3)作为输入数据，这样，P1 和 P2 两个判定的值都为 True，3 条语句都被执行。这样的测试用例即可达到语句覆盖的标准。当然，测试用例不是唯一的，例如，(A=2，B=0，X=2)同样满足要求。

语句覆盖是最弱的逻辑覆盖标准。运行测试用例(A=2，B=0，X=3)，虽然能够执行所有语句，但是不能覆盖所有的判定分支。例如，判定 P1 和 P2 的 False 分支都没有被覆盖到。因此，

语句覆盖只针对程序中显式存在的语句，而无法测试隐藏的条件和可能的逻辑分支。例如，如果判定 P1 中的 "&&" 被错误写成 "||"，上述测试用例仍可覆盖所有语句。又例如，如果判定 P2 中的 "X>1" 被错误写成 "X>0"，上述测试用例仍然无法发现这个错误。

2.4.2 判定覆盖

判定覆盖又称为分支覆盖，是指设计若干个测试用例，使被测程序中每个判定的取真分支和取假分支至少被执行一次，即每个判定的真假值均被满足。

对于上述被测程序，设计如表 2-3 所示的判定覆盖测试用例，使程序执行路径 "a-c-b-e-d" 和 "a-b-d"。这样，判定 P1 和 P2 的真假分支就都能被执行到。

表 2-3　判定覆盖测试用例(一)

测试用例	P1	P2	执行路径
A=2，B=0，X=4	T	T	a-c-b-e-d
A=3，B=1，X=1	F	F	a-b-d

或者，换一种设计思路，设计如表 2-4 所示的测试用例，使程序执行路径 "a-c-b-d" 和 "a-b-e-d"。这样，判定 P1 和 P2 的真假分支也同样都能被执行到。

表 2-4　判定覆盖测试用例(二)

测试用例	P1	P2	执行路径
A=3，B=0，X=1	T	F	a-c-b-d
A=2，B=1，X=3	F	T	a-b-e-d

需要注意的是，程序中包含两种类型的判定语句。一种是双值判定语句，取值是 True 或 False。例如，If-Then-Else、Do-While、Do-Until 等。另一种是多值判定语句，例如 Case 语句。因此，判定覆盖更一般的含义是设计测试用例，使每一个分支获得每一种可能的结果。

判定覆盖比语句覆盖具有更好的测试充分性。相比语句覆盖测试用例，判定覆盖测试用例驱动被测程序执行几乎多一倍的测试路径。由于可执行语句要不就在判定的真分支上，要不就在判定的假分支上；因此，只要满足判定覆盖标准的测试用例，就一定满足语句覆盖标准，反之则不然。

判定覆盖的测试充分性仍然很弱，它只是判断整个判定表达式的最终取值结果，而不考虑表达式中每个条件的取值情况，因此必然会漏检一些条件错误。判定表达式往往由多个条件组合而成，某个条件的取值结果可能会掩盖其他条件的取值结果情况。例如，"或"关系的第一个条件为真则不再判断第二个条件，"与"关系的第一个条件为假则不再判断第二个条件。在上述程序中，将判定 P2 中的条件 "X>1" 错误写成 "X<1"，使用表 2-3 所示的测试用例仍然能够达到判定覆盖标准，无法发现该错误。

2.4.3 条件覆盖

条件覆盖是指，设计足够多的测试用例，使每个判定中每个条件的真假取值都至少被满足一次。

上述程序中，4 个条件 C1~C4 中的每一个都有真假两种取值可能，分别为：

- C1 取真值(即 A>1)记为 T1，取假值(即 A≤1)记为 F1；
- C2 取真值(即 B=0)记为 T2，取假值(即 B≠0)记为 F2；
- C3 取真值(即 A=2)记为 T3，取假值(即 A≠2)记为 F3；
- C4 取真值(即 X>1)记为 T4，取假值(即 X≤1)记为 F4。

对于被测程序，设计如表 2-5 所示的条件覆盖测试用例，使程序中的每个条件都满足真假两种取值情况。

表 2-5　条件覆盖测试用例(一)

测试用例	C1	C2	C3	C4	P1	P2	执行路径
A=2，B=0，X=4	T1	T2	T3	T4	T	T	a-c-b-e-d
A=1，B=1，X=1	F1	F2	F3	F4	F	F	a-b-d

条件覆盖一般比判定覆盖要强，因为它更为细致地考虑了判定表达式中每个条件的取值情况。但需要注意的是，虽然表 2-5 所示的测试用例也同时满足判定覆盖标准，但是满足条件覆盖标准的测试用例并不能总是保证满足判定覆盖标准。这是由于，条件覆盖只考虑每个条件都取得真假两种值，而不考虑所有的判定结果取值情况。例如，表 2-6 所示的测试用例满足条件覆盖标准，但是由于判定 P2 只有取真值一种情况，其 False 分支未被执行，因此不满足判定覆盖标准。

从测试充分性来讲，既然条件覆盖标准不能完全包含判定覆盖标准，那么也就不能保证达到 100%的语句覆盖标准了。

表 2-6　条件覆盖测试用例(二)

测试用例	C1	C2	C3	C4	P1	P2	执行路径
A=2，B=0，X=1	T1	T2	T3	F4	T	T	a-c-b-e-d
A=1，B=1，X=4	F1	F2	F3	T4	F	T	a-b-e-d

2.4.4　判定-条件覆盖

由判定覆盖和条件覆盖可知，条件覆盖不一定包含判定覆盖，反之亦然。因此，需要一种能将两者结合起来的逻辑覆盖标准，这就是判定-条件覆盖，也称为分支-条件覆盖或条件判定组合覆盖。其基本思想是，设计足够多的测试用例，使被测程序中每个判定的每个条件的可能取值至少被执行一次，并且每个可能的判定结果也至少被执行一次。

细心的读者可能已经发现，表 2-5 所示的测试用例本身就已经满足判定-条件覆盖标准，因为条件 C1~C4 和判定 P1 与 P2 都取得真值和假值两种情况，在这里不再给出其他判定-条件覆盖测试用例。

从表面看，判定-条件覆盖测试所有判定和条件的取值，但事实并非如此。无论是"与"关系逻辑表达式还是"或"关系逻辑表达式，某些条件的取值都可能会掩盖另一些条件的取值情况，判定-条件覆盖测试并没有覆盖所有条件的真假取值组合情况。因此，判定-条件覆盖并不一定能够查出逻辑表达式中的所有错误。

从测试充分性来讲，满足判定-条件覆盖就一定能够满足条件覆盖、判定覆盖和语句覆盖。

2.4.5 条件组合覆盖

条件组合覆盖是指，设计足够多的测试用例，使被测程序中每个判定的所有可能的条件取值组合至少被执行一次。条件组合覆盖与条件覆盖的区别是，不仅要求每个条件都能有真假两种取值结果，而且要求这些结果的所有可能组合都至少出现一次。

表 2-7 给出了上述被测程序的 8 种条件取值组合情况。

表 2-7 条件取值组合情况

组合编号	1	2	3	4	5	6	7	8
条件取值组合	T1，T2	T1，F2	F1，T2	F1，F2	T3，T4	T3，F4	F3，T4	F3，F4

这里需要注意以下几点：

- 条件取值组合只针对同一个判定表达式内存在多个条件的情况，将这些条件的取值进行笛卡尔乘积组合；
- 不同判定表达式内的条件取值之间无须组合；
- 对于单条件的判定表达式，只需要满足自己的所有取值即可。

根据表 2-7 所示的条件取值组合情况，可以设计表 2-8 所示的条件组合覆盖测试用例。从表 2-8 中的"覆盖条件组合"项可以看出，8 种条件取值的情况都被覆盖到了。

表 2-8 条件组合覆盖测试用例

测试用例	C1	C2	C3	C4	覆盖条件组合	P1	P2	执行路径
A=2，B=0，X=4	T1	T2	T3	T4	1，5	T	T	a-c-b-e-d
A=2，B=1，X=1	T1	F2	T3	F4	2，6	F	T	a-b-e-d
A=1，B=0，X=2	F1	T2	F3	T4	3，7	F	T	a-b-e-d
A=1，B=1，X=1	F1	F2	F3	F4	4，8	F	F	a-b-d

条件组合覆盖是一种很强的覆盖标准，能够有效地测试各种条件取值组合是否正确。同时，从表 2-8 中的"P1"和"P2"项也可以看出，条件组合覆盖还可以覆盖所有判定的真假分支。也就是说，条件组合覆盖标准能够完全包容判定-条件覆盖标准。

但是，条件组合覆盖也线性增加了测试用例的数量，提高了测试用例设计、实施和维护的成本。即便如此，条件组合覆盖仍然可能漏测部分程序可执行路径，测试还不够充分。例如，被测程序中有 4 条可执行路径，分别如下。

- 路径 1：a-c-b-e-d。
- 路径 2：a-b-d。
- 路径 3：a-c-b-d。

● 路径 4：a-b-e-d。

表 2-8 所示的测试用例中只有 3 条执行路径，路径"a-b-e-d"是重复的，漏测了可执行路径"a-c-b-d"。

2.4.6 路径覆盖

路径覆盖就是设计足够多的测试用例，使被测程序的每条可执行路径都至少执行一次。被测程序中有 4 条可执行路径，因此表 2-9 所示的路径覆盖测试用例由 4 个测试用例构成。

表 2-9 路径覆盖测试用例

测试用例	C1	C2	C3	C4	P1	P2	执行路径
A=2，B=0，X=3	T1	T2	T3	T4	T	T	a-c-b-e-d
A=1，B=1，X=1	F1	F2	F3	F4	F	F	a-b-d
A=3，B=0，X=3	T1	T2	F3	F4	T	F	a-c-b-d
A=2，B=1，X=1	T1	F2	T3	F4	F	T	a-b-e-d

路径覆盖是经常使用的覆盖测试方法，相比于其他逻辑覆盖方法，测试覆盖率最大。但是路径覆盖并不一定能保证条件组合覆盖，例如上面的测试用例中，"F1，T2"和"F3，T4"两种条件取值组合情况就未能覆盖到。另外，路径覆盖也不一定能保证条件覆盖。举一个简单的例子，假设被测程序仅含有一个判定表达式 P：(C1 or C2)，因此程序中有两条可执行路径，可以通过两个条件取值分别为(T1，F2)和(F1，F2)的测试用例驱动被测程序分别沿着判定 P 的真假分支执行，满足路径覆盖标准。但是因为条件 C2 没有取真值 T2 的情况，所以不满足条件覆盖标准，进而也就不满足判定-条件覆盖标准。由于路径覆盖必然经历所有判定的各个分支，因此路径覆盖能够完全包容判定覆盖和语句覆盖。

另外需要注意的是，随着代码复杂度的增加，程序可执行路径的数量可能呈指数级增长。例如包含 10 条 if 语句的程序，可执行路径可达到 $2^{10}=1024$ 条。如果被测程序中包含循环结构，随着循环嵌套层次和循环次数的增加，程序可执行路径数可能达到天文数字。这种情况下，一般通过 Z 路径覆盖方法进行测试。

通过以上 6 种逻辑覆盖测试方法的讲解我们会发现，没有十全十美的覆盖测试方法，每一种方法都有优点和局限性。因此，在实际的测试用例设计过程中，需要根据实际情况将几种逻辑覆盖测试方法配合使用，以达到最高的覆盖率。实际工作中，语句覆盖、判定覆盖和路径覆盖使用最多，一般有如下要求。

● 语句覆盖率：100%。

● 判定覆盖率：85%以上。

● 路径覆盖率：80%以上。

基于对上述 6 种逻辑覆盖方法的测试充分性的分析，可以将它们之间的强弱关系用图 2-5 表示。

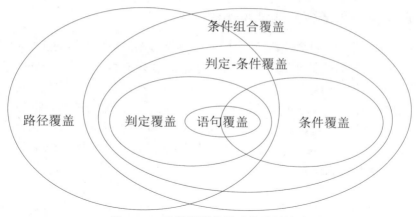

图 2-5　6 种逻辑覆盖测试的强弱关系

2.4.7　Z 路径覆盖

　　Z 路径覆盖是一种简化循环意义下的路径覆盖测试方法。

　　普通的路径覆盖是要设计若干测试用例，用来覆盖程序中所有可能的执行路径。当程序比较小，只有为数不多的选择结构时，实现路径覆盖是可以做到的。但是，当程序中含有多个循环或循环次数很多时，可能的执行路径数量将以指数级增长，往往达到天文数字(参考图 2-1 所示的穷举路径测试示例)，想要实现完全的路径覆盖是不可能的。

　　为了解决这一问题，Z 路径覆盖舍掉了路径覆盖的一些次要因素，对循环机制进行了简化。通过限制循环的次数，最大化地减少路径的数量，使得覆盖这些有限的路径成为可能。无论循环的形式和循环体实际执行的次数如何，在 Z 路径覆盖测试中，只考虑执行循环体一次和零次两种情况，即只考虑执行时进入循环体一次和跳过循环体这两种情况。

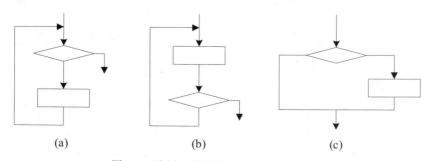

图 2-6　将循环结构简化成选择结构

　　图 2-6(a)和图 2-6(b)是两种典型的循环结构。前者先做判断，循环体只考虑执行一次或不执行，效果与图 2-6(c)是一样的。后者先执行循环体，也只考虑执行一次，然后再经判断转出，效果与图 2-6(c)中只执行选择结构的右分支一样。经过 Z 路径覆盖方法对循环结构进行简化后，程序中只存在顺序结构和分支结构，其所包含的路径数一般是有限的，因此可以做到对这些路径的覆盖。

2.4.8 计算路径覆盖最少的测试用例数

由于路径覆盖是常用测试方法，因此对于一个较为复杂的被测程序来讲，我们希望能够快速计算出其可执行路径的数量，确定路径覆盖最少的测试用例数，然后基于此数量设计足够多的测试用例，使被测程序的每条可执行路径都至少执行一次。在这里，提供一种计算路径覆盖最少的测试用例数的方法，通过程序盒图(也称为 N-S 图)对该方法进行说明。

图 2-7 中包含 3 种基本逻辑结构：顺序、选择和循环结构。顺序结构无论语句多少，只有一条可执行路径；If-Then-Else 型选择结构包含两条可执行路径；多分支 Case 型选择结构的可执行路径数量由分支数量决定。

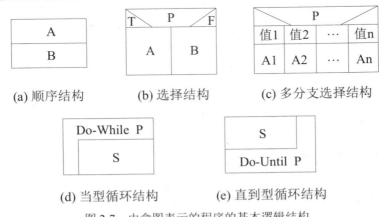

(a) 顺序结构   (b) 选择结构   (c) 多分支选择结构

(d) 当型循环结构   (e) 直到型循环结构

图 2-7   由盒图表示的程序的基本逻辑结构

对于循环结构来讲，在 Z 路径覆盖中已经讲过，为了避免测试超大数量的循环路径，在路径覆盖测试时一般将循环结构转变和替换为选择结构，只考虑直接跳过循环体和执行一次循环体这两种情况，并不测试重复执行循环体的路径。因此，我们只需要弄清楚(包含选择结构的)程序的可执行路径数量的计算方法即可。

我们先来观察一个简单的串行选择结构，其盒图如图 2-8 所示。

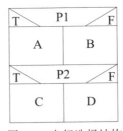

图 2-8   串行选择结构

在这个例子中，可以很容易地看出，程序包含 4 条可执行路径，分别经过语句(块)AC、AD、BC 和 BD。因此，最少的路径覆盖测试用例数为 4。实际上，这样的计算结果是根据"串行分层相乘"的方法计算出来的。图 2-8 所示的程序盒图可以分为上下两层，上层的 P1 选择结构包含 2 条路径，下层的 P2 选择结构地包含 2 条路径，将它们相乘就得到计算结果 4。对于盒图选择结构中并行的语句(块)，如 A 和 B、C 和 D，将它们的数量相加就可以得到该并行层次的路径数。

应用上述计算原理，可以快速计算出更为复杂的程序的可执行路径数。

图 2-9 所示的程序盒图中包含两组串行的选择结构：P1 与 P8，P2 与 P6，分别用分层线 1 和 2 标识。P8 包含的嵌套选择结构的路径数为 3，将它与 P1 包含的路径数相乘即可得到最终路径数。P2 包含的嵌套选择结构的路径数为 5，P6 包含的嵌套选择结构的路径数为 3，将二者相乘后得到 P1 的右分支路径数为 5×3=15。P1 的左分支是一条简单路径，结合右分支计算结果可知，P1 包含的嵌套选择结构的路径数为 15+1=16。因此，结合 P8 路径数计算结果可知，该程序的可执行路径总数为 16×3=48。也就是说，最少需要 48 个测试用例才能保证完成该程序的路径覆盖测试。

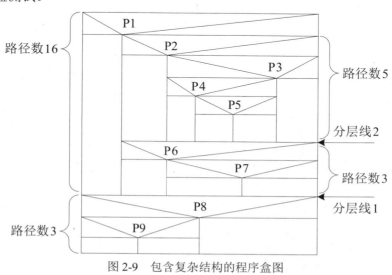

图 2-9　包含复杂结构的程序盒图

2.5 循环结构测试

前面讲解了几种主要的逻辑覆盖测试方法，这些方法主要是针对程序选择结构的测试方法。当碰到循环结构时，都进行了大幅度简化，将循环结构转换为选择结构进行测试。但是，当程序中包含比较复杂的循环结构或者循环结构中的程序计算很容易出错时，就需要对其进行更为全面和深入的测试。

循环结构一般有如图 2-10 所示的 4 种形式：简单循环、嵌套循环、串接循环和不规则循环。其中，不规则循环无法进行测试，需要对循环结构进行重新设计，使之成为结构化的程序后再进行测试。下面对简单循环、嵌套循环和串接循环的测试方法进行说明。

1) 简单循环

对简单循环进行测试时，需要考虑循环的次数以及循环边界值和接近边界值的情况。假定循环的最大次数为 n，一般需要设计如下几种测试用例。

- 零次循环：从循环入口直接跳到循环出口。
- 一次循环：只有一次通过循环，用于查找可能的循环初始值错误。
- 两次循环：两次通过循环。

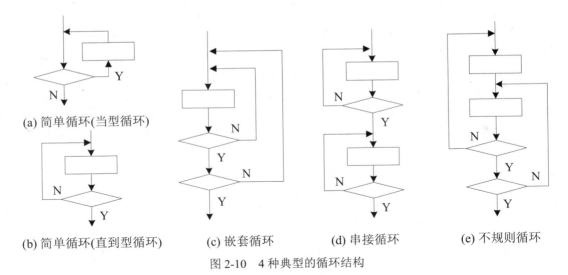

(a) 简单循环(当型循环)

(b) 简单循环(直到型循环)　　　(c) 嵌套循环　　　(d) 串接循环　　　(e) 不规则循环

图 2-10　4 种典型的循环结构

- m 次循环：m 次通过循环，其中 m<n，也就是在 n 次循环中找一个中间值，用于查找在多次循环时才可能暴露的错误。
- n－1 次循环：比最大循环次数少一次通过循环。
- n 次循环：用最大循环次数执行循环。
- n+1 次循环：比最大循环次数多一次通过循环。

测试中，我们还需要关注以下几个问题：

- 循环变量的初值是否正确。
- 循环变量的最大值是否正确。
- 循环变量的增量是否正确。
- 何时退出循环。

下面是一个简单循环，其测试用例如表 2-10 所示。

```
int Sample_Loop( )
{
    int i=1;
    int Sum=0;
    while (i<=10)
{
    Sum=Sum+i;
    i=i+1;
}
    return Sum;
}
```

表 2-10　上述简单循环的测试用例

测试内容	测试用例	备注
整个跳过循环	i=11	0 次通过循环
只有一次通过循环	i=10	

（续表）

测试内容	测试用例	备注
两次通过循环	i=9	
m 次通过循环，其中 m<10	i=5	6 次通过循环
n－1 次通过循环	i=2	9 次通过循环
n 次通过循环	i=1	10 次通过循环
n+1 次通过循环	i=0	11 次通过循环

2）嵌套循环

如果将简单循环的测试方法用于测试嵌套循环，随着嵌套层数的增加，测试用例数就会呈指数级增长。针对这个问题，一般采用如下嵌套循环测试方法：

- 从最内层循环开始，将所有其他层的循环设置为最小值。
- 对最内层循环使用简单循环测试。测试时，保持所有外层循环的循环变量为最小值。另外，对越界值和非法值增加其他测试。
- 由内向外逐层外推，对其外面的一层循环进行测试。测试时，其他的外层循环变量取最小值，所有其他嵌套内循环的循环变量取"典型"值。
- 反复进行，直到所有各层循环测试完毕。
- 对全部各层循环，同时取最小循环次数和最大循环次数进行测试。

3）串接循环

串接循环也称为并列循环，其测试分为两种情况。如果串接循环是相互独立的，则可以简化为两个单独循环来分别处理。但是，如果两个循环串接起来，第一个循环的循环计数是第二个循环的初始值，那么这两个循环不是相互独立的。这种情况下，需要使用嵌套循环的测试方法进行处理。

2.6 基本路径测试

在白盒测试中，基本路径测试是应用非常广泛的一种测试方法。基本路径测试是在程序控制流图的基础上，通过分析控制结构的环路复杂性，导出基本可执行路径的集合，从而设计测试用例的方法。设计出的测试用例需要保证被测程序的每一条可执行语句至少被执行一次。

基本路径测试包含如下 4 个基本步骤：

(1) 以详细设计或源代码为基础，绘制程序控制流图；

(2) 根据程序控制流图，计算程序环路复杂度；

(3) 确定独立路径的集合；

(4) 生成测试用例。

下面我们对以上 4 个步骤的内容分别予以介绍。

2.6.1 程序控制流图与环路复杂度

程序控制流图简称流图，本质上是一种"退化"的程序流程图，用于突出表示程序的控制结构。流图只呈现程序的控制流程,完全不表现具体的语句以及选择或循环的具体条件。图2-11给出了几种典型的程序控制结构的控制流图形式。

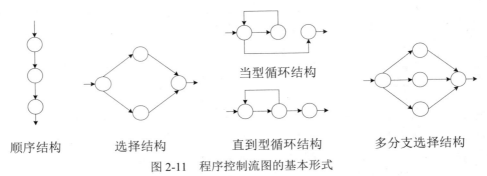

| 顺序结构 | 选择结构 | 直到型循环结构 | 多分支选择结构 |

图2-11　程序控制流图的基本形式

控制流图是一种有向图,由节点和边构成,含义分别如下。

(1) 节点:用圆表示。一个节点代表一条或多条顺序执行的语句。程序流程图中顺序的处理框序列和菱形判定框,可以映射成流图中的节点。

(2) 边:用箭头线表示。边代表控制流,一条边必须终止于一个节点,即使这个节点并不代表任何语句。

当我们将常见的程序流程图转换为控制流图时,需要注意以下两点:

● 在选择或多分支结构中,分支的汇聚处应当添加一个汇聚节点,即使在该处并没有实际的可执行语句也应如此,这样可以使控制结构表现得更为完整和清晰。

● 由边和节点围成的面积称为区域。当计算区域总数时,图形外未围起来的那部分也要记为区域。

图2-12(a)所示的程序流程图,可以转换为图2-12(b)所示的控制流图。

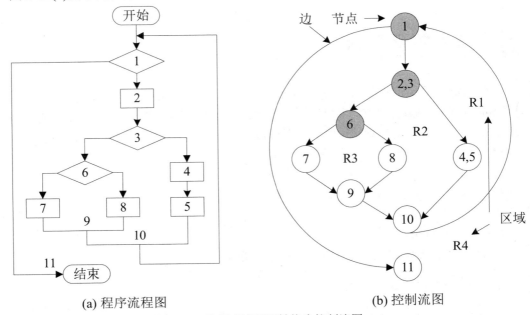

(a) 程序流程图　　　　　　　　　(b) 控制流图

图2-12　将程序流程图转换为控制流图

根据程序控制流图，可以定量度量程序的复杂程度，度量结果称为程序的环路复杂度、环形复杂度或圈复杂度。流图一般标记为 G，环路复杂度标记为 V(G)。一般来讲，模块的环路复杂度 V(G)≤10。

计算环路复杂度有以下 3 种方法：

(1) 控制流图中的区域数等于环路复杂度。

(2) V(G)=E－N+2，其中，E 是控制流图中边的数量，N 是节点的数量。

(3) V(G)=P+1，其中，P 是控制流图中判定节点的数量。

例如，通过上述方法计算图 2-12(b)所示程序的环路复杂度：

- 有 R1~R4 共 4 个区域，环路复杂度为 4。
- E=11，N=9，V(G)=11－9+2=4。
- 控制流图中"出度"大于 1 的节点为判定节点，也就是说，起始于判定节点，以之作为箭头线尾端的边的数量一定大于 1。因此，节点 1、(2,3)和 6 是判定节点，P=3，V(G)=3+1=4。

使用以上 3 种计算方法得到的环路复杂度一定是相同的，它们之间可以相互验证。

在图 2-12(a)中，我们实际上假设所有菱形框表示的判定内没有复合条件。但是，需要特别注意的是，如果判定包含复合条件，那么在生成控制流图时，应当把复合条件分解为若干简单条件，每个简单条件对应流图中的一个节点。图 2-13(a)和(b)分别展示了"与"逻辑和"或"逻辑下控制流图的生成方法。

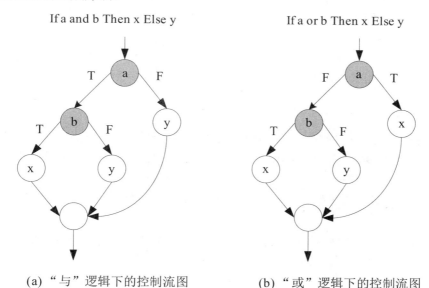

(a) "与"逻辑下的控制流图　　(b) "或"逻辑下的控制流图

图 2-13　复合条件下的控制流图

2.6.2　独立路径集合

独立路径也称为基本路径，其含义包含以下两点：

(1) 独立路径是一条从起始节点到终止节点的路径。

(2) 一条独立路径至少包含一条其他独立路径没有包含的边，也就是说，至少引入了一条新的执行语句。

图 2-14 所示程序控制流图的环路复杂度为：

- V(G)=图中区域数=5。
- V(G)= E－N+2=10－7+2=5。
- V(G)=P+1=4+1=5。

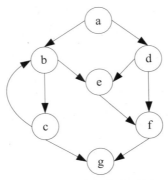

图 2-14　独立路径集合示例

程序的环路复杂度计算结果给出了程序独立路径集合中的独立路径条数，这是保证程序中每条可执行语句至少被执行一次所必需的测试用例数量的上限，也就是说，我们只要最多 V(G) 个测试用例就可以满足基本路径覆盖要求。

针对图 2-14，我们可以找出如下 5 条独立路径，构成独立路径集合：

- Path1：a-b-c-g。
- Path2：a-b-c-b-c-g。
- Path3：a-b-e-f-g。
- Path4：a-d-e-f-g。
- Path5：a-d-f-g。

如果能再找出一条路径 Path6=a-b-c-b-e-f-g，我们就会发现，在原有 5 条独立路径的基础上，Path6 并没有引入任何新的边。所以，Path6 不再是一条新的独立路径。同时，我们也会认识到，一个程序的独立路径集合通常并不是唯一的，例如，将 Path2 替换为 Path6 也可以构成一个新的独立路径集合。另外需要注意的是，独立路径集合中的每一条路径都以起始节点"a"开始，以终止节点"g"结束。

得到独立路径集合后，就可以根据每一条独立路径设计相应的输入数据，形成测试用例，保证每一条独立路径都可以被测试到。

2.6.3　基本路径测试用例

首先，让我们来看一个判定中不含复合条件的被测程序。

```
1 int Test(int count, int flag)
2 {
3     int temp=0;
4     while (count>0)
5     {
```

```
6       if (flag==0)
7       {
8          temp=count+100;
9          break;
10      }
11      else
12      {
13          if (flag==1)
14              temp=temp+10;
15          else
16              temp=temp+20;
17      }
18      count=count-1;
19   }
20   return temp;
21  }
```

在上述程序中，当 flag=0 时，返回 count+100；当 flag=1 时，返回 count*10；当 flag 是其他值时，返回 count*20。下面按照基本路径测试的 4 个步骤进行说明。

1) 画出上述程序的控制流图

在初期还不能熟练绘制程序控制流图时，可以先绘制出如图 2-15(a)所示的程序流程图，再将其转换为如图 2-15(b)所示的程序控制流图。熟练后，再直接绘制程序控制流图。

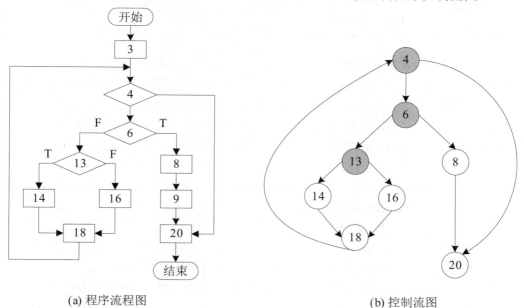

(a) 程序流程图   (b) 控制流图

图 2-15　程序流程图和控制流图

图 2-15 中的数字是源程序中的行号，4、6、13 是判定节点。语句 3 和 4 顺序执行，合并为节点 4；语句 8 和 9 顺序执行，合并为节点 8。

2) 计算程序的环路复杂度

由图 2-15(b)所示的程序控制流图可以计算得出：

- V(G)=图中区域数=4。
- V(G)= E－N+2=10－8+2=4。
- V(G)=P+1=3+1=4。

程序的环路复杂度是 4。因此，只要最多 4 个测试用例就可以达到基本路径覆盖。

3) 确定独立路径集合

在程序控制流图中，从起始节点 4 到终止节点 20 共有 4 条独立路径：

- 4-20
- 4-6-8-20
- 4-6-13-14-18-4-20
- 4-6-13-16-18-4-20

由上面 4 条独立路径构成的集合已经包括流图中所有的边。

4) 设计测试用例

根据上面得到的 4 条独立路径可以设计如表 2-11 所示的 4 个测试用例。

表 2-11 基本路径测试用例

输入数据	预期结果	独立路径
flag=0，或是 flag<0 的某个值	temp=0	4-20
count=1，flag=0	temp=101	4-6-8-20
count=1，flag=1	temp=10	4-6-13-14-18-4-20
count=1，flag=2	temp=20	4-6-13-16-18-4-20

细心的读者会发现，独立路径 3 和 4 实际上已经完全包容独立路径 1。所以，上述测试用例可以简化为 3 项，独立路径 1 的测试用例可以去除。这种情况说明，程序的环路复杂度表示的是最大测试用例个数，是测试用例数量的上界，实际的测试用例数不一定要达到这个上界。不过还要说明的是，测试用例数量越简化，测试的充分性就越低。例如，去掉独立路径 1 的测试用例后，直接跳过循环的情况就无法测试到。因此，需要根据实际情况来确定测试用例数量的简化程度。

接下来，让我们再看一个包含复合条件的被测程序的基本路径测试用例的设计过程。

图 2-16 是计算学生平均成绩的程序流程图。该程序最多可以计算 50 个学生的平均成绩，以－1 作为成绩输入结束标志。程序流程图中，i 是学生序号，n1 是有效成绩数量，n2 是输入的成绩数量，sum 是成绩累加值，Score(i)是第 i 个学生的成绩，Average 是平均成绩。

(1) 画出程序的控制流图。根据图 2-16 所示的程序流程图可以绘制出如图 2-17 所示的程序流图，这一步骤是难点，关键在于将程序流程图中包含复合条件的两个判定分解映射为控制流图中相应的节点。

(2) 计算环路复杂度，如下所示：

- V(G)=图中区域数=6。
- V(G)= E－N+2=16－12+2=6。
- V(G)=P+1=5+1=6。

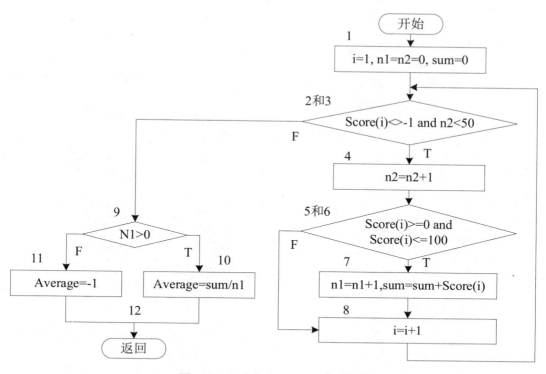

图 2-16　包含复合条件的程序流程图

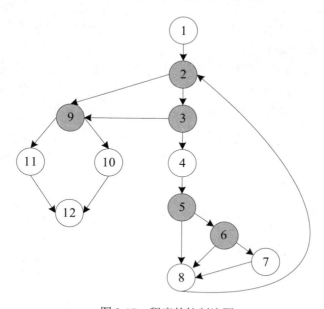

图 2-17　程序的控制流图

(3) 确定独立路径集合。可以确定以下 6 条独立路径：

- 1-2-9-10-12
- 1-2-9-11-12
- 1-2-3-9-10-12

- 1-2-3-4-5-8-2. . .
- 1-2-3-4-5-6-8-2. . .
- 1-2-3-4-5-6-7-8-2. . .

(4) 设计测试用例。为每一条独立路径设计一个测试用例，驱动被测程序沿着该路径至少执行一次。可以设计如表 2-12 所示的 6 个测试用例。

表 2-12　基本路径测试用例

输入数据	预期结果	独立路径
Score(1)=60，Score(2)=-1	n1=1，sum=60，Average=60	1-2-9-10-12
Score(1)=-1	Average=-1，其他变量为初值	1-2-9-11-12
输入多于 50 个有效分数	n1=50，正确的 sum 和 Average 值	1-2-3-9-10-12
Score(1)=-5，Score(2)=70，Score(3)=-1	n1=1，sum=70，Average=70	1-2-3-4-5-8-2. . .
Score(1)=110，Score(2)=80，Score(3)=-1	n1=1，sum=80，Average=80	1-2-3-4-5-6-8-2. . .
Score(1)=80，Score(2)=90，Score(3)=-1	n1=2，sum=170，Average=85	1-2-3-4-5-6-7-8-2. . .

2.6.4　控制流图矩阵

控制流图矩阵是将程序控制流图表达为矩阵的方式。利用控制流图矩阵，可以构造辅助完成路径测试的工具，自动地确定独立路径集合，评估程序的控制结构。

控制流图矩阵实际上是有向图的图形矩阵，由行列数相同的方阵构成，行列数即为控制流图中的节点数，每行和每列依次对应一个节点，矩阵元素反映的是节点间的连接关系。如果节点 i 到节点 j 之间有一条边，那么矩阵第 i 行第 j 列的元素非空。矩阵元素标记为权值 1，表示存在连接；标记为空或权值 0，则表示不存在连接。

例如，可以将图 2-15(b)所示的控制流图表达为如图 2-18 所示的控制流图矩阵。从图 2-18 中可以看出，凡是一行中有大于或等于两个元素的节点就一定是判定节点。通过这一特点，可以方便地确定判定节点的数量，然后计算环路复杂度。

	4	6	8	13	14	16	18	20
4		1						1
6			1	1				
8								1
13					1	1		
14							1	
16							1	
18	1							
20								

图 2-18　控制流图矩阵

对于控制流图矩阵中的元素，除了权值之外，还可以赋予其他属性信息，用于完成对控制结构的一些评估工作。

- 执行连接(边)的概率。

- 执行连接的频率
- 连接的处理时间。
- 执行连接所需的计算资源(如内存等)。

除了利用控制流图矩阵自行开发基本路径测试的辅助工具外,还有一些现成的工具可以利用,例如加拿大麦吉尔(McGill)大学 Sable 研究小组开发的 Soot。通过 Soot 可以进行 Java 程序过程内和过程间的分析优化,以图形化的方式输出程序控制流图,为测试用例的设计提供便捷条件。

2.6.5　基本路径测试的扩展应用

基本路径测试虽然被广泛应用于单元测试阶段的程序路径测试,但是也可以将这种测试方法推广应用到对软件系统流程的测试。

用基本路径测试对程序进行测试时,路径是指函数代码的某个分支。实际上,将软件系统的某个流程也看作路径的话,就可以用基本路径分析的方法来设计测试用例。此时,控制流图中节点的粒度由语句级扩大到模块级,而边反映了软件的系统流程。

采用基本路径测试方法测试系统流程有如下优点:

- 在已知系统流程结构的基础上,可以设计出高质量的测试用例,降低了设计难度。
- 在测试时间紧张的情况下,可以完成对系统重点流程的测试,无须完全根据经验来取舍测试内容。

应用基本路径测试对系统流程进行测试时,一般分为如下 3 个步骤。

1) 将系统运行的流程以控制流图的方式表达出来

将系统流程表达为不同功能或模块的执行关系序列,从最常使用的基本流程入手,再考虑次要和异常的流程。通过逐步理解和细化流程,将各个看似孤立的流程关联起来,形成完整的系统控制流图。

2) 找出所有的系统流程独立路径并为每条路径设定优先级

路径优先级的设定需要考虑以下两个因素:

- 路径使用的频率。使用频率越高,路径优先级越高。
- 路径的重要程度。路径执行失败对系统的影响越大,路径优先级越高。

将上述两个因素确定的路径优先级相加就得到了路径的最终优先级。根据路径优先级的排序就可以确定对所有独立路径的测试顺序以及测试的细致程度。

3) 设计测试用例

为每条独立路径选取测试数据,形成测试用例。每条路径可以对应多个测试用例,相应的测试输入数据应当充分考虑典型值、边界值和特殊值等情况。

2.7　其他白盒测试方法

除了上面介绍的主要白盒测试方法外,还有一些在理论和应用方面具有一定价值的其他白盒测试方法。在这里,我们对这些方法做下简单介绍。

1) 域测试

程序错误可以分为域错误、计算型错误和丢失路径错误三种。

- 域错误。这种错误也称为路径错误。程序的每条执行路径都对应于输入域的一类情况，是程序的子计算。如果程序的控制流有错误，那么对于某一特定的输入，程序可能执行的是一条错误路径。
- 计算型错误。属于常见类型的错误，主要由于赋值语句中的计算错误而导致程序输出结果不正确。
- 丢失路径错误。由于程序中的某处少了判定谓词而造成路径丢失。

域测试主要是针对域错误进行的程序测试，是一种基于程序结构的测试方法。"域"在这里是指程序的输入空间，域测试方法基于对程序输入空间的分析，以及在分析基础上对输入空间进行分割划分，然后选取相应的测试点进行测试。

任何程序都有输入空间，而输入空间又可分为不同的子空间，每一子空间都对应一种不同的程序计算。分析被测程序的结构就会发现，子空间的划分是由程序中分支语句中的谓词决定的。位于输入空间的元素，经过程序中某些特定语句的执行而结束，都是为了满足这些特定语句能够执行所要求的条件。

域测试是一种模块测试的有效方法，但是有两个致命的弱点：一是为了简化分析的目的，域测试对被测程序提出了过多的限制，如要求被测程序不出现数组，分支谓词是不含布尔运算的简单谓词等；二是当程序包含很多路径时，所需的测试点非常多。另外，输入域的分割和划分还涉及多维空间的概念，不易理解。这些都限制了域测试方法的实用性，不易被人们所接受。

2) 符号测试

符号测试的基本思想是允许测试用例的输入数据是符号值，用以代替具体的数值数据。目的是解决测试点不易选取，所选测试点不能保证具有完全代表性的问题。

符号值既可以是基本符号变量值，也可以是符号变量值的表达式。测试过程中，程序执行符号计算而不再执行普通的数值计算，计算结果是符号公式或符号谓词。换言之，符号测试执行的是代数运算，而普通测试执行的是算数运算。符号测试可以看成对普通测试的自然扩充，进行一次符号测试等价于选取具体数值进行的大量普通测试，计算结果可以用于直观地判断程序的正确性。

符号测试可以看成程序测试和程序验证的折中。一方面，符号测试沿用传统的程序测试方法，通过运行被测程序来验证其可靠性。另一方面，因为一次符号测试的结果代表了一大类采用具体数值的普通测试的运行结果，所以实际上也就证明了程序是否能够正确处理此类输入。如果程序中只有有限数量的执行路径，并且通过符号测试验证所有路径都能够正确执行，那么一般就能够确认程序的正确性了。

符号测试方法是否能够得到广泛应用的关键在于能否开发出功能更为强大的程序编译器和解释器，使它们能够处理符号运算。目前，符号测试还存在着分支问题、二义性问题、大程序问题等，使其实际应用受到一定的限制。

3) 程序变异

程序变异是一种错误驱动测试，是针对某类特定程序错误进行的测试。测试理论与实践证明，想要找出程序中的所有错误几乎是不可能的。现实的做法是尽可能缩小错误搜索范围，有针对性地去发现特定错误。这样做的优点是，便于重点发现危害较大的潜在软件缺陷，提高测试效率，降低测试成本。

程序变异又分为程序强变异和程序弱变异。程序强变异通过对程序进行微小的改变而生成许多程序变异体，而程序弱变异并不实际产生程序变异体，而是分析源程序中易于出错的环节，找出有效的测试数据去执行这些部分。程序变异可以模拟典型的程序错误(例如错误的操作符或变量名)，帮助测试人员发现有效的测试数据，定位测试数据的弱点，或是定位很少或从不使用的代码的弱点。

从另一方面来讲，程序变异也是一种基于错误植入的软件测试技术。可以利用这种技术来衡量测试用例集发现错误的有效性。变异测试通过在程序中逐个引入符合语法的变化，把源程序变异为若干变异程序，利用相应的测试结果检验测试用例集的错误检测能力，预测源程序存在错误的可能性。根据变异对象的类型，变异算子可以分为语句、运算符、常量等类型。根据变异的行为，变异算子又可以分为替换、插入、删除三种类型。

程序变异具有针对性强、系统测试性强的优点。同时，也存在着如果运行所有变异因子会成倍提高测试成本的缺点。因此，在实际工作中，测试人员往往需要借助一些变异测试工具来完成工作。利用变异测试工具，测试人员可以不再考虑复杂的程序变异概念，由工具自动完成对于变异情况的统计、分析，以及用变异结果生成测试数据等工作。

2.8 白盒测试应用策略

白盒测试分为静态测试和动态测试，而静态测试和动态测试又包含多种不同的白盒测试方法。每一种白盒测试方法都具有各自不同的特点，如何根据具体的被测软件，选择合适的方法完成白盒测试是一个应当重视的问题。正确的白盒测试应用策略可以帮助测试人员发现更多的软件缺陷，有效地提高测试效率和测试覆盖率。

下面是一些白盒测试方法综合应用策略，可以在实际测试过程中予以参考。

(1) 开始进行白盒测试时，首先应尽量使用测试工具进行程序静态结构分析。

(2) 在测试中，建议采用先静态后动态的组合方式。先进行静态结构分析和代码检查，再进行覆盖测试。

(3) 利用静态分析的结果作为依据和引导，再使用代码检查和动态测试的方式对静态测试分析结果进行进一步确认，使测试工作更为准确和有效。

(4) 覆盖率测试是白盒测试的重点，是测试报告中可以作为量化指标的依据。一般可以使用基本路径测试达到语句覆盖的标准，对于重点模块应当使用多种覆盖率标准衡量代码的覆盖率。

(5) 在不同的测试阶段，白盒测试的应用侧重点也不同。单元测试以代码检查和逻辑覆盖为主，集成测试需要增加静态结构分析等，而系统测试需要根据黑盒测试结果采取相应的白盒测试。

2.9 思考题

1. 什么是白盒测试？白盒测试为什么又称为结构测试或逻辑驱动测试？

2. 白盒测试都有哪些基本测试原则？

3. 代码检查法主要包括哪些方法？它们各自的特点是什么？

4. 一般在程序的哪些位置进行程序插桩？

5. 逻辑覆盖测试主要有哪几种？它们的覆盖标准是什么？相互之间的强弱关系是怎样的？

6. 请分析一下判定覆盖和条件覆盖之间的关系。

7. 简单循环测试一般需要设计哪些测试用例？

8. 请尝试编写一个利用控制流图矩阵自动获得独立路径集合的小程序，然后利用本章介绍的基本路径测试示例，验证程序的功能是否正确实现。

9. 画出下面程序的流程图，然后设计语句覆盖、判定覆盖、条件覆盖、判定-条件覆盖、条件组合覆盖和路径覆盖测试用例。

```
int LogicExample(int x, int y)
{
    int magic=0;
    if(x>0 && y>0)
    {
        magic = x+y+10;
    }
    else
    {
        magic = x+y-10;
    }
    if (magic < 0)
    {
        magic = 0;
    }
    return magic;
}
```

10. 根据图 2-4 中的被测程序和程序流程图，用基本路径测试设计测试用例。设计过程要求包含绘制控制流图、计算环路复杂度、确定独立路径集合、生成测试用例 4 个基本步骤。

第 3 章

黑 盒 测 试

黑盒测试是软件测试活动中常用的测试方法，在第 1 章中我们已经对其基本概念做了简单说明。在本章中，主要介绍几种具体的黑盒测试方法，包括等价类划分法、边界值分析法、判定表驱动法、因果图法、场景法、正交实验法和错误推测法。这些方法都是黑盒测试最基本、最常用的方法，熟练掌握上述方法有助于在实际测试工作中对其进行合理选择和应用，取得良好的测试效果。此外，为了使读者能够更全面地理解黑盒测试技术，本章对黑盒测试方法的应用策略进行了详细说明，并且对黑盒测试方法和白盒测试方法进行了对比分析。

3.1 对于黑盒测试的基本认识

我们分析和了解事物一般有两种方法。一种是深入事物内部进行剖析，理解事物的内部结构和运行机制，然后对事物的综合情况给出评价与判断，这是一种白盒思维方法；另一种是将事物作为整体来看待，通过观察它在客观环境下的输入输出结果，判断和分析相关事物的特性，这是一种黑盒思维方法。软件测试技术方法的黑盒与白盒之分具有相似的思想。

黑盒测试方法将被测程序看作一个无须打开的黑盒子，完全不考虑其内部逻辑结构、特性、计算过程等细节信息。测试人员一般在不查看程序源代码的情况下，通过程序接口或用户界面输入数据或操作程序运行，观察程序是否能够正确地接收输入数据并产生正确的输出结果，是否在运行过程中能够保持数据库、文件等外部信息的完整性，检查程序的各项功能是否满足需求和设计规格说明书的要求。

实际上，黑盒测试更多的是从用户的角度去验证软件功能，重点关注的是用户的需求，通过程序界面和接口的外部操作实现端到端的测试。使用黑盒测试方法，测试人员依赖的主要信息就是软件的规格说明，不关心程序的具体实现细节，通过在程序外部进行测试的方式来确认软件是否满足用户需求。

常见的黑盒测试方法侧重于验证软件的功能需求。同时，黑盒测试也用于检测软件性能等非功能特性是否满足需求。因此，黑盒测试一般可分为功能测试和非功能测试两大类。

黑盒测试主要检测如下一些错误：

- 软件功能不满足需求或者有遗漏。
- 人机交互界面错误。

- 数据库访问错误以及不能保持外部信息完整性错误。
- 软件性能、安全性、可靠性和兼容性等非功能特性不满足需求。
- 程序初始化和终止错误。

从以上内容可以看出，黑盒测试着眼于软件的外部特征，从软件的功能和非功能需求两个方面，对软件界面、数据、操作、逻辑、接口、性能等进行测试，发现相关软件质量问题。黑盒测试用例的设计主要依据软件规格说明，不涉及程序的内部结构，因此具有如下优点：

- 黑盒测试与软件具体实现无关，因此黑盒测试用例在程序具体实现方法变化后仍可使用。例如，软件构件的开发语言或内部具体算法发生变化后，只要需求没有改变，就仍然可以使用原有的黑盒测试用例对软件构件进行测试。
- 软件具体实现与黑盒测试用例设计可以同步进行，因此能够节约软件项目总体开发时间。

黑盒测试通过输入数据驱动软件系统，从而完成测试。想要通过黑盒测试发现所有的软件缺陷，从理论上讲只能采用穷举输入测试，也就是要考虑所有可能的输入情况，当然这是不现实的。因此，需要学习和研究各种黑盒测试方法，以便于用尽可能少的测试用例去发现尽可能多的软件缺陷。

需要注意的是，虽然功能测试主要采用黑盒测试方法来完成，但是也会用到白盒测试方法。因此，功能测试和黑盒测试两者在概念上严格来讲并不等同。功能测试讲的是测试目标，而黑盒测试讲的是测试方法。

3.2 等价类划分法

3.2.1 等价类划分思想

通过数据驱动的方式运行软件系统，然后根据系统输出结果判断程序各项功能是否能够正常运行是黑盒测试的主要方法之一。理论上如果要找出程序中的所有错误，就需要将可能输入的数据完全测试一遍。这种穷举式的数据输入测试方法显然是不现实的，我们来看一个例子。

假如一个程序只是简单完成两个整型数据的加法运算，每次需要向其输入两个整型数据。如果整型数据的长度是 4 个字节(即 32 位)，那么每个整型数据可能的取值为 2^{32} 个。考虑到两个整型数据的排列组合情况，可能的输入数据情况共有 $2^{32} \times 2^{32} = 2^{64}$ 种。如果测试一种输入数据情况需要 1ms，那么穷举测试需要 5.85 亿年。

我们自然会想到，实际上选取少量具有代表性的输入数据就可以代替海量的输入数据，只要这种代表性具有"等价"的特征。因此，问题的重点变为，如何将输入数据集合划分为多个适当的数据子集合(即等价类)，使得每个等价类中选取的数据可以代表该类中的其他数据，这就是"等价类划分"方法的基本思想。

通过等价类划分法，我们可以将不能穷举的输入数据合理划分为有限个数的等价类，然后在每个等价类中选取少量数据来代替对于这一类中其他数据的测试。这种划分的基础是：

- 在分析需求规格说明的基础上划分等价类，不需要考虑程序的内部结构。
- 将所有可能的输入数据划分为若干互不相交的子集。也就是说，所有等价类的并集是整个输入域，各等价类数据之间互不相交。

- 每个等价类中的各个输入数据对于揭示程序错误都是等效的，如果用等价类中的一个数据进行测试不能发现程序错误，那么用该等价类中的其他数据进行测试也不可能发现程序错误。

从上述内容可以看出，等价类划分法是黑盒测试中最基本、最常用的测试用例设计思想与方法，通过该方法可以将海量的随机输入数据测试变为少量的、更有针对性的测试。例如，对于上面所说的将两个整型数据相加的程序，可以将每个整型数据划分为正整数、零和负整数 3 种情况。该程序的输入域是两个整型数据的组合，因此可以将其输入域划分为如表 3-1 所示的 9 个等价类，用 9 个测试用例代表众多输入数据组合情况。

表 3-1　整数加法程序的等价类划分

等价类编号	加数 1	加数 2	测试用例
1	正整数	正整数	4+6
2	正整数	零	5+0
3	正整数	负整数	6+(－7)
4	零	正整数	0+8
5	零	零	0+0
6	零	负整数	0+(－9)
7	负整数	正整数	(－2)+(－5)
8	负整数	零	(－7)+0
9	负整数	负整数	(－6)+(－10)

但是，仅仅划分出上述等价类是远远不够的，因为用户很可能会输入一些超出程序规格说明的"非法"数据。例如，对于上述整数加法程序，用户可能会输入小数、字母、特殊字符、空格等。因此，在划分等价类时，不仅要考虑有效等价类划分，还必须考虑无效等价类划分。

- "有效等价类"是指对于程序的规格说明来说是合理的、有意义的输入数据构成的集合，利用有效等价类可以检验程序是否实现了规格说明中所规定的功能和性能要求。
- "无效等价类"与有效等价类相反，是指对程序的规格说明来说是无意义的、不合理的输入数据构成的集合，利用无效等价类可以检验程序是否具有容错性和较高的可靠性。

3.2.2　等价类划分的规则

如何根据具体情况划分等价类，是正确运用等价类划分法的关键，下面给出几种常用的等价类划分规则。

1) 按输入区间划分

在规格说明规定了输入数据的取值范围或取值数量的情况下，可以确定一个有效等价类和两个无效等价类。第一种情况，在规定了取值范围的情况下，例如统计学生成绩的程序规定学生成绩范围是 0≤成绩≤100，其等价类划分如图 3-1 所示。第二种情况，在规定了取值数量的情况下，例如规定一名学生最多选修 5 门课最少选修 1 门课的情况，则一个有效等价类为 1≤学生选修课程数量≤5，两个无效等价类为没有选修课程和选修课程数量大于 5。

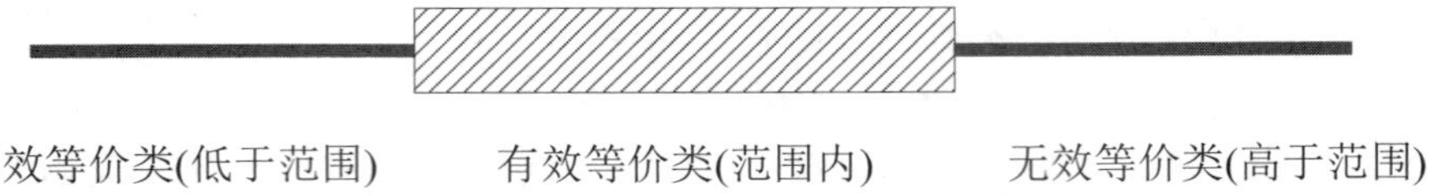

无效等价类(低于范围)　　　有效等价类(范围内)　　　无效等价类(高于范围)

图 3-1　按输入区间划分等价类

2) 按数值集合划分

如果规格说明规定了一个输入值集合，则可以确定一个有效等价类和一个无效等价类，无效等价类是所规定输入值集合之外的所有不允许输入值的集合。例如，程序只接收正整型数据，那么可以确定一个正整型数据的有效等价类和一个非正整型数据的无效等价类。这种划分方法与第 1 种按输入区间划分方法的不同在于，输入值集合并没有明确具体的上下边界值。

3) 按离散数值划分

如果规格说明规定了一组值，假定有 n 个，并且程序要对每个输入值分别进行处理，则可以确定 n 个有效等价类和一个无效等价类。这种输入规定往往对应于枚举型离散数值输入情况，例如程序只接收(北京、上海、天津、重庆)4 个数值，针对这 4 种情况进行相应的计算，此时的无效等价类就是非直辖市的城市集合。

4) 按限制条件或规则划分

如果规格说明规定了"必须如何"的规则或限制条件，则可以确定一个有效等价类和若干无效等价类。一个有效等价类是符号规则的所有输入数据，若干无效等价类是从违反规则的不同情况出发确定的相应等价类。例如，规定邮政编码必须由 6 位数字构成，那么可以确定一个有效等价类以及含有字母、特殊字符、空格等情况的多个无效等价类。

5) 按布尔量取值划分

如果规格说明规定了输入是一个布尔量，则可以确定一个有效等价类和一个无效等价类。这是一种特殊的情况，有效等价类只包含一个真值，无效等价类只包含一个假值。

6) 细分等价类

当发现已划分的等价类中的各个元素在程序中的处理方式不同时，需要对该等价类进一步划分为更小的等价类。

3.2.3　测试用例的设计步骤与实例

运用等价类划分法设计测试用例时，一般采用如下步骤。

(1) 按照表 3-2 所示建立等价类表，列举出所有划分的有效等价类和无效等价类，这一步骤是设计等价类划分法测试用例的关键。

表 3-2　等价类表

输入条件	有效等价类	无效等价类
…	…	…
…	…	…

(2) 给每一个等价类规定唯一的编号。

(3) 设计一个有效等价类测试用例，使其尽可能多地覆盖尚未覆盖的有效等价类。重复这一步骤，直到所有的有效等价类都被测试用例覆盖。

(4) 设计一个无效等价类测试用例，使其只覆盖一个无效等价类。重复这一步骤，直到所有的无效等价类都被测试用例覆盖。

从以上步骤的内容可以看出，有效等价类测试用例的数量往往小于有效等价类的数量，因为一个有效等价类测试用例很可能会覆盖多个有效等价类。但是，无效等价类测试用例的数量一般等于无效等价类的数量，也就是说，需要为每一个无效等价类设计一个对应的测试用例。这是由于，一个测试用例如果覆盖了多个无效等价类，那么当执行这个测试用例并且发现其中一个无效等价类错误时，测试过程将会终止，不再继续检测其他错误，因此无法发现其他无效等价类错误，已发现的错误屏蔽了其他程序错误。

接下来，我们看一个用等价类划分法设计测试用例的实例。

有一个用于判断三角形类型的程序，要求输入 3 个整数 A、B、C，分别作为一个三角形的 3 条边，然后由程序判断该三角形是一般三角形、等腰三角形、等边三角形，还是不能构成三角形，程序最后输出上述 4 种判断结果之一。要求使用等价类划分法为该程序设计测试用例。

三角形问题是经典的等价类划分测试案例，原因在于，三角形问题包含易于理解而又复杂的输入与输出之间的关系，这是其经久不衰的主要原因之一。根据几何常识可知，A、B、C 作为一个三角形的 3 条边必须满足如下条件：

- A>0，B>0，C>0；
- A+B>C，B+C>A，A+C>B；
- 如果是等腰三角形，需要判断 A=B，或 B=C，或 A=C；
- 如果是等边三角形，需要判断 A=B，且 B=C，且 A=C。

根据上述条件，可以按照表 3-3 所示建立等价类表，列举出所有的有效等价类和无效等价类，并且给每一个等价类规定唯一的编号。

接下来，根据已划分出的有效等价类和无效等价类，设计出如表 3-4 所示的等价类划分法测试用例，使其覆盖所有的等价类。设计测试用例时，尤其要注意对于无效等价类测试用例的设计。

需要注意的是，等价类测试用例的设计结果不一定是唯一的，不同设计人员可能会划分出不同的等价类，只要测试用例能够满足测试要求，足以覆盖被测程序就可以了。

表 3-3　三角形问题的等价类表

输入条件	有效等价类	无效等价类
是否为一般三角形	A>0　　　　(1) B>0　　　　(2) C>0　　　　(3) A+B>C　　(4) B+C>A　　(5) A+C>B　　(6)	A≤0　　　　(7) B≤0　　　　(8) C≤0　　　　(9) A+B≤C　　(10) B+C≤A　　(11) A+C≤B　　(12)
是否为等腰三角形	A=B　　　(13) B=C　　　(14) A=C　　　(15)	A≠B，且 B≠C，且 A≠C　(16)
是否为等边三角形	A=B and B=C and A=C　(17)	A≠B　　　(18) B≠C　　　(19) A≠C　　　(20)

表 3-4　三角形问题的等价类测试用例

用例编号	A，B，C	覆盖等价类编号	输出
1	4，5，8	1~6	一般三角形
2	6，6，8	1~6，13	等腰三角形
3	7，5，5	1~6，14	
4	5，6，5	1~6，15	
5	6，6，6	1~6，17	等边三角形
6	0，4，5	7	
7	5，-3，7	8	
8	3，4，0	9	不能构成三角形
9	3，5，8	10	
10	8，3，4	11	
11	5，9，4	12	
12	6，7，8	1~6，16	非等腰三角形
13	5，6，6	1~6，14，18	
14	5，6，5	1~6，15，19	非等边三角形
15	6，6，7	1~6，13，20	

为了加深对等价类测试用例设计的了解，让我们再来看一个测试用例设计实例。

我国的固定电话号码一般由"地区码+电话号码"组成，主要的编码规则如下：

(1) 地区码是以 0 开头的 3 位或 4 位数字，区内通话时可以为空白。

(2) 电话号码是以非 0 和非 1 开头的 7 位或 8 位数字。

一个应用程序接收符合上述规则的电话号码，需要设计等价类测试用例以对其进行测试。

该问题的等价类划分如表 3-5 所示，相应的测试用例如表 3-6 所示。需要说明的是，实际的固定电话号码编码规则更为复杂，这里做了必要简化。

表 3-5　电话号码问题的等价类表

输入条件	有效等价类	无效等价类
地区码	空白　　　　　　　　　　　(1) 以 0 开头的 3 位地区码　(2) 以 0 开头的 4 位地区码　(3)	以非 0 开头的 3 位数字　　　　　(4) 以非 0 开头的 4 位数字　　　　　(5) 以 0 开头且小于 3 位的数字　　　(6) 以 0 开头且大于 4 位的数字　　　(7) 以 0 开头且含有非数字字符　　　(8)
电话号码	以非 0 和非 1 开头的 7 位号码　(9) 以非 0 和非 1 开头的 8 位号码　(10)	以 0 开头的 7 位或 8 位数字　　　　　(11) 以 1 开头的 7 位或 8 位数字　　　　　(12) 以非 0 和非 1 开头且小于 7 位的数字　(13) 以非 0 和非 1 开头且大于 8 位的数字　(14) 以非 0 和非 1 开头且含有非数字字符　(15)

表 3-6　电话号码问题的等价类测试用例

用例编号	输入数据		覆盖等价类编号	输出
	地区码	电话号码		
1	空白	85679372	1，10	有效
2	025	73465216	2，10	有效
3	0571	67429935	3，10	有效
4	0745	8341568	3，9	有效
5	973	58729411	4	无效
6	3612	7421553	5	无效
7	01	37458934	6	无效
8	05274	8465371	7	无效
9	02hc	76538924	8	无效
10	010	04758325	11	无效
11	0516	1856439	12	无效
14	021	854623	13	无效
15	0351	697676453	14	无效
16	029	8721cd67	15	无效

需要说明的是，为了确定和导出输入数据的等价类，经常需要分析输出数据的等价类。总的来讲，等价类划分需要经过以下两个思维过程。

(1) 分类。对输入域根据相同特性或类似功能进行分类。

(2) 抽象。在各个等价类中抽象出相同特性，然后用数据实例表征这个特性。

等价类划分法有自身的优缺点。优点是用相对较少的测试用例就能够进行比较完整的输入数据覆盖，解决了不能穷举测试的问题。缺点是需要花费很多时间去定义规格说明中一般不会给出的无效测试用例预期输出。另外，等价类划分法缺乏对特殊测试用例的考虑，并且经常需要深入的系统知识才能划分出合适的等价类。

3.3　边界值分析法

经验表明，程序在处理边界情况时最容易发生错误，因此边界值是测试的重点。边界值分析法具有很强的错误发现能力，能够取得很好的测试效果。

3.3.1　边界值选取原则

相比于等价类划分法而言，边界值分析法不是从等价类中选取典型值或任意值作为测试用例，而是使等价类的每个边界都要作为测试条件，在边界处选取正好等于、刚刚大于或刚刚小于边界的值作为测试数据。此外，边界值分析法不仅需要考虑输入条件边界，还要考虑输出域边界的情况。

程序中常见的边界情况有以下几种。

● 循环结构中第 0 次、第一次和最后一次循环。

- 数组的第一个和最后一个下标元素。
- 变量类型所允许的最大值和最小值。
- 链表的头尾节点。
- 用户名和密码等可接受字符个数的最大值和最小值。
- 报表的第一行、第一列、最后一行和最后一列。

从以上内容可以看出，边界值的测试思想在白盒测试中也会经常用到，边界值技术并不是黑盒测试的专利。当应用边界值分析法进行黑盒测试时，经常遇到的边界检验情况包括数字、字符、位置、重量、速度、尺寸、空间等，它们的边界值相应为最大和最小、首位和末位、上和下、最高和最低、最快和最慢、空和满等情况，需要根据特定问题耐心细致地逐个考虑。

根据边界值分析法选择测试用例有如下原则。

(1) 如果输入条件规定了取值的范围，那么测试用例的输入数据应选取所规定范围的边界值以及刚刚超过范围边界的值。

(2) 如果输入条件规定了值的个数，那么测试用例选择最大个数、最小个数、比最大个数多 1 和比最小个数少 1 的数据等作为测试数据。

(3) 根据规格说明的每一个输出条件，分别使用以上两个原则。

(4) 如果输入域和输出域是顺序表或顺序文件等有序集合，那么选取集合的第一个和最后一个元素作为测试用例。

(5) 对于程序的内部数据结构，选择其边界值作为测试用例。

(6) 分析规格说明并找出其他可能的边界条件。

3.3.2 两类边界值选取方法

围绕着边界值，测试用例的数据选取一般有如下两种方法。

- 五点法：选取最大值 max、略低于最大值 max-、正常值 normal、略高于最小值 min+、最小值 min。这种选取方法也称为一般边界值分析。
- 七点法：选取略大于最大值 max+、最大值 max、略低于最大值 max-、正常值 normal、略高于最小值 min+、最小值 min、略低于最小值 min-。这种选取方法也称为健壮性边界值分析，是对五点法的扩展。

接下来，我们分别对这两种方法进行说明。

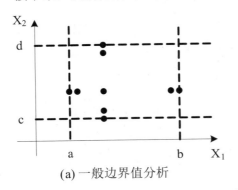
(a) 一般边界值分析

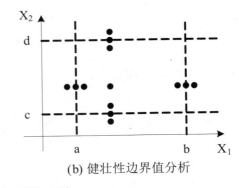
(b) 健壮性边界值分析

图 3-2　两类边界值数据选取方法

1) 一般边界值分析

假设被测程序具有两个输入变量 X_1 和 X_2，规定 $a \leqslant X_1 \leqslant b$，$c \leqslant X_2 \leqslant d$。在采用一般边界值分析方法时，测试用例的数据选取按照如图 3-2(a)所示进行，共产生如表 3-7 所示的 9 个测试用例。

表 3-7　两变量一般边界值分析测试用例

编号	1	2	3	4	5	6	7	8	9
X_1	a	a+	normal	b-	b	normal	normal	normal	normal
X_2	normal	normal	normal	normal	normal	c	c+	d-	d

推而广之，对于含有 N 个变量的程序，先对其中的一个变量依次取值 max、max-、normal、min+、min，对其他变量取正常值 normal。然后，重复进行其他变量取值。除了上下边界处的 4 个取值外，每个变量可以共用一个各变量取值均为正常值 normal 的测试用例。那么，一般边界值分析测试用例的数量为 4N+1。

2) 健壮性边界值分析

相比于一般边界值分析，健壮性边界值分析需要为每个变量额外考虑略超过最大值 max+和略小于最小值 min-两种情况。因此对于两个变量的情况，其边界值按照如图 3-2(b)所示进行，共产生 13 个测试用例，具体测试用例不再列出。对于含有 N 个变量的程序，健壮性边界值分析测试用例的数量为 6N+1。

健壮性测试的意义在于测试例外情况下程序如何处理。例如，输入缓冲区溢出如何处理，电梯的负荷超过最大值时是否能够报警并拒绝启动运行等。对强类型语言(如 C 语言)进行健壮性测试比较困难，超过变量取值范围的值都会产生异常。

3.3.3　边界值分析法示例

一个函数包含 3 个输入变量，分别为 Year、Month 和 Day，其输出是输入日期后一天的日期。例如，输入是 2018 年 3 月 11 日，则该函数的输出为 2018 年 3 月 12 日。要求 3 个输入变量均为正整数值，并且 $1900 \leqslant Year \leqslant 2050, 1 \leqslant Month \leqslant 12, 1 \leqslant Day \leqslant 31$。

采用一般边界值分析法设计测试用例，因为问题中共有 3 个变量，所以测试用例的数量为 4N+1=4×3+1=13。测试用例如表 3-8 所示。

表 3-8　日期函数一般边界值分析法测试用例

用例编号	Year	Month	Day	预期输出
1	1900	8	6	1900 年 8 月 7 日
2	1901	8	6	1901 年 8 月 7 日
3	2018	8	6	2018 年 8 月 7 日
4	2049	8	6	2049 年 8 月 7 日
5	2050	8	6	2050 年 8 月 7 日
6	2018	1	6	2018 年 1 月 7 日
7	2018	2	6	2018 年 2 月 7 日
8	2018	11	6	2018 年 11 月 7 日
9	2018	12	6	2018 年 12 月 7 日

(续表)

用例编号	Year	Month	Day	预期输出
10	2018	8	1	2018 年 8 月 2 日
11	2018	8	2	2018 年 8 月 3 日
12	2018	8	30	2018 年 8 月 31 日
13	2018	8	31	2018 年 9 月 1 日

3.3.4 边界值分析法的特点

边界值和等价类的联系非常紧密。划分等价类时，经常先要确定边界值。很多情况下，一些输入数据边界就是在我们划分等价类的过程中产生的。因为边界的地方最易出错，在从等价类中选取测试数据的时候，也经常选取边界值。

事实上，边界值分析法经常被看作等价类划分法的补充，测试活动中经常将两者混合使用，可以起到更好的测试效果。

同时需要说明的是，边界值分析法有明显的局限性。边界值分析法适合分析具有多个独立变量的函数，并且这些变量具有明确的边界范围。如果变量值之间互相影响，则不能称为独立变量。例如上面的示例中，只采用单一的边界值分析法，测试用例是很不充分的，对于闰年、闰月、大月和小月的函数处理情况就没有测试到。

由于边界值分析法假设变量是完全独立的，不考虑它们之间的依赖关系，因此只是针对各个变量的边界范围导出变量的极限值，没用分析函数的具体性质，也没有考虑变量的语义含义。另外，采用边界值分析法测试布尔型变量和逻辑变量的意义不大，因为取值仅有 True 和 False 两种情况。

3.4 判定表驱动法

判定表又称为决策表，经常用于描述复杂的程序输入条件组合与相应的程序处理动作之间的对应关系。已经介绍过的等价类划分法和边界值分析法都没有考虑被测程序输入条件的组合情况，只是孤立地考虑各个输入条件的测试数据取值问题，对输入组合情况下可能产生的错误没有进行充分的测试。判定表驱动法从多个输入条件组合的角度来满足测试的覆盖率要求，是黑盒测试方法中最严格、最有逻辑性的测试方法。

3.4.1 判定表的构造与化简

在进行软件设计时，判定表就已经被作为一种常见的设计工具了。由于判定表能够将复杂的逻辑关系和多种条件组合的情况直观和清晰地表达出来，因此便于程序开发人员理解设计要求，同时便于对设计结果进行检查。

判定表由如图 3-3 所示的 4 个部分构成。

(1) 条件桩：列出了问题所包含的所有条件。一般情况下，条件的排列顺序无关紧要。

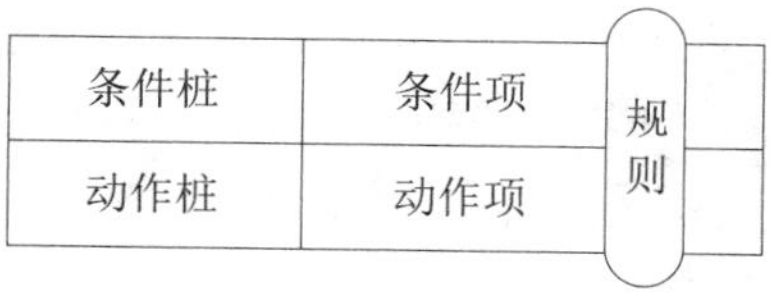

图 3-3 判定表的构成

(2) 动作桩：列出了问题规定可能采取的操作。对这些操作的排列顺序一般没有什么要求。

(3) 条件项：条件桩中的每个条件可以取真值或假值，条件项给出了这些条件取值的多种组合情况。

(4) 动作项：列出了在各种条件取值情况下应当采取的相应动作。

判定表的构造目的是表达和获取规则，规则是任何条件组合的特定取值及其应当执行的操作。在判定表中，贯穿条件项和动作项的一列就是一条规则。显然，判定表中给出了多少条件组合情况，相应的也就有多少条规则，即条件项和动作项有多少列。对于包含 n 个条件的判定表来讲，因为每个条件有真假两种取值情况，因此判定表有 2^n 个规则。

判定表的构造过程包含如下 5 个步骤：

(1) 列出所有的条件桩和动作桩。

(2) 根据条件桩中条件的个数确定规则的个数。

(3) 根据条件组合，填入条件取值，形成每一个条件项。

(4) 填入对应的动作项，得到初始判定表。

(5) 化简初始判定表，合并相似规则。

我们来看一个判定表的构造实例。假设程序的规格说明要求："对于各科成绩均高于 85 分并且是优秀毕业生的人员，或是总成绩大于 450 分的人员，应当优先录取，其他情况进行正常处理"。从规格说明可知，条件桩由"各科成绩均高于 85 分""优秀毕业生"和"总成绩大于 450 分"3 个条件构成，动作桩由"优先录取"和"正常处理"两种动作构成。因为有 3 个条件，所以有 $2^3=8$ 个规则。根据 8 种条件取值组合情况，可以得到如表 3-9 所示的初始判定表。

表 3-9 初始判定表

序号		1	2	3	4	5	6	7	8
条件	各科成绩均高于 85 分	Y	Y	Y	Y	N	N	N	N
	优秀毕业生	Y	Y	N	N	Y	Y	N	N
	总成绩大于 450 分	Y	N	Y	N	Y	N	Y	N
动作	优先录取	√	√	√		√		√	
	正常处理				√		√		√

表 3-10 化简后的判定表

序号		1，2	3	4	5，7	6，8
条件	各科成绩均高于 85 分	Y	Y	Y	N	N
	优秀毕业生	Y	N	N	—	—
	总成绩大于 450 分	—	Y	N	Y	N
动作	优先录取	√	√		√	
	正常处理			√		√

在实际应用中，初始判定表的规则数量往往比较庞大，一般需要对其进行化简。通过合并相似规则，可减少规则总体数量。如果判定表中的两条或多条规则具有相同的动作，并且它们的条件项非常相似，那么可以考虑将这些规则合并为一条规则。判定表经过化简后，并不会遗漏规格说明中所要求的任何处理功能。

如图 3-4(a)所示，两条规则的动作项相同，条件项中前两项条件的取值相同，只有第 3 项条件的取值不同。这种情况下，无论第 3 项条件取任何值，都会执行相同的动作。因此，可以将两条规则合并为一条，用特定符号"—"表示动作与该项条件取值无关。与图 3-4(a)类似，在图 3-4(b)中，无关条件项"—"可以包含其他条件项取值，具有相同动作的规则还可以进一步合并。

(a)   (b)

图 3-4   判定表规则的合并

利用上述合并相似规则的原理，可以将表 3-9 所示的初始判定表化简为表 3-10 所示的判定表。判定表中的规则数量从 8 条简化为 5 条。

3.4.2   判定表驱动法应用实例

一个函数根据 A、B 和 C 三条边的输入值判断是否能够构成三角形，如果能够构成三角形，进而判断是等腰三角形还是等边三角形。A、B 和 C 均为正整数。根据问题描述可以构造如表 3-11 所示的判定表，判定表中共有 8 条规则，根据每一条规则所对应的条件取值，选取相应的测试输入数据，就可以设计出判定表驱动法测试用例。

表 3-11   判断三角形类型问题的判定表

序号		1	2	3	4	5	6	7	8
条件	A+B>C	N	Y	Y	Y	Y	Y	Y	Y
	A+C>B	—	N	Y	Y	Y	Y	Y	Y
	B+C>A	—	—	N	Y	Y	Y	Y	Y
	A=B	—	—	—	Y	Y	N	N	N
	A=C	—	—	—	Y	N	Y	N	N
	B=C	—	—	—	—	—	—	Y	N
动作	非三角形	√	√	√					
	不等边三角形								√
	等腰三角形				√	√	√	√	
	等边三角形				√				

在应用判定表驱动法设计测试用例时，还需要注意默许规则和默许操作的问题。下面我们通过一个实例来说明该问题。

如果软件的规格说明如下：

(1) 当条件 1 和条件 2 满足，并且条件 3 和条件 4 不满足，或者当条件 1、条件 3 和条件 4 满足时，要执行操作 1。

(2) 当任意一个条件都不满足时，执行操作 2。

(3) 当条件 1 不满足，而条件 4 满足时，执行操作 3。

根据说明，可以构造如表 3-12 所示的判定表。规格说明中共有 4 个条件，判定表只列出了 16 个规则中与规格描述直接相关的 4 个规则。程序在实际执行时，当遇到除上述 4 条规则以外的其他规则时，需要执行默许的操作，不需要时可以忽略这些规则。但是用判定表驱动法设计测试用例时，就必须列出这些默许规则，如表 3-13 所示。

表 3-12　根据规格说明得到的判定表

	规则 1	规则 2	规则 3	规则 4
条件 1	Y	Y	N	N
条件 2	Y	—	N	—
条件 3	N	Y	N	N
条件 4	N	Y	N	Y
操作 1	√	√		
操作 2			√	
操作 3				√

表 3-13　默许的操作

	规则 5	规则 6	规则 7	规则 8
条件 1	—	N	Y	Y
条件 2	—	Y	Y	N
条件 3	Y	N	N	N
条件 4	N	N	Y	—
默许操作	√	√	√	√

3.4.3　适用范围及优缺点

判定表驱动法的优点是：

(1) 能将规格说明中各种复杂逻辑组合情况一一列举出来，直观并且易于理解，便于检查并且能够避免功能遗漏。

(2) 每个测试用例可以覆盖多种输入情况，有利于提高测试效率。

(3) 考虑了输入条件间的约束关系，因此避免了无效测试用例，提高了测试有效性。

(4) 能够很方便地给出每个测试用例的预期输出。

判定表驱动法的缺点是：

(1) 不能表达重复执行的动作，例如循环语句的执行。

(2) 当被测特性较多时，判定表的规模会很庞大。

(3) 不能有效地确认某些输入组合是否必须测试，会造成一定的用例冗余。

判定表适合描述具有以下特征的应用程序：

(1) 程序中 if-then-else 分支逻辑较多。

(2) 程序具有较高的环路复杂度。

(3) 输入变量之间存在逻辑关系。

(4) 涉及输入变量子集的计算。

(5) 输入和输出之间存在因果关系。

适合采用判定表驱动法设计测试用例的条件如下：

(1) 规格说明以判定表形式给出，或者很容易转换成判定表。

(2) 条件和规则的排列顺序不会影响执行哪些操作。

(3) 每当某一规则的条件已经满足，并确定要执行的操作时，不必检验别的操作。

(4) 如果某一规则得到满足要执行多个操作，这些操作的执行顺序无关紧要。

上述必要条件使得操作的执行完全依赖于条件的组合。对于不满足上述条件的判定表，也可以采用判定表驱动法设计测试用例，但是需要增加其他的测试用例作为补充。

3.5　因果图法

如果程序的输入条件和动作之间的逻辑关系是明确的，可以直接使用判定表驱动法。但是如果输入条件和动作关系不明确，则应当先使用因果图法。所谓"因"，指的就是程序的输入条件；所谓"果"，指的就是程序的输出条件。因果图法具有如下优点：

● 因果图法借助图形，能够直观地分析和表达输入的各种组合关系、约束关系以及每种组合条件下的输出结果。

● 采用因果图法，不仅可以发现输入和输出中的错误，而且能够发现规格说明中存在的不完整性和二义性问题。

但是，因果图法也存在着一定的局限性。程序输入与输出之间的因果关系有时难以从规格说明中直接得到。当输入条件很多时，测试用例的数量会很大，会造成测试工作量大和用例不便于维护的问题，需要根据实际情况尽量精简输入条件的个数。

3.5.1　因果图法的原理

因果图是一种形式化的图形语言，通过图形记号将自然语言规格说明转变成形式化语言规格说明，能够严格地表达程序输入和输出的逻辑关系。

1) 因果图的表达形式

图 3-5 给出了用于表示规格说明中 4 种基本因果关系的图形符号，描述了输入条件之间的逻辑关系。每一种逻辑符号分为左右节点，以直线相连。左节点 C_i 表示原因(输入状态)，右节点 E_i 表示结果(输出状态)。原因和结果节点都可以取布尔值 0 或 1，0 表示条件不成立或状态不出现，1 表示条件成立或状态出现。

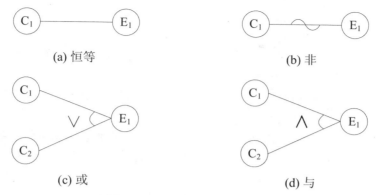

图 3-5　因果图的基本图形符号

4 种基本因果逻辑关系的含义分别如下。

- 恒等：如果原因出现，则结果出现；如果原因不出现，则结果也不出现。
- 非($\sim$)：如果原因出现，则结果不出现；如果原因不出现，则结果出现。
- 或($\vee$)：如果几个原因中有一个出现，则结果出现；如果几个原因都不出现，则结果不出现。
- 与($\wedge$)：如果几个原因都出现，那么结果才会出现；如果几个原因中有一个不出现，那么结果就不会出现。

在实际问题中，输入条件之间、输出条件之间往往存在着某些依赖关系，我们称之为约束。例如，某些输入条件不可能同时出现。因果图在基本图形符号的基础上，采用一些特定的符号来表示这些约束。

图 3-6(a)～图 3-6(d)分别给出了 4 种输入条件之间的约束关系，图 3-6(e)是一种输出条件之间的约束关系，它们的含义分别如下。

- E(互斥)：表示 C_1 和 C_2 两个原因不会同时成立，两个原因中最多有一个可能成立。
- I(包含)：表示 C_1、C_2 和 C_3 三个原因中至少有一个必须成立。
- O(唯一)：表示 C_1 和 C_2 两个原因中必须有一个且仅有一个成立。
- R(要求)：表示当 C_1 出现时，C_2 也必须出现，即 C_1 是 1 时，C_2 也必须是 1。
- M(强制)：表示当结果 E1 是 1 时，结果 E2 必须是 0。

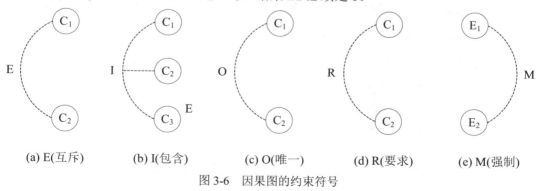

图 3-6　因果图的约束符号

2) 利用因果图法设计测试用例的步骤

利用因果图设计测试用例需要经过以下几个步骤。

- 分析软件的规格说明,确定哪些是原因(即输入条件或输入条件的等价类),哪些是结果(即输出条件),给每一个原因和结果赋予标识符。
- 分析软件规格说明中的语义信息,确定原因与结果之间、原因与原因之间对应的逻辑关系,然后根据这些关系画出因果图。
- 在因果图上标明约束。由于语法或环境的限制,有些原因和结果的组合情况是不可能出现的。为了表明这些特殊情况,在因果图上通过标准的符号标明约束条件。
- 将因果图转换为判定表。
- 根据判定表的每一条规则设计测试用例。

因果图法的分析结果就是判定表,之后设计测试用例的方法和判定表驱动法是一致的。因此可知,因果图法更适合规格说明中输入输出逻辑复杂和描述不清晰的情况。对于简单清晰的条件组合与逻辑关系,可直接使用判定表驱动法。

3.5.2 因果图法应用实例

软件规格说明要求如下:第一列字符必须是 A 或 B,第二列字符必须是数字,在此情况下进行文件的修改。但是如果第一列字符不正确,则给出信息 L;如果第二列字符不是数字,则给出信息 M。

根据以上规格说明内容,可以分析出如下原因和结果。

原因:

1——第一列字符是 A;

2——第一列字符是 B;

3——第二列字符是数字。

结果:

21——修改文件;

22——给出信息 L;

23——给出信息 M。

根据分析出的原因和结果可以绘制出如图 3-7 所示的因果图。图 3-7 中,11 是中间原因。因为原因 1 和原因 2 不可能同时为 1,即第一个字符不可能既是 A 又是 B,因此在因果图上对它们施加 E 约束。

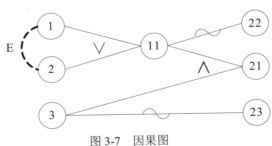

图 3-7 因果图

由图 3-7 所示的因果图，可以得到表 3-14 所示的判定表。由于原因 1 和原因 2 互斥，因此规则 1 和规则 2 无效，只需要设计剩下的 6 个规则所对应的测试用例。

表 3-14 判定表

序号		1	2	3	4	5	6	7	8
原因	1	1	1	1	1	0	0	0	0
	2	1	1	0	0	1	1	0	0
	3	1	0	1	0	1	0	1	0
中间原因	11			1	1	1	1	0	0
结果	22			0	0	0	0	1	1
	21			1	0	1	0	0	0
	23			0	1	0	1	0	1
测试用例				A2	AK	B2	BD	F4	UR
				A6	A#	B7	B?	S9	W!

下面我们再来看一个更为复杂的因果图法应用实例。

有一个旅馆住宿系统可以为游客办理住宿交费、房间选择和房间管理任务，软件规格说明要求如下：当游客支付预期入住天数内所有房款或者仅支付住宿押金后，可以选择"单人间""标准间"或"三人间"，然后相应类型的房间被开启。如果游客仅支付押金，则在开启房间的同时，系统提示房款支付不足。作为实例，这里对实际需求进行了简化，忽略了房间的状态，即系统默认各类房间资源始终保持充足的状态。

根据以上规格说明内容，可以分析出如下原因和结果。

- 原因：1-支付全款，2-支付押金，3-选择单人间，4-选择标准间，5-选择三人间。
- 中间原因：11-已支付房款，12-已选择房间。
- 结果：21-提示房款支付不足，22-打开某单人间，23-打开某标准间，24-打开某三人间。

根据原因和结果，可以得到如图 3-8 所示的因果图。

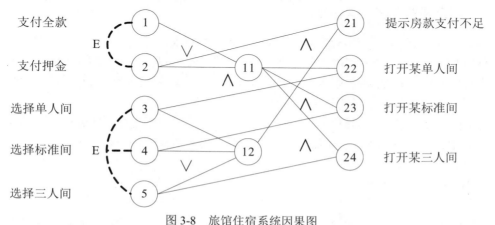

图 3-8 旅馆住宿系统因果图

将因果图转换为如表 3-15 所示的判定表，根据每一列规则设计相应的测试用例。

表 3-15　旅馆住宿系统判定表

序号			1	2	3	4	5	6	7	8	9	10	11
原因	1	支付全款	1	1	1	1	0	0	0	0	0	0	0
	2	支付押金	0	0	0	0	1	1	1	1	0	0	0
	3	选择单人间	1	0	0	0	1	0	0	0	1	0	0
	4	选择标准间	0	1	0	0	0	1	0	0	0	1	0
	5	选择三人间	0	0	1	0	0	0	1	0	0	0	1
中间原因	11	已支付房款	1	1	1	1	1	1	1	1	0	0	0
	12	已选择房间	1	1	1	0	1	1	1	0	1	1	1
结果	21	提示房款支付不足	0	0	0	0	1	1	1	1	0	0	0
	22	打开某单人间	1	0	0	0	1	0	0	0	0	0	0
	23	打开某标准间	0	1	0	0	0	1	0	0	0	0	0
	24	打开某三人间	0	0	1	0	0	0	1	0	0	0	0

3.6　正交实验法

　　如何用较少的测试用例取得最佳的测试效果是软件测试研究的重点之一。软件的正确运行可能受到多种条件因素的影响，每一种条件因素往往又具有多种可能的取值。从测试时间和成本考虑，对条件因素及其取值的所有组合情况进行全面测试往往是不现实的。例如，某个软件模块有 6 个输入参数，每个输入参数取 4 个值进行全面测试，需要设计和执行 $4^6=4096$ 个测试用例。

　　针对这种情况，经常采用正交实验法来设计测试用例，用部分实验代替全面实验，从大量的输入数据组合中挑选出适量有代表性的、典型的数据组合进行测试，合理与全面地覆盖条件因素及其取值情况，精简测试用例的数量，用最低的测试成本得到尽可能好的测试效果。

3.6.1　正交实验法的基本原理

　　正交实验法又称为正交实验设计法，是根据伽瓦罗(Galois)理论，研究与处理多因素实验的一种科学方法。正交实验法利用已有的规格化的"正交表"，从大量的实验点中挑选出适量的、有代表性的点，合理地安排实验，用较少的实验次数，取得较为准确和可靠的实验结果。

　　下面通过一个例子来说明正交实验法的基本原理。

　　为了提高某化工产品的转化率，选择 3 个影响转化率的因素进行条件实验：反应温度(A)、反应时间(B)、用碱量(C)。分别确定 3 个实验因素的取值范围如下。

- A：80～90℃
- B：90～150 分钟
- C：5%～7%

　　实验的目的是确定因素 A、B、C 对转化率有什么影响，从而确定最适当的生产条件，即温度、时间和用碱量各为多少才能取得最好的转化率。实验设计过程如下。

　　在正交实验法中，将影响实验结果的条件因素称为因子，而把各个因子的取值作为状态，状态数称为水平数。设计正交实验时，需要确定：

- 实验中有哪些因子，因子数是多少？
- 每个因子有哪些取值，其水平数是多少？

在上面的例子中，对 A、B、C 这 3 个实验因子各取 3 个水平值，分别如下。

- A：$A_1=80℃$，$A_2=85℃$，$A_3=90℃$
- B：$B_1=90$ 分，$B_2=120$ 分，$B_3=150$ 分
- C：$C_1=5\%$，$C_2=6\%$，$C_3=7\%$

在正交实验设计中，因子的水平值可以是定量的，也可以是定性的。定量因子各水平值之间的距离可以相等，也可以不相等。

对于上面的例子，可以有全面实验法、简单对比法和正交实验法三种实验方法。

1) 全面实验法

全面实验法就是对所有因子的水平进行完全组合，对每一种组合情况一一进行实验。上面的例子是一个 3 因子 3 水平的实验，需要完成 $3^3=27$ 次实验。直观来看，这 27 个实验点对应的是如图 3-9(a)所示的立方体的 27 个点。

全面实验法的优点是实验全面，对因子和实验结果的关系反映得非常清楚，缺点是要求的实验次数太多。对于 m 个因子 n 个水平的实验，总的实验次数为 n^m。当因子数量和各因子水平数都很多时，实验量过大以致无法实现。

2) 简单对比法

简单对比法又称为孤立因素法。实验中，只变化一个因素而固定其余因素，然后逐步得到好的组合方案。例如对于上面的例子，首先将因子 B 和 C 固定于 B_1 和 C_1，只变化因子 A，得到如下 3 个实验点：$A_1B_1C_1$、$A_2B_1C_1$、$A_3B_1C_1$。

假设上述 3 个实验中 $A_3B_1C_1$ 的结果最好，即产品的转化率最高，则接下来固定因子 A 于 A_3，因子 C 仍然固定于 C_1，只变化因子 B，得到如下 3 个实验点：$A_3B_1C_1$(重复实验点)、$A_3B_2C_1$、$A_3B_3C_1$。

上述实验点中，$A_3B_1C_1$ 已经实验过，因此只需要完成其他两个实验点。假设上述实验中，$A_3B_2C_1$ 的结果最好，则接下来固定因子 A 于 A_3，固定因子 B 于 B_2，只变化因子 C，得到如下 3 个实验点：$A_3B_2C_1$(重复实验点)、$A_3B_2C_2$、$A_3B_2C_3$。

如果上述实验中 $A_3B_2C_2$ 的结果最好，则认为这种因素取值组合具有最好的转化率。

上面的简单对比法实验方案在实验点不重复时，只用了如图 3-9(b)所示的 7 个实验点。在实验不重复、各因子水平数相同时，简单对比法的实验次数为：

$$水平数+(因子数-1)\times(水平数-1)$$

例如 6 因子 5 水平的实验，在不重复时，只需要 $5+(6-1)\times(5-1)=25$ 次实验就可以了。如果采用完全实验法，则需要 $5^6=15625$ 次实验。

简单对比法一般也可以取得一定的实验效果，其最大的优点是实验次数很少。但是这种方法的缺点是实验点的分布不够均匀，往往在一个很大的范围内没有实验点，说明实验的代表性不是很好，因此不能客观地反映全部实验点的情况，最终选择出的组合情况不一定是所有组合中最好的，很可能存在较大的偏差。先固定哪个因素，后变化哪个因素，都会影响实验结果。

3) 正交实验法

正交实验法兼顾上面两种方法的优点，同时又克服它们的缺点。正交表 $L_9(3^4)$ 如表 3-16 所示，其中，L 代表正交表，4 是因子数，即正交表的列数，3 是因子的水平数，9 是实验的次数，即正交表的行数。通过选择合适的正交表 $L_9(3^4)$，可以安排如表 3-17 所示的 9 次实验，这 9 个实验点如图 3-9(c)所示。

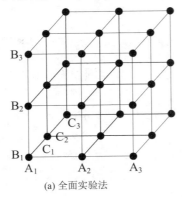
(a) 全面实验法

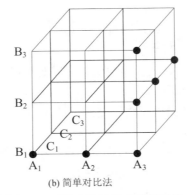
(b) 简单对比法

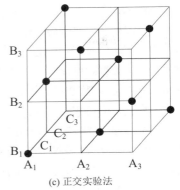
(c) 正交实验法

图 3-9 三种实验设计方法的对比

表 3-16 正交表 $L_9(3^4)$

列号 / 行号	A 1	B 2	C 3	4
1	1	1	1	1
2	1	2	2	2
3	1	3	3	3
4	2	1	2	3
5	2	2	3	1
6	2	3	1	2
7	3	1	3	2
8	3	2	1	3
9	3	3	2	1

表 3-17 正交实验方案

实验号	水平组合	实验因子 温度(℃)	时间(分)	加碱量(%)
1	$A_1B_1C_1$	80	90	5
2	$A_1B_2C_2$	80	120	6
3	$A_1B_3C_3$	80	150	7
4	$A_2B_1C_2$	85	90	6
5	$A_2B_2C_3$	85	120	7
6	$A_2B_3C_1$	85	150	5
7	$A_3B_1C_3$	90	90	7
8	$A_3B_2C_1$	90	120	5
9	$A_3B_3C_2$	90	150	6

从图 3-9(c)可以明显看出，9 个实验点均匀分布在立方体的各个部分，任何水平面或垂直面都有 3 个点且仅有 3 个点，而且任何一条线上只有一个点。因此，正交实验法能够反映全面实验的情况，在一定意义上代表了全面实验，并且实验次数大幅减少。

根据正交表安排实验时，只需要把每一个实验因子分别对应于正交表的一列。需要注意的是，一个因子对应一列，不能使两个因子对应同一列。例如，在表 3-16 中，因子 A、B、C 可以任意对应正交表 $L_9(3^4)$ 的某 3 列，本实验选择开始的 3 列分别与 3 个因子相对应。然后，把正交表中的数字"翻译"成对应因子的水平。最后，每一行的水平组合就构成了一个实验项，实验项不考虑正交表中没有安排因子的列。

上面的例子说明，正交实验法是一种适合研究与处理多因素、多水平试验的科学方法。根据正交性原理，通过选择合适的正交表，从全面实验点中挑选出部分有代表性的实验点，选出的实验点具有"均匀分布，整齐可比"的特点。"均匀分布"性使实验点能均衡地分布在实验数据范围内，使每个实验点有充分的代表性；"整齐可比"性方便对实验结果的分析，可以估计各因素对最终实验结果的影响，找出影响实验结果的主要因素。

3.6.2 正交表及其选择方法

上面的例子中已经用到了正交表，在这里，对正交表及其选择方法进行详细介绍。

正交表是正交实验设计的基本工具，是在运用数学理论的基础上构造出的一些规范化的表格，形式为：$L_{实验次数}(水平数^{因子数})$。

- L：代表正交表。
- 实验次数：某一正交表所安排的实验次数，即该正交表的行数，也是用正交实验法设计出的测试用例数量。
- 水平数：任何单个因子能够取得的值的最大个数。
- 因子数：正交表最多可以安排的因子个数，即正交表的列数，也是用正交实验法设计测试用例时，所能处理的变量的最大个数。

常用的正交表有 $L_8(2^7)$、$L_9(3^4)$、$L_{16}(4^5)$、$L_8(4\times2^4)$、$L_{12}(3\times2^4)$、$L_{16}(4^4\times2^3)$等。正交表可以分为两种，分别是等水平正交表和混合水平正交表。等水平正交表中各因子的水平数相同，混合水平正交表中，某些因子的水平数会与其他因子的水平数不同。例如，$L_9(3^4)$是等水平正交表，4 个因子中每个因子都取 3 个水平；$L_8(4\times2^4)$是混合水平正交表，如表 3-18 所示，包含 1 个 4 水平列和 4 个 2 水平列，共有 5 列，最多可以安排 5 个因子。

表 3-18 混合水平正交表 $L_8(4\times2^4)$

序号	1	2	3	4	5
1	1	1	1	1	1
2	1	2	2	2	2
3	2	1	1	2	2
4	2	2	2	1	1
5	3	1	2	1	2
6	3	2	1	2	1
7	4	1	2	2	1
8	4	2	1	1	2

可以从一般的数理统计书中查找正交表，也可以参考 https://www.york.ac.uk/depts/maths/tables/orthogonal.htm 或 https://blog.csdn.net/julielele/article/details/77751825。正交实验法之所以能用较少的实验数覆盖全面的实验因素，是因为正交表有如下 3 个性质。

(1) 正交性。在正交表的任何一列中，各水平都以相同的次数出现；任何两列之间各种不同水平的所有可能组合都会出现，且出现次数相同。

(2) 代表性。正交表的正交性保证了部分实验中包含所有因素的所有水平，并且使得任意两个因素的所有水平信息及其组合信息无一遗漏，因此可以代表全面实验。

(3) 综合可比性。正交表的正交性使得任意因素各水平的实验条件相同，因此对于某一因素来讲，最大限度地排除了其他因素的干扰，从而可以综合比较该因素不同水平对实验结果的影响程度。

根据正交表的因子数和水平数可以计算出实验次数：

$$实验次数(行数)=\sum(每列水平数-1)+1$$

例如对于正交表 $L_9(3^4)$，实验次数=4×(3-1)+1=9；对于正交表 $L_8(4×2^4)$，实验次数=1×(4-1)+4×(2-1)+1=8。利用上述关系式可以从所要考查的因子及其水平数决定最低的实验次数，进而选择合适的正交表。例如，要考查 5 个 3 水平因子以及一个 2 水平因子，则最少的实验次数为 5×(3-1)+1×(2-1)+1=12。也就是说，要在行数不小于 12，既有 2 水平列又有 3 水平列的正交表中选择，因此选择 $L_{18}(2×3^7)$ 最为适合。

从标准正交表中选择合适的正交表时，需要考虑不同的情况。例如，因子数和水平数与正交表完全匹配、因子数或水平数与正交表不同、因子数和水平数与正交表都不相同，等等。一般来说，当不考虑因素间的交互作用时，选择正交表首先需要满足正交表的列数要大于或等于已确定实验因子数这一条件。也就是说，如果因子数不同，应当采用正交表列数包含的方法，从符合列数条件的正交表中选择行数最少的那个正交表，使得实验次数最少。如果水平数不同，应当采用包含和组合的方法，选取能够安排下各因子水平数的最为合适的正交表。

3.6.3　正交实验法的设计步骤与实例

通过正交实验法设计测试用例的主要步骤如下：

(1) 确定因素。根据软件规格说明书，对软件模块进行分析，确定影响运行结果的因素。因素一般情况下是指软件的输入以及运行环境。如果因素太多并且测试资源有限，可以根据专业知识和实践经验对因素的重要性进行排序，去除对软件运行结果影响不大的因素，将最终测试用例数量控制在允许范围之内。

(2) 确定每个因素的水平。通过分析软件规格说明书，找出因素的取值范围或集合。采用等价类划分、边界值分析和其他软件测试技术方法，从因素的取值范围或集合中挑选出具有代表性的测试点，确定各因素的取值，即因素的水平。必要时，可以对因素的水平按照重要程度进行取舍。

(3) 选择正交表。根据因子数和水平数选择实验次数最少的最合适的正交表。

(4) 生成测试用例。将每一个测试因子分别对应于所选正交表的一列，将这些列中的数字映射为对应测试因子的水平取值。必要时对正交表进行裁剪，裁剪的方法是将正交表中多出的因素列删除，将剩余列中多出的水平用相应测试因子的任意水平值代替，合并可能出现的相同水平组合项。最后，将每一行的各因子水平的组合作为测试用例。

(5) 适当补充。根据经验添加一些没有生成但是有价值的测试用例作为补充。

接下来，通过以下两个实例，具体说明根据正交实验法设计测试用例的方法。

1) 人员查询功能的测试用例设计

查询功能是大多数软件中经常出现的功能。例如，需要对某人进行查询，假设查询时有 3

个独立的查询条件：姓名、身份证号、手机号码。根据这些查询条件获得特定人员的详细信息。

人员查询功能有 3 个因子。考虑每个查询条件要么填写，要么不填写，即每个因子的水平数都是 2。选择合适的正交表时，根据正交表中的因子数大于或等于 3，正交表中至少有 3 个因子的水平数大于或等于 2，正交表的行数取最少的那个，选择正交表 $L_4(2^3)$，如表 3-19 所示。

设计测试用例时，3 个查询条件分别对应表 3-19 中的因子 1、2、3，表 3-19 中的数字 1 映射为填写，数字 2 映射为不填写，得到表 3-20 所示的 4 个基本测试用例。考虑特殊情况，补充一个 3 个查询条件都不填写的测试用例，最终生成一个由 5 个测试用例构成的测试集。

表 3-19　正交表 $L_4(2^3)$

		因子	
	1	2	3
实验项 1	1	1	1
2	1	2	2
3	2	1	2
4	2	2	1

表 3-20　人员查询测试用例

		查询条件		
		姓名	身份证号	手机号码
测试用例	1	填写	填写	填写
	2	填写	不填写	不填写
	3	不填写	填写	不填写
	4	不填写	不填写	填写

2）软件兼容性测试用例设计

正交实验法在兼容性测试中经常会被用到，被测软件需要考虑与其他硬件系统和软件系统的兼容性。如果只考虑与其他软件的兼容性，一般都会测试与常用操作系统、浏览器、杀毒软件等的兼容性。另外，还需要考虑在不同屏幕分辨率下，软件界面的正常显示问题。由于操作系统有很多种，各自又有不同的版本，浏览器和杀毒软件也存在同样的情况。如果一一对它们的组合进行测试，测试用例数会非常庞大。在表 3-21 中，给出了简化的软件兼容性测试因子及其水平数。

表 3-21　简化的软件兼容性测试因子及其水平数

水平数	A　操作系统	B　浏览器	C　分辨率	D　杀毒软件
1	A1　Windows 7	B1　IE8	C1　1440×900	D1　360 杀毒
2	A2　Windows 10	B2　360 浏览器	C2　1600×900	D2　金山毒霸
3	A3　Windows Server 2016	B3　火狐浏览器	C3　1920×1080	
4		B4　猎豹浏览器		

表 3-21 中包含 4 个因子，各因子的水平数各不相同。由于水平数不同，采用包含和组合的方法选择最为合适的正交表，具体来说，合适的正交表需要满足如下一些条件：
- 正交表中的因子数≥4；
- 正交表中至少有 1 个因子的水平数≥4；
- 另外的因子中至少有 2 个因子的水平数≥3；
- 其余的因子中至少有 1 个因子的水平数≥2；
- 行数取最少的那个。

因此，最后选择正交表 $L_{16}(4^5)$，如表 3-22 所示。然后，将所选正交表转换为如表 3-23 所示的测试用例。正交表中的第 5 列未使用，表 3-23 中的符号"—"表示可以选择该因子的任何水平值。通过正交实验法，将测试用例的数量从 $3 \times 4 \times 3 \times 2 = 72$ 降为 16，大幅减少了测试工作量。

表 3-22　正交表 $L_{16}(4^5)$

序号	1	2	3	4	5
1	1	1	1	1	1
2	1	2	2	2	2
3	1	3	3	3	3
4	1	4	4	4	4
5	2	1	2	3	4
6	2	2	1	4	3
7	2	3	4	1	2
8	2	4	3	2	1
9	3	1	3	4	2
10	3	2	4	3	1
11	3	3	1	2	4
12	3	4	2	1	3
13	4	1	4	2	3
14	4	2	3	1	4
15	4	3	2	4	1
16	4	4	1	3	2

表 3-23　软件兼容性测试用例

测试用例	A	B	C	D
1	A1	B1	C1	D1
2	A1	B2	C2	D2
3	A1	B3	C3	—
4	A1	B4	—	—
5	A2	B1	C2	—
6	A2	B2	C1	—
7	A2	B3	—	D1
8	A2	B4	C3	D2
9	A3	B1	C3	—
10	A3	B2	—	—
11	A3	B3	C1	D2
12	A3	B4	C2	D1
13	—	B1	—	D2
14	—	B2	C3	D1
15	—	B3	C2	—
16	—	B4	C1	—

3.7　场景法

场景法是软件测试中常用的一种方法，主要用于测试软件的业务过程或业务逻辑，是一种基于软件业务和用户行为的测试方法。提出这种测试思想的是 Rational 公司，并在 RUP 2000 中文版中进行了详尽的解释。

3.7.1　场景法的基本概念

前面讨论的测试方法主要侧重于数据的选择，不涉及操作步骤，无法对涉及用户操作的动态执行过程进行测试覆盖。当在系统功能层面上进行测试时，不仅涉及测试数据的问题，更重要的是如何从系统整个业务流程的全局角度对系统进行测试。场景法运用场景对系统的功能点或业务流程进行描述，然后设计测试用例，从而提高了对系统主要功能和业务流程的测试效果。

现在的软件几乎都是用事件触发来控制流程的。用户经常会以不同的步骤操作软件，因而引发不同的事件触发顺序和软件处理结果，事件触发时的情景便形成了场景。场景也可以通俗地理解为是由"哪些人、什么时间、什么地点、做什么以及如何做"等要素组成的一系列相关活动，主要表明了用户执行系统的操作序列。通过场景可以描述和模拟出在不同情况下，所有系统功能点和业务流程的执行情况。

　　场景的概念与描述软件功能的用例模型紧密相关。用例模型描述了软件系统的外部行为者(通常是一些典型用户)所理解的系统功能，用例经常被用来捕获系统需求。每个用例提供了一个或多个场景，场景是用例的实例，是特定用户以特定方式执行用例的过程，揭示了系统是如何同最终用户或其他系统交互的，反映了系统的业务流程，明确了系统业务功能的主要目标。通过场景，可以生动地描绘出用户使用软件的过程以及主要的业务流程，方便测试用例的设计，同时也使测试用例易于理解和执行，达到较好的需求覆盖。

　　场景法适合测试业务流程清晰的系统或功能。最终用户希望软件能够实现其业务需求，而不只是简单的功能组合。对于单个功能，利用等价类、边界值、判定表等方法能够解决大部分测试问题。但是涉及对业务流程的测试，采用场景法比较合适。一般是在验证单点功能后，再通过场景法对业务流程进行验证。

3.7.2　基本流和备选流

　　场景法一般包括基本流和备选流，如图 3-10 所示。从一个业务流程开始，图 3-10 中经过用例的每条路径都可以用基本流和备选流表示，通过遍历所有的基本流和备用流来描述场景。

- 基本流：采用直黑线表示，是经过用例的最简单路径，即无任何差错，程序从开始直接执行到结束的流程，往往是大多数用户最常使用的操作过程，体现了软件的主要功能与流程。通常，一项业务仅存在一个基本流，并且基本流仅有一个起点和一个终点。
- 备选流：除基本流外的各个支流，采用不同颜色表示。备选流可能从基本流开始，在某个特定条件下执行，然后重新加入到基本流中(如备选流 1 和 3)；也可以起源于另一个备选流(如备选流 2)；还可以终止用例而不再加入到基本流中(如备选流 2 和 4)，反映了各种异常和错误情况。

图 3-10　基本流和备选流

　　考虑用例从开始到结束所有可能的基本流和备选流的组合，可以确定不同的用例场景。例如，根据图 3-10，可以确定以下用例场景。

- 场景 1：基本流
- 场景 2：基本流→备选流 1

- 场景 3：基本流→备选流 1→备选流 2
- 场景 4：基本流→备选流 3
- 场景 5：基本流→备选流 3→备选流 1
- 场景 6：基本流→备选流 3→备选流 1→备选流 2
- 场景 7：基本流→备选流 4
- 场景 8：基本流→备选流 3→备选流 4

为了简化对问题的分析，上述场景中只考虑了备选流 3 循环执行一次的情况。

基本流和备选流的区别如表 3-24 所示。

表 3-24　基本流和备选流的区别

	基本流	备选流
测试重要性	重要	次要
数量	一个	一个或多个
初始节点位置	系统初始状态	基本流或其他备选流
终止节点位置	系统终止状态	基本流或系统终止状态
是否构成完整的业务流程	是	否，仅为业务流程的执行片段
能否构成场景	能	否，需要和基本流共同构成场景

3.7.3　场景法的设计步骤与实例

基于场景法设计测试用例时，需要重点设计出用户使用被测软件过程中的重要操作，一般包括以下两类：

(1) 模拟用户完成正常功能和核心业务逻辑的操作，以验证软件功能的正确性；

(2) 模拟用户操作中出现的主要错误，以验证软件的异常错误处理能力。

因此，场景法的使用要求用例设计者对被测软件的业务逻辑和主要功能非常熟悉。执行用例时，不仅要留意基本操作场景和异常操作场景的系统功能执行情况，还要关注场景各个操作环节所涉及的界面易用性、安全等非功能特性。

基于场景法测试的难点在于：

(1) 如何根据被测软件的业务来构建基本流和备选流；

(2) 如何根据事件流来构建场景以满足测试完备和无冗余的要求；

(3) 如何根据场景设计测试用例。

当备选流很多时，场景的构建实际上等同于业务执行路径的构建。备选流越多，则执行路径越多，与程序执行路径类似，将导致场景爆炸。这种情况下，需要选取典型场景进行测试，基本原则如下：

(1) 有且仅有一个场景包含基本流；

(2) 最少场景数等于基本流和备选流的总数；

(3) 对于某个备选流，至少应当有一个场景覆盖它，并且该场景应当尽量避免覆盖其他的备选流。

根据场景法设计测试用例的步骤如下：

(1) 根据说明，描述出程序的基本流及各个备选流；

(2) 根据基本流和各个备选流生成不同的场景；

(3) 对每一个场景生成相应的测试用例；

(4) 对生成的所有测试用例重新审查，去掉多余的测试用例。测试用例确定后，对每一个测试用例确定测试数据值。

下面我们通过一个简化的实例来说明基于场景法的测试用例设计方法。

某旅馆住宿系统支持网上预订业务。游客访问网站进行房间预订操作，选择预订日期、合适的房间后，进行在线预订。此时，需要使用个人账号登录系统，待登录成功后，进行订金支付。订金支付成功后，生成房间预订单，完成整个房间预定流程。系统允许的预订期限为 30 天，订金为 400 元。

1) 确定基本流和备选流

根据实例的说明，确定基本流和备选流，如表 3-25 所示。

表 3-25　基本流和备选流

类型	描述	类型	描述
基本流	选择预订日期	备选流 1	预订日期超限
	选择房间	备选流 2	无空余房间
	登录账户	备选流 3	账户不存在
	订金支付	备选流 4	密码错误
	产生预订订单	备选流 5	用户账号余额不足

2) 根据基本流和备选流生成不同的场景

- 场景 1(成功预订房间)：基本流。
- 场景 2(预订日期超限)：基本流、备选流 1。
- 场景 3(无空余房间)：基本流、备选流 2。
- 场景 4(账户不存在)：基本流、备选流 3。
- 场景 5(密码错误)：基本流、备选流 4。
- 场景 6(用户账号余额不足)：基本流、备选流 5。

3) 测试用例设计

对于每一个场景都需要确定测试用例，可以采用矩阵或决策表来确定和管理测试用例，表 3-26 是结合场景确定的基本测试用例。表 3-26 中显示了一种通用格式，表中各行代表各个测试用例，各列代表测试用例的信息。每个测试用例包括用例 ID、场景/条件(或说明)、测试用例中涉及的所有数据元素(作为输入或已经存在于数据库中)以及预期结果。

一般从确定执行用例场景所需的数据元素入手构建矩阵。然后，对于每个场景，至少要确定包含执行场景所需的测试用例的条件情况。例如，在表 3-26 所示的矩阵中，"V"表明这个条件必须是有效的(Valid)才可执行基本流，而"I"表明在这种条件无效的(Invalid)情况下将激活所需备选流，"n/a"(不适用)表示这个条件不适用于测试用例。

表 3-26   测试用例表

用例	场景/条件	预订日期	房间	账号	密码	账号余额	预期结果
1	场景 1: 成功预订房间	V	V	V	V	V	成功预订, 提示"预订成功", 账号余额减少
2	场景 2: 预订日期超限	I	n/a	n/a	n/a	n/a	提示"预订日期无效", 重选预订日期
3	场景 3: 无空余房间	V	I	n/a	n/a	n/a	提示"预订日期房间已满", 重选预订日期
4	场景 4: 账户不存在	V	V	I	n/a	n/a	提示"账号不存在", 重新输入账号
5	场景 5: 密码错误	V	V	V	I	n/a	提示"密码错误", 重新输入密码
6	场景 6: 账号余额不足	V	V	V	V	I	提示"账号余额不足请充值"

在表 3-26 所示的矩阵中, 无须为条件输入任何实际的数值, 这样做的优点是只需要查看各条件的"V"和"I"设定情况, 如果某个条件不具备"I"的取值情况, 则说明还未测试该条件无效的情况, 提示测试用例还不够充足。

4) 确定测试用例数据值

在表 3-27 中, 假定 UserOne 为已注册用户, 密码为 MyPass; UserTwo 是未注册用户。

表 3-27   测试用例表

用例	场景/条件	预订日期	房间	账号	密码	账号余额	预期结果
1	场景 1	一个有效日期	未满	UserOne	MyPass	800	成功预订
2	场景 2	一个超出预订期限的日期	n/a	n/a	n/a	n/a	日期超限
3	场景 3	一个有效日期	已满	n/a	n/a	n/a	无空余房间
4	场景 4	一个有效日期	未满	UserTwo	n/a	n/a	账户错误
5	场景 5	一个有效日期	未满	UserOne	NoPass	n/a	密码错误
6	场景 6	一个有效日期	未满	UserOne	MyPass	200	余额不足

3.8 错误推测法

错误推测法基于经验和直觉推测程序中可能出现的各种错误和容易发生错误的特殊情况, 将其列举为清单, 然后有针对性地设计测试用例。这些根据经验总结的错误清单通过不断积累、修正和分享, 可以帮助测试人员发现很多潜在的软件缺陷。

经验通常来自于软件项目的历史测试结果, 通过从故障管理库中整理软件缺陷报告, 梳理出产品以往哪些地方容易出现问题。经验也可以来自于用户的反馈意见, 或者来自于项目测试过程, 采用非用例方法发现的问题, 如通过探索测试、随机测试等方法发现的问题。如果具有普遍性，则可以将其转换为用例，作为当前用例库的经验用例补充。直觉是软件测试知识和经验的积累结果。

例如，对用户页面输入进行验证时，根据经验可以总结出如下一些测试项：

(1) 数字验证。输入数字、临界值、字符串、空值。

(2) 字符验证。输入单字节、双字节、大小写、特殊、空白等字符。

(3) 日期、时间验证。输入非日期格式、非正确日期、任意字符或数字、空白。

(4) 多列表选择框。能否多选，数据是否显示完全，数据过多时是否排序。

(5) 单列表下拉框。能否手工输入，是否显示完整且未超出显示范围，格式已排序。

(6) 多行文本输入框。能否校验文本字数限制，并且结合字符输入验证。

(7) 文件上传输入框。文件类型和扩展名限制，文件大小限制，空值等非法输入。

(8) 输入字符长度验证。字符长度超过限制后，给出必要的提示信息。

(9) 必填项验证。输入为空时给出必要提示，光标自动定位于该输入项。

(10) 输入格式、规则验证。例如对身份证号码的有效性验证。

(11) 输入错误定位。输入错误时，页面光标定位于错误处。

(12) 单选框和多选框。依次验证单选框和多选框中值的有效性。

(13) 验证码。页面回退或刷新时，显示的验证码是否与实际验证码一致。图片型验证码能否完整显示，能否在不刷新页面的情况下重新获取。

错误推测法依据经验和直觉，没有固定的方法，带有明显的主观性。一般先采用其他的方法设计测试用例，再利用错误推测法补充用例。

错误推测法的优点是：

● 能够充分发挥测试人员的直觉和经验；

● 通过问题积累、总结和分享，做到集思广益和不断提高测试效果；

● 使用方便，能够快速切入和解决问题。

相应的缺点是：

● 难以统计测试的覆盖率；

● 可能对大量未知的问题区域未做测试，无法保证测试的充分性；

● 带有主观性，缺乏系统严格、有章可循的方法，因此难以复制；

● 难以支持自动化测试。

3.9　黑盒测试应用策略

以上已经介绍过很多黑盒测试方法，在实际测试工作中应当如何选择与应用呢？实际上，每种黑盒测试方法都有各自的优缺点和适用性，需要考虑不同软件的特点以及具体测试内容，对这些方法进行综合运用，力求达到测试项目所要求的测试效率和测试覆盖率。

黑盒测试方法往往都不是单独使用的，以下是一些进行软件功能测试时黑盒测试方法的综合选择策略，可以在实际测试工作中予以参考。

● 对于业务流程清晰的系统，可以利用场景法贯穿整个测试过程，并在测试过程中综合使用各种测试方法。

- 对比其他方法，等价类划分法经常被优先选用，可以将无限测试变成有限测试，这是减少测试工作量和提高测试效率的最有效方法。
- 在任何情况下都应当考虑边界值分析法，这种方法是发现软件缺陷最有效的手段之一。
- 各种测试中，都可以用错误推测法扩充一些测试用例，重视借鉴测试工程师宝贵的测试经验。
- 如果程序的功能说明中含有输入条件的组合情况，并且业务逻辑比较复杂，则一开始就可以选用因果图法和判定表驱动法。
- 对于参数配置类的软件，要用正交实验法选择较少的组合方式以达到最佳效果。
- 对照软件规格说明书中的功能需求，检查已设计出的测试用例的覆盖程度。当未达到覆盖标准时，需要补充足够的测试用例。

以上应用策略是一些参考性的原则，并非一成不变的固定方法。实际测试工作中，最重要的是重视和理解软件需求，根据软件规格说明书设计功能测试用例，规格说明书的正确性至关重要。也就是说，应用黑盒测试方法时，立足需求是基础，深入理解业务是关键，灵活应用方法是手段。

3.10　黑盒测试与白盒测试的优缺点与对比

在上一章与本章中，已经对黑盒测试与白盒测试方法进行了非常详细的说明。在这里，我们对这两种方法的优缺点先进行综合说明，再对它们进行对比，以便于抓住这两种方法的实质，在测试工作中进行正确的综合运用。

黑盒测试的优点是：

- 能最直观、最直接地反映出软件是否满足需求；
- 对于较大的代码单元来说，测试效率高；
- 测试人员不需要了解软件内部实现的细节，包括具体的编程语言；
- 测试人员和编程人员是相互独立的；
- 从用户的角度进行测试，容易被理解和接受；
- 有助于暴露任何与规格说明不一致或有歧义的问题；
- 测试用例的设计可以在规格说明完成之后马上进行；
- 容易入手生成测试数据；
- 适用于各阶段测试。

黑盒测试的缺点是：

- 依赖规格说明书的正确性，如果规格说明中有多余或遗漏的功能，黑盒测试方法是发现不了的，这是黑盒测试的主要缺点；
- 只有一小部分可能的输入被测试到，要测试每个输入流几乎是不可能的；
- 不可能覆盖所有的代码，代码覆盖率低；
- 如果没有清晰、简洁的规格说明，难以设计测试用例；
- 会有很多程序路径没有被测试到；
- 不能直接针对可能隐蔽了许多问题的特定程序段进行测试；

- 不易满足测试充分性要求。

白盒测试的优点是：

- 可以在整个软件系统还未完成之前就分别对各个已实现单元进行测试；
- 可生成测试数据对特定程序部分测试，可以检测代码中的每条分支和路径；
- 对代码的测试比较彻底，能揭示隐藏在代码中的错误；
- 有一定的充分性度量手段，如代码覆盖率。

白盒测试的缺点是：

- 系统庞大时，测试工作量大、成本高，通常只用于单元测试，有应用局限性；
- 经常需要在软件中进行插桩，记录各分支、条件、路径的执行信息；
- 无法检测代码中遗漏的路径和数据敏感性错误；
- 不能验证规格说明的正确性；
- 测试基于代码，对于规格说明中已有明确规定，但在实现中被遗漏的功能，无论哪一种结构覆盖都是检查不出来的；
- 不易生成测试数据。

黑盒测试和白盒测试的对比：

- 白盒测试只根据程序的内部结构进行测试，不能确保软件已经实现规格说明中的所有功能。黑盒测试则只根据程序外部特性进行测试，不能保证已经实现的各个程序部分都被测试到。
- 对于较大的代码单元，如系统级模块，黑盒测试比白盒测试效率高。
- 与黑盒测试相比，白盒测试的成本要高一些。
- 黑盒测试是一种确认技术，回答"我们在构造正确的系统吗？"白盒测试是一种验证技术，回答"我们在正确地构造系统吗？"

通过以上总结与分析，建议在实际测试过程中，可以考虑先使用黑盒测试，统计相应的覆盖率，再设计适当的白盒测试用例作为补充，以保证测试的完整性。

3.11　思考题

1. 什么是黑盒测试？黑盒测试的主要方法都有哪些？
2. 一般采用黑盒测试检测哪些错误？
3. 请简要阐述各种黑盒测试方法的优缺点及适用性。
4. 为什么在等价类划分法中，一个无效等价类测试用例只覆盖一个无效等价类？
5. 一个程序读入一个整数，把这个整数看作一个学生的成绩。这个程序要打印出信息，说明这个学生的成绩是优秀(90～100)、良好(80～89)、中等(70～79)、及格(60～69)还是不及格(0～59)。请用等价类划分法和边界值分析法设计出相应的测试用例。
6. 判定表驱动法、因果图法和正交实验法有什么区别与联系？
7. 有一款城市税征收计算软件，税率计算方法为：对于未定居在此的人，城市税是每年总收入的1%；对于定居在此的人，城市税的征收划分为以下几个档次：

- 如果年收入不超过30000美元，征收总收入的1%；

- 如果年收入在 30000 美元到 50000 美元之间，征收总收入的 5%；
- 如果年收入超过 50000 美元，征收总收入的 15%。

请采用因果图法设计测试用例。

8. 假设一个软件模块有 5 个独立的变量(A、B、C、D、E)。变量 A 和 B 都有两个取值，分别是 A1、A2 和 B1、B2。变量 C 和 D 都有三个可能的取值，分别是 C1、C2、C3 和 D1、D2、D3。变量 E 有六个可能的取值，分别是 E1、E2、E3、E4、E5、E6。请采用正交实验法设计相应的测试用例。

9. 在何种情况下应当采用场景法对软件进行测试？根据场景法设计测试用例的步骤是什么？

10. 登录淘宝网(www.taobao.com)，熟悉购物流程，画出相应的基本流和备选流，并给出需要测试的典型场景。

11. 请简述黑盒测试方法的应用策略。

12. 黑盒测试和白盒测试各自的优缺点是什么？在实际测试工作中应当如何进行综合运用？

第 4 章
软件测试的执行阶段

在第 1 章中介绍软件测试分类时已经说明过，为了有计划、分步骤地进行软件测试，按照软件测试执行阶段的不同，可以分为单元测试、集成测试、系统测试和验收测试。同时，软件测试执行阶段的划分使得测试工作和软件开发工作能够协同、并行地进行，前面介绍过的软件测试 V 模型和 W 模型都反映了各测试阶段和相应开发阶段的层次关系。在本章中，主要对各个测试阶段的主要任务、测试依据、所采用的测试技术、测试数据、测试人员以及各测试阶段之间的相互关系等内容进行详细介绍和说明。

4.1 单元测试

单元测试就是根据软件规格说明书、详细设计说明书、编码规范和源程序清单，对软件设计中的最小单元进行正确性检验的测试工作，主要测试软件单元在语法、格式和逻辑上的错误。单元测试是软件测试的第一个执行阶段，是软件测试的基础。能否做好单元测试直接影响到后续测试阶段，并且最终影响到软件的整体质量。

4.1.1 单元测试和集成测试的关系

软件测试的根本目的是保证软件系统的整体质量，软件质量控制的步骤与环节很大程度上借鉴了传统工业制造领域的经验。一个工业制成品经常由成百上千个零件构成，图 4-1 描述了汽车的主要零件构成。据估计，一辆汽车约由 1 万多个不可拆解的独立零部件组装而成；结构极其复杂的特制汽车，如 F1 赛车等，其独立零部件的数量可达 2 万个之多；而组装一架波音747 客机的零件高达 600 万个。

但汽车的零部件数量越多，并不说明汽车的性能越好，反而意味着汽车的可靠性会更加难以保证。每一个零件的质量都影响着最终整车的质量，决定着一辆汽车的安全性、稳定性和性能。因此，工业生产中，首先需要根据设计要求，检测每一个零件是否满足质量要求。然后，将相关零件逐步组装成各个主要部分，分别控制其质量。例如，将汽车零件组装成发动机、底盘、车身和电气设备四个基本部分，检测和保障每一个部分的质量，最终再将各部分组装成整车。

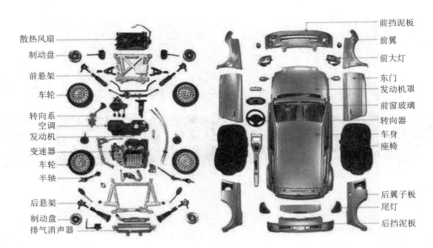

散热风扇
制动盘
前悬架
车轮
转向系
空调
发动机
变速器
车轮
半轴
后悬架
制动盘
排气消声器

前挡泥板
前翼
前大灯
东门
发动机罩
前窗玻璃
转向器
车身
座椅
后翼子板
尾灯
后挡泥板

图 4-1　汽车的零件构成

单元测试就类似于上述例子中的零件检测，而集成测试就类似于零件分部分组装检测。软件系统也由众多的软件单元构成，典型的软件系统所包含的软件单元数量目前还没有明确的统计数据，但可以预期的是，随着软件规模越来越大，软件单元的数量也会越来越多。单元测试是保证整个软件系统质量的基础工作，而保证各个软件单元集成后仍然能够正常工作是集成测试需要解决的问题。

同时需要理解的是，为了便于软件重用和分步控制软件质量，大粒度的软件单元(如构件)由众多小粒度的软件单元(如函数和类)集成而来，之后又被用于构建更为复杂的软件单元或系统。因此，单元测试和集成测试在软件开发过程中可能具有交替进行的特征。另一方面，持续集成已经成为开发和测试的常态。持续集成通过频繁地将新开发的软件单元集成到软件主体部分之上，快速发现、定位和改正软件单元或集成错误，满足软件开发快速迭代的要求，同时保证软件的质量。

从以上内容可以看出，单元测试和集成测试具有紧密的关系，但两者之间也具有明显的不同之处，主要体现在以下几个方面：

(1) 测试目的不同。单元测试主要关注的是软件单元个体是否满足设计要求，其内部的逻辑结构和功能是否正确。集成测试主要关注的是软件单元是否能够正常组合，不同单元模块之间的接口是否正确，单元相互之间是否能够正确地传递数据，是否能够实现要求的业务功能，在软件性能方面也会有所考虑。

(2) 测试对象不同。单元测试的对象是有具体功能的程序单元，而集成测试的对象往往是软件模块以及模块间的组合。因此，它们的测试粒度也是不同的。单元测试完成的是程序级别的测试工作，而集成测试完成的经常是系统构建级别的测试工作。

(3) 测试的起始时间不同。单元测试是软件开发中的早期测试阶段，可以尽早发现程序中的软件缺陷，集成测试是单元测试完成之后的测试阶段。

(4) 测试方法不同。单元测试主要采用基于程序代码和逻辑结构分析的白盒测试技术，辅之以黑盒测试技术；而集成测试结合使用白盒与黑盒测试方法，较多采用的是基于功能验证的黑盒测试技术。

(5) 测试依据不同。单元测试主要依据软件详细设计说明，集成测试主要依据软件概要设计说明。

(6) 测试能力不同。单元测试面向发现局部程序问题，对模块间接口正确性的全面和深入验证需要通过集成测试进行。由于集成测试具有可重复性强、对测试人员透明的特点，因此测试效率较高，能够有效地加快测试进度。

4.1.2　对于单元测试的基本认识

1) 什么是软件单元

学习单元测试首先需要弄清楚什么是软件单元(可简称单元)。软件单元的界定与划分与具体的软件形式有关，同时也与软件开发过程所采用的具体技术有关，需要根据具体情况去判定软件单元的含义。例如：

- 在传统的结构化编程语言(如 C 语言)所开发的软件中，软件单元可以是一个函数或过程，也可以是紧密相关的一组函数或过程，还可以是由很小的单元构成的复合单元，典型的如程序模块。
- 在面向对象编程语言(如 Java、C++)所开发的软件中，测试的基本单元是类，也可以是由相关类构成的模块或组件。
- 在图形用户界面或可视化的编程环境下，软件单元往往被典型地划分为窗口、窗口中的各种元素以及窗口元素的集合，例如菜单和组合文本框等。
- Web 程序的测试单元可以是网页中的一项子功能，例如对特定输入域的校验或是数据检索按钮。
- 在基于组件的开发模式下，软件单元是可重用组件。组件是具有一定功能，能够独立工作或者同其他组件装配起来协调工作的程序体。整个组件隐藏了具体的实现，只用接口对外提供服务。

2) 如何选择软件单元

根据上面的例子可以理解，进行单元选择的依据主要是：

- 单元具有明确的独立性。被测单元需要符合"高内聚、低耦合"的要求，有明确的、可定义的边界或接口。只有这样才能保证被测单元不受程序其他部分和其他单元的影响，将测试出的问题局限于单元内部，方便问题的分析与排查，有利于彻底地消除被测单元中存在的软件缺陷。
- 单元必须是可测的。这就要求被测单元的行为和输出是可以观测的。
- 要选择好被测单元的大小。单元划分过大时，包含的程序逻辑结构会很复杂，使得测试用例不够精练，也不便于理解和维护；单元划分过小时，单元测试会过于烦琐，降低测试效率。

3) 什么时候开始单元测试

单元测试越早进行越好。通常在编码完成并且已经通过编译后开始单元测试，进行单元测试之前应当准备好单元测试计划、单元测试用例等。尽早开始单元测试可以在开发过程早期发现程序错误，在此阶段也更容易定位和排除错误，大幅降低后期测试和软件维护成本。项目后期再进行单元测试将失去发现软件缺陷的最好时机，也失去了代码检查和预防软件缺陷的意义。

4）由谁来负责单元测试

单元测试一般由开发人员自己负责完成。可以由开发人员测试自己开发的代码，也可以在条件允许的情况下进行开发人员之间的交叉测试，以便获得更为客观的测试结果。测试工作通常是在开发组长的监督下完成的，以保证采用了合适的测试技术，并满足合理的质量控制目标。

如图 4-2 所示，在一些管理非常细致、严格的软件企业中，软件单元在进入软件代码库之前会有不同人员对其进行检查。但是无论如何，单元测试的主要负责人都是开发者本人，测试人员负有监督执行和审批通过的权利。

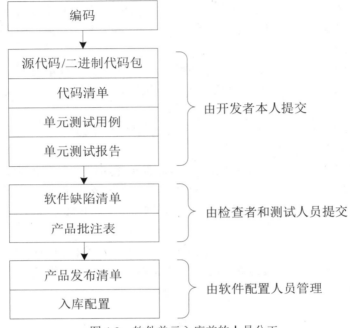

图 4-2　软件单元入库前的人员分工

5）单元测试的依据是什么

单元测试的主要依据是软件详细设计说明书，也包括源程序本身的代码和注释。不能只看代码而不看设计文档，因为只看代码仅能验证程序有没有做某件事，而不能验证应不应该做这件事。

6）如何准备单元测试数据

单元测试一般不使用真实的业务数据。由于被测单元规模一般较小，根据测试经验手工生成的一些典型测试数据往往测试效率和测试效果更佳。如果被测单元没有操纵和使用大量数据，可以根据软件业务特点和具体单元的代码逻辑结构手工设计有代表性的测试数据。如果单元要操纵大量数据，可以使用部分有代表性的真实数据，然后根据经验辅助生成一些典型测试数据。这些测试数据需要与用例同步维护，以便于后期测试重用。

7）单元测试的通过标准是什么

不同的软件企业和软件项目会使得单元测试的通过标准有所不同，下面是一种较为通用的、可供参考的标准：

● 程序通过所有单元测试的用例，程序语句的覆盖率达到100%，程序分支的覆盖率达到85%。

- 核心模块的语句覆盖率和分支覆盖率都要达到 100%。

8）如何进行单元测试

单元测试主要采用白盒测试方法，以黑盒测试方法作为辅助。通常会通过以下方法完成单元测试。

- 静态测试。包括检查代码是否符合编码规范、算法逻辑是否正确和高效、模块接口是否正确、出错处理是否完备、表达式和 SQL 语句是否正确等。通过静态测试能够发现大约 30%～70% 的程序逻辑和编码错误。
- 动态测试。通过设计和执行单元测试用例，检查软件单元实际运行结果是否正确。代码中大量的隐性错误必须通过动态跟踪与分析才能捕捉到，因此动态测试是单元测试的重点与难点。
- 状态转换测试。一些软件单元(如类和组件)可能拥有多种状态，各状态之间的转换由事件触发，状态转换又可能引发动作。软件单元在不同状态之下，对于同样的输入会产生不同的输出结果，这一点与传统的软件单元(如函数和过程)是不一样的，增加了单元测试的难度。因此，应当对单元可能存在的状态、状态间转换、状态转换后所期望的动作进行测试。通常采用状态转换图来辅助测试用例的设计。每个测试用例必须包括单元起始状态、输入、预期输出和转换后的期望状态。状态转换测试采用的是黑盒测试方法。

需要说明的是，不通过测试用例，只是简单地运行源程序和观察输出数据被称为临时单元测试，这种测试不充分、不完整，代码覆盖率低。为了达到充分的单元测试，需要编写专门的测试代码并且与产品代码隔离，形成独立的单元测试用例。单元测试除了主要检测软件单元功能实现正确与否之外，如果在需求和设计方面对单元性能有所要求，还需要对响应时间、CPU 和内存的使用情况等性能特征和影响因素进行测试。

4.1.3　单元测试的认识误区

有人曾经在网上做过一项有关单元测试的调查，高达 58.3% 的国内程序员在一般情况下不写单元测试，16.6% 的程序员从来都不写单元测试。虽然随着开发人员对软件测试的重视程度不断加强，上述情况会逐步得到改善，但是调查结果反映了目前很多程序员十分厌倦去写单元测试，甚至有些程序员根本不清楚为什么要写单元测试。造成这种情况的原因是对单元测试存在着以下一些认识误区。

误区一：单元测试的价值不高，浪费的时间太多。

很多开发人员在完成编码之后总是急于进行软件集成工作，希望尽早看到自己的工作成果。这种情况下，表面高效的工作进度实际上掩盖了软件单元中许多看似微小，但可能给后期工作带来各种问题的 Bug。事实上，这些 Bug 的存在使系统能够进行正常工作的可能性变得很小，后期发现问题再进行修复的时间代价更高。单元测试能将开发人员查错的范围缩得很小，大大节约了排错所需时间。同时，尽可能早地发现和消灭错误，会减少由于错误而引起的连锁反应。完整的单元测试和编写代码所花费的时间大致相同，只有经过了单元测试，才能获得稳定可靠的程序部件，为高效的软件集成乃至今后快速的软件重用奠定基础。

误区二：开发人员的职责只是软件开发，不应当负责单元测试。

单元测试涉及软件模块内部的运行逻辑，而且需要考虑与其他软件模块的关系，为模拟这一关系，还需要开发辅助模块。因此，单元测试一般遵循谁开发谁测试的原则。软件的开发者应当负责软件的单元测试，保证每个单元能够完成设计的功能，而测试人员只起辅助和监督的作用。由专职的测试人员进行单元测试，往往工作量大并且效果不佳，结果事倍功半。

误区三：我的编程水平很高，不需要单元测试。

不会出错的程序员是不存在的，程序必须经过各种阶段和多种形式的测试才能保证质量，单元测试只是其中一种。微小的 Bug 也可能会对整个系统质量造成严重影响，即使是高水平的程序员也很难在开发前期对这种影响做出准确评估，所以应当尽可能在开发早期消除软件单元中的 Bug。另一方面，随时进行的单元测试为修复 Bug 提供了一种测试保护，能够有效地避免因修改一个 Bug 而引起更多 Bug 的情况，反而节约程序员无休止忙于修改 Bug 所耗费的时间。

误区四：集成测试时会发现所有软件单元中的 Bug。

各个测试阶段的测试重点不同，集成测试是使用已经通过单元测试的模块，构造符合设计要求的程序结构，重点测试与模块接口有关的问题。如果不经过单元测试，直接对未经合格性测试的软件模块进行集成，在测试过程中会发现很多 Bug。当出现严重问题时，甚至导致死机，使测试工作无法再测试其他功能。由于集成测试涉及的软件单元数量及其相关开发人员很多，定位错误的效率和准确度无法与单元测试相比，频繁的错误退回修改使得测试工作很难进行下去。

误区五：业务逻辑简单，不值得编写单元测试。

业务逻辑简单与否是相对的。当一名程序员对自己开发的模块非常熟悉时，很自然地会认为其业务逻辑简单。但是，单元测试除了用于测试代码的功能是否正确之外，还可以帮助其他开发人员快速熟悉代码的功能，甚至不用去读代码，就能够知道软件单元完成了哪些业务功能。因此，对程序员来讲，进行单元测试不仅保证了自己开发的软件单元的质量，而且方便了团队开发成员互相之间的交流与理解。

除了上述认识误区外，项目管理问题也是实际开发工作中不能充分完成单元测试的一个主要原因。实际工作中经常出现以下两种情况：

- 为了完成编码任务，没有足够的时间进行单元测试。进行完备的单元测试会导致不能按时完成开发任务，造成项目延期。
- 项目前期还能够尽量进行单元测试，但是越到项目后期就越失控。

产生上述现象的原因只能说是项目管理不够正规和严格，并不能作为开发人员不编写单元测试的理由。如果开发人员不能养成编写单元测试的良好习惯，其编写的代码质量必定无法得到有效控制。对于项目进度而言，需要在真正理解业务需求的基础上制定合理的整体项目进度计划，也需要开发人员合理利用有限的开发时间，提高开发效率，与计划制定者进行充分沟通，留出一定的单元测试时间。

在敏捷开发和极限编程开发方法中，测试驱动开发(TDD，Test-Driven Development)已经成为核心实践内容。在开发功能代码之前，先编写单元测试用例代码，再由测试代码决定需要编写什么产品代码，从而驱动整个开发过程的进行。单元测试的重要性由此可见一斑。

4.1.4　单元测试的意义

单元测试的意义主要体现在以下几个方面。

1）产品质量方面

像工业产品中的零件一样，只有确保零件的质量，这个产品的质量才有保障，软件单元是整个软件的构成基础，单元的质量也就是整个软件质量的基础。单元测试聚焦于发现程序基本组成部分中的软件缺陷，首先保证每个单元正确无误，然后才能将单元组装成部件并测试其正确性。单元测试的效果直接影响软件的质量，程序的某个微小错误都可能导致整个软件质量的下降，良好的单元测试可以尽量避免这种情况的发生。

2）成本控制方面

每一项单元测试的范围是有限的，其测试规模较小，复杂性较低。因此，当发现错误后，很容易进行错误隔离和定位，便于进行程序调试和纠错。如果在项目开发的后期再去发现问题和解决问题，相应的测试与排错成本将会成倍上升，这也就是为什么在单元测试阶段需要尽可能排除程序 Bug 以大幅减少后期成本的原因。

3）测试效率方面

软件单元经常是由多名程序员同时开发的，因此单元测试可以大范围并行开展，使多人同时测试多个单元，大大提高了测试的效率。

4）测试效果方面

单元测试的规模和复杂性较低，测试中可以充分使用包括白盒测试覆盖分析在内的许多测试技术，因而能够进行比较充分细致的测试。实践证明，单元测试的效果是非常明显的。做好单元测试，可以使后期的集成测试和系统测试变得很顺利，从而节约很多调试时间。反之，粗略的单元测试使得单元集成时才发现大量低级的程序错误。这种情况下，软件集成人员很难分析和定位错误产生的原因，会浪费大量测试时间，并且使测试进度严重滞后。此外，在单元测试中能够发现一些很深层次的问题，如严重影响程序执行效率的语句。同时，还会发现一些在单元测试中很容易发现但是在集成测试和系统测试中很难发现的问题。更为重要的是，单元测试不仅仅证明了代码做了什么，是如何做的，而且证明了软件单元做了该做的事情而没有做不该做的事情。

5）综合测试能力方面

事实上，单元测试既是一种验证行为，又是一种设计行为。单元测试验证了程序中每一项功能的正确性，为后续开发提供了支持。同时，单元测试能使开发人员从单元调用者的角度观察和思考，开发时首先考虑测试，将单元设计成易于调用和可测试的程序，尽量降低单元间的耦合度，将软件缺陷数量降低到最小。此外，单元测试文档是展示函数或类如何使用的最佳文档，大大方便了对程序代码的理解。自动化的单元测试有助于进行回归测试。

4.1.5　单元测试的原则

根据阿里技术的实践总结，良好的单元测试需要遵守 AIR 原则。

- A：Automatic(自动化)。单元测试应当是非交互式自动执行的，大型复杂软件项目开发通常定期执行测试框架，项目开发往往采用持续集成的方式进行，因此要求单元测试过程高度自动化，测试输出结果不依赖人工检查。

- I：Independent(独立性)。为了保证单元测试结果稳定可靠，测试用例便于维护，需要保持单元测试的独立性。单元测试用例之间决不能互相调用，必须做到用例间完全解耦，没有任何的依赖，也不能依赖用例执行的先后次序。
- R：Repeatable(可重复)。单元测试应当是可重复进行的，不能受外部环境的影响。当软件进行持续集成时，程序代码改变后都会执行单元测试。如果单元测试依赖外部环境，例如网络、服务、中间件等，容易导致无法完成持续集成。

除此之外，在工程实践中，还有如下一些单元测试原则可供参考。

- 在设计评审阶段，开发人员应当和测试人员一起确定单元测试的范围。
- 完整的单元测试既应当包含正面测试也应当包含负面测试。正面测试验证程序应当执行的工作，而负面测试验证程序不应当执行的工作。
- 对于新增代码应当及时补充单元测试。如果新增代码影响到原有测试用例，需要及时修正。尤其对于核心模块的增量代码，要确保其通过单元测试。
- 对于修改过的代码应当重新进行单元测试，以避免因修改代码引入新的错误。
- 编写单元测试代码要遵守 BCDE 原则，以保证被测模块的交付质量。
  ① Border，边界值测试，包括循环边界、特殊取值、特殊时间点、数据顺序等。
  ② Correct，正确的输入，并得到预期的结果。
  ③ Design，与设计文档相结合来编写单元测试。
  ④ Error，强制错误信息输入，如非法数据、异常流程等，并得到预期的结果。
- 对于不可测的程序代码建议首先对代码进行必要的修改，使程序代码变得可测，而不是为了达到测试要求而编写不规范的测试代码。
- 为了更方便地进行单元测试，产品代码应当避免在构造函数中实现过多的功能，控制全局变量和静态方法的数量，减少程序外部依赖，单元中避免存在过多的条件语句。

4.1.6　单元测试的主要任务

单元测试由一组独立的测试用例构成，每个测试用例针对一个独立的软件单元。单元测试并非用于检查软件单元之间是否能够良好协作，而是用于检查单个软件单元行为是否正确。

执行单元测试时，测试人员依据详细设计说明书和源程序清单，在理解模块的 I/O 条件和内部逻辑结构的基础上，主要采用白盒测试为主、黑盒测试为辅的方法，对软件模块任何合理和不合理的输入进行全面验证，检测程序功能实现的正确性。为了达到上述目标，单元测试需要对程序逻辑、功能、数据和安全性等各方面进行测试。

如图 4-3 所示，单元测试的主要任务包括 5 个方面的内容。

1) 模块接口测试

模块接口测试是单元测试的基础。也就是说，在单元测试开始时，首先应当检查模块的输入和输出数据流是否正确。如果一个模块不能正确地接收数据和输出数据，那么后续其他内容的单元测试就变得没有意义了。执行模块接口测试时一般使用如下检查表。

- 为模块输入的实际参数与形式参数在数量上是否一致，类型是否匹配，所使用单位是否一致。

图 4-3　单元测试的主要任务

- 调用其他模块时，传到被调用模块的实际参数与被调用模块的形式参数在数量上是否相同，类型是否匹配，所使用单位是否一致。
- 引用内部函数时，实际参数的数量、属性和次序是否正确。
- 当模块有多个入口时，是否引用了与当前入口无关的参数。
- 是否修改了只读型参数。
- 在经过不同模块时，全局变量的定义是否一致。
- 限制条件是否以形式参数的形式传递。
- 使用外部资源时，如使用内存、文件、硬盘、端口时，是否检查了这些外部资源的可用性并及时释放了资源。

当模块包括外部输入输出操作时，需要附加如下测试项目。

- 文件的属性是否正确。
- 文件 Open 与 Close 语句是否正确。
- 规定的格式是否与 I/O 语句相符。
- 缓冲区的大小与记录的大小是否匹配。
- 在使用文件前，文件是否已打开，结束处理后是否关闭了文件。
- I/O 错误是否检查并做了处理。
- 在输出信息中是否有文字性错误。

2) 模块局部数据结构测试

模块的局部数据结构是最常见的错误来源，应当在单元测试中重点检查以下各种错误。

- 不正确或不一致的数据类型说明。
- 使用了没有赋值或尚未初始化的变量以及错误的初始值或默认值。
- 变量名拼写或缩写错误。
- 数据类型不相容。
- 数据越界。
- 非法指针。

3) 模块独立路径测试

对程序执行路径的测试是单元测试的主要内容，应当对模块中所有独立可执行路径进行测试，检查由于判定错误、控制流错误、计算错误导致的程序错误。对于重要的执行路径要进行重点测试，重要的执行路径是指那些完成主要算法、程序控制、数据处理等重要功能的执行路径，也包括由于逻辑复杂而易错的路径。

在独立路径测试中所要检查的错误包括：错误的计算优先级、算法错误、无法执行到的代码、初始化不正确、运算精度错误、比较运算错误、表达式符号错误、循环变量使用错误等。独立路径的正确执行与判定和条件中的比较操作密切相关，测试时需要注意以下由于比较操作引发的错误。

- 不同数据类型的比较。
- 不正确的逻辑运算符或优先级次序。
- 两个值应当相等，但因浮点运算精度问题导致实际不相等的错误。
- 关系表达式中存在不正确的变量和比较符。
- 不正常或不存在的循环条件，经常表现为"差1错"。
- 当遇到发散的循环或迭代时无法终止循环。
- 错误地修改循环变量。

4) 出错处理测试

用户对于程序错误非常敏感，为了提高程序的健壮性和容错性，模块中经常存在针对各种错误的处理路径。程序的每一行代码都可能被执行到，因此不能认为错误发生的概率很小而不去进行测试。一般出错处理测试需要考虑以下一些可能的错误。

- 对错误的处理不正确，如未做处理、没有进行真实详细记录、没有通知用户等。
- 错误描述难以理解，无法根据描述对错误定位。
- 显示的错误与实际错误不一致。
- 在对错误进行处理之前，错误条件已经引起系统的干预。
- 在资源使用前后，程序没有对可能出现的错误进行检查。

5) 边界条件测试

边界条件测试是单元测试的最后一项任务。需要采用边界值分析法，测试数据流、控制流中刚好等于、大于或小于某一比较值时出错的可能性。此外，如果对模块性能有要求的话，还需要确定最坏情况下和平均意义下影响模块性能的因素。以下是一些边界条件测试需要检查的内容。

- 边界内最接近边界的(合法)数据是否能正确处理。
- 边界外最接近边界的(非法)数据是否能正确处理。
- n次循环的第0次、第1次、第n次是否有错误。
- 运算或判断中取最大值、最小值时是否有错误。
- 数据流、控制流中刚好等于、大于、小于确定的比较值时是否出现错误。

4.1.7 驱动模块与桩模块

驱动模块和桩模块是单元测试中经常用到的两个重要概念。

- 驱动模块(Driver)也称为驱动程序，是用于模拟被测模块的上级模块，能够调用被测模块。当被测模块是底层模块时，需要编写驱动模块。

● 桩模块(Sub)也称为存根程序，用于模拟程序结构中被测模块调用的下级模块。当被测模块是上层模块时，需要编写桩模块。

软件模块在编写完成，经过编码规范、语法检查等静态测试之后，就需要通过测试用例动态验证软件模块的正确性。但是，一个被测模块不是孤立存在的，总是与软件结构中的周围模块存在调用或被调用的关系。因此，被测模块一般是无法单独运行的，需要根据程序结构，模拟构建与其相连的其他辅助模块以完成单元测试任务。

例如，在图 4-4 所示的程序结构图中，如果各个模块由不同的开发人员并行开发，开发进度自然会有所不同。假设模块 C 被首先开发完成，需要对其进行单元测试。模块 C 需要通过顶层模块 A 的调用才能运行，并且其完整功能需要通过调用模块 E 和 F 才能实现，此时模块 A、E 和 F 还未开发完成。那么，模块 C 的单元测试工作该如何完成呢？

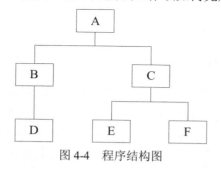

图 4-4　程序结构图

首先，需要像图 4-5 所示的那样，编写两个模块 S_E 和 S_F 用来代替和模拟模块 E 和 F，调用 S_E 和 S_F 的方法与调用模块 E 和 F 的方法相同，例如函数名、传递的参数和返回值都相同。然后，编写模块 D_A，代替和模拟模块 A。模块 D_A 中包含调用模块 C 和接收返回结果的语句。模块 S_E 和 S_F 就是桩模块，模块 D_A 就是驱动模块。这样就构成了测试环境，能够对模块 C 进行独立的单元测试了。

当然，驱动模块和桩模块仅仅模拟相关模块的功能，只需要实现必要的模拟功能。驱动模块启动被测模块，接收测试数据，将测试数据传送给被测模块并输出测试用例的测试结果。桩模块只做少量的数据处理，如简单条件判断和返回，模拟被测模块所需的调用结果即可。

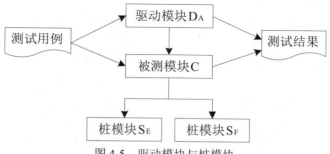

图 4-5　驱动模块与桩模块

编写驱动模块和桩模块给单元测试造成了"额外"的负担，这些辅助模块并不会作为最终产品提交给用户。特别是对于中间层的单元模块，一般情况下很可能既需要编写驱动模块又需要编写桩模块。如果被测模块的上下级模块中已经有经过单元测试的模块，那么可以直接使用以减少一定的工作量。需要合理划分被测单元模块的大小，以减少驱动模块和桩模块的数量。

另外，根据实际情况，对一些模块间接口的全面深入检查可以放在集成测试阶段进行。但是，在单元测试中编写驱动模块和桩模块是一项必须完成的工作，否则无法起到隔离其他单元模块影响、限制出错范围、准确定位和排除错误的测试效果，也就丧失了单元测试的实际意义。

4.2 集成测试

软件开发过程中，需要将经过单元测试的软件模块根据软件结构设计要求连接起来，组成规模更大的程序部分，如子系统或系统。实践证明，即使模块能够单独正确运行，也并不能保证将许多模块集成在一起后仍然能够正常运行。因此，集成测试也被称为部件测试、组装测试、联合测试或子系统测试，主要测试组合在一起的软件单元能否正常工作，是单元测试和系统测试之间的过渡阶段。

4.2.1 对于集成测试的基本认识

软件单元只有通过集成才能形成有机的整体，所以无论软件项目采用何种开发模式，集成测试都是必经阶段。实践证明，在软件单元的集成过程中几乎都会出现问题，尤其对于大型复杂系统来说更是如此。因此，直接从单元测试跳跃到集成测试的做法会欲速而不达。通过理解如下有关集成测试的基本内容，有助于建立正确的、工程化的软件测试思想。

1) 集成测试的对象是什么

集成测试的对象是已经通过单元测试的软件单元，更准确地说是这些软件单元的集合体。未经过单元测试就进行集成测试会面临软件单元缺陷过多、错误定位困难、排错成本大幅增加等诸多问题。

2) 集成测试的主要任务是什么

在实际工作中我们经常会发现，由不同程序员开发的每个模块都能很好地单独工作，都通过了单元测试，但是把它们按结构关系组合在一起后却无法正常工作。造成这种情况的主要原因是，模块间通过接口进行相互调用时程序出现了问题。为了解决上述问题，集成测试主要针对以下几个方面进行测试。

- 模块间的数据传输是否有问题，数据是否在模块接口处丢失。这就需要测试各个模块间能否通过接口以正确、稳定和一致的方式进行交互。
- 一个模块的程序是否对其他模块的功能产生错误的影响。例如，一个模块的程序长时间、过多地占用 CPU、内存等必要的计算资源，使得其他模块的功能无法正常运行。
- 全局数据结构是否出现设计和运行错误。由于全局数据结构的存在，使得软件模块"高内聚、低耦合"的程度降低。软件运行时多个模块对同一个全局数据结构的读写操作可能会产生数据不一致的问题，需要检查全局数据结构是否设计合理，多个模块对全局数据结构的操作时序是否正确，数据库操作的事务控制机制是否健全。
- 模块组合在一起后，整体功能是否满足需求和设计要求。避免出现子模块分别实现各自功能，但组合后无法实现主体功能的情况。
- 各个模块的误差积累在一起之后，积累误差达到无法接受的程度。这种情况在集成测试中经常会出现，也很容易被忽视。例如，单个产品库存价格和实际销售价格可能存在几分钱的误差，误差积累到一定程度后，销售收入和库存成本数值无法一致且差距较大。又例如，单个模块的响应时间与设计要求有一定误差，多个模块集成后系统响应时间无法满足要求。

3) 什么时候开始集成测试

从理论上讲，集成测试应当在单元测试之后进行。但是在实际工作中，单元测试和集成测试往往是同时进行的。不可能等到所有的单元测试都完成后才开始集成测试，这样的测试效率就太低了。需要注意的是，由于静态分析和动态分析技术既适用于单元测试也适用于集成测试，只不过集成测试的重点在于模块间接口检查，这就造成很多国内软件公司经常将集成测试划归单元测试，使得集成测试的起始时间变得很模糊。另外要注意的是，集成测试的计划和设计工作实际上在系统结构设计阶段就已经同步开始了，在进入详细设计之前要尽可能完成集成测试方案。

4) 由谁来负责集成测试

集成测试一般是由开发人员和测试人员共同完成的，其中开发人员所负责完成的工作通常更多一些。由于集成测试所涉及的具体细节内容仍然较多，因此在集成测试的前期阶段，也就是集成粒度仍然比较小的阶段，由开发人员或白盒测试工程师来完成测试。在系统级大粒度的后期集成测试阶段，测试工作一般由专门的测试部门完成。集成测试的全程测试工作都应当在测试人员的监督之下完成，测试负责人要保证测试工作采用了合理可行的技术，完成了充分的集成测试，满足了质量控制目标。

5) 集成测试的依据是什么

集成测试的主要依据是软件概要设计说明书。集成测试与软件开发的概要设计阶段相对应，以概要设计所规定的系统软件体系结构作为测试用例的设计基础。在软件概要说明中，详细描述了系统或子系统的模块分层组织结构以及模块间的接口，为集成测试的策略选择提供了主要的参考依据。同时，集成测试也服务于系统架构设计，可以检验出在系统软件架构设计中可能存在的错误以及不合理之处。

6) 如何准备集成测试数据

集成测试与单元测试一样，一般不使用真实数据。集成测试主要是为了检测构成系统的各模块之间是否能够正确地集成在一起，在运行时是否能够正确地交互，因此测试数据在内容和难度上要求一般不是很高。通常由测试人员根据系统设计要求手工创建测试数据，重点是创建具有代表性的模块间通信数据以验证接口的正确性。

7) 集成测试所采用的主要技术是什么

集成测试主要采用黑盒测试方法，以白盒测试方法作为辅助。但是，随着当前软件规模和复杂度的不断提高，大型软件系统越来越多。模块层次、数量以及交互性的增加使得系统逻辑结构变得更为复杂，因此经常会采用白盒测试方法来辅助进行集成测试。例如，利用基本路径测试法检查模块集成后的系统流程是否正确。从这一实际情况来讲，可以把集成测试归结为灰盒测试。

8) 如何划分集成测试的测试层次

对传统软件进行集成测试时，可以根据集成粒度将测试过程分为以下 3 个层次。

- 模块之间的集成测试。
- 单个子系统中的集成测试。

- 子系统之间的集成测试。

对面向对象的软件系统进行集成测试时，同样可以根据集成粒度将测试过程分为以下 3 个层次。

- 单个类中的集成测试。
- 具有关联性的类间集成测试。
- 构成组件的组件内类簇集成测试。

需要注意的是，集成测试具有可迭代性。软件开发以迭代的模式进行是一种常见情况，开发过程的迭代会直接驱动集成测试过程同样以迭代方式进行。这种情况下，集成测试工作会按照测试层次反复进行。

9) 集成测试的通过标准是什么

软件项目的集成测试通过标准必须在软件测试计划中明确说明。不同软件企业的集成测试通过标准会有所不同，但是都离不开功能覆盖率和接口覆盖率这两个指标。功能覆盖中最主要的就是对于软件需求的覆盖，需要通过设计合适数量的集成测试用例，使得所有的功能需求点都能够被测试到。相比于功能覆盖率，接口覆盖率对于集成测试更为重要，是集成测试需要达到的主要测试指标，要求尽可能达到 100%的接口覆盖率，使得软件系统中的每个接口都能够被测试到。

4.2.2　集成测试的原则

良好的集成测试应当遵循以下一些原则。

- 集成测试应当以概要设计为基础，尽早计划、设计与实施。
- 对于概要设计中有关模块和接口的划分，测试和开发人员需要充分理解沟通。
- 在选择集成测试策略时要以工程化思维，综合考虑测试质量、进度和成本。
- 集成测试用例必须经过正规审核。
- 集成测试必须根据集成测试计划和设计进行，要避免随意性。
- 集成测试应当按一定的层次进行。
- 对于关键模块和包含 I/O 的模块要尽早进行充分的测试。
- 所有的模块公共接口都必须被测试到。
- 当模块接口被修改后，接口所涉及的所有模块要重新进行集成测试。
- 应当如实记录测试用例的执行结果。
- 当满足测试计划中所规定的结束标准时，集成测试才能结束。

4.2.3　集成测试与系统测试的区别

初学者很容易混淆集成测试和系统测试这两个测试阶段，会认为随着软件模块的不断集成与测试，自然而然也就完成了系统测试。这种观点在一定程度上不能完全说是错误，因为对于一般的小系统来讲区分不是很大，在测试工作中两个测试阶段的划分不是很严格。此外，持续集成和高频集成等集成测试方法的应用也一定程度上使得集成测试和系统测试的边界变得模糊。但是，开发大型复杂系统需要严格和规范化的测试过程。只有正确理解了集成测试和系统测试的不同之处，才能建立正规化和工程化的软件测试思想。集成测试和系统测试的主要区别反映在以下几个方面。

- 测试的起始时间不同。在系统需求分析阶段就需要同步制定系统测试计划并开始设计系统测试用例，而集成测试计划和用例设计是在概要设计阶段开始进行的。从测试的执行上讲，需要先执行集成测试，等到发现的软件缺陷都成功修复后再进行系统测试。
- 测试的对象不同。集成测试的对象是集成后的模块组合体，而系统测试的对象是包括软件及其附属硬件在内的整个软硬件系统。
- 测试的主要任务不同。集成测试主要针对模块之间的接口进行测试，以检查模块集成后能否协同工作；而系统测试的主要任务是对已经集成好的软件系统进行彻底测试，以验证软件系统在功能和性能等方面是否已满足规定好的各项软件需求。系统测试往往用于完成软件界面测试、压力测试、兼容性测试、性能测试和安全测试等功能和非功能性测试。
- 测试方法不同。集成测试采用的是以黑盒测试为主、白盒测试为辅的灰盒测试，而系统测试通常采用的是黑盒测试方法。
- 测试依据不同。集成测试依据的主要是软件概要说明，而系统测试依据的主要是软件需求规格说明，这一区别是由两个测试阶段主要任务的不同决定的。
- 测试角度不同。集成测试通常是从开发人员的角度检查系统和发现软件缺陷，而系统测试更多的是站在用户的角度进行测试，以验证所开发的软件系统在规定的软硬件环境下能否正常工作。
- 测试用例的粒度不同。系统测试用例反映的是系统主要功能和性能特征，粒度一般较大，用户能够比较容易地理解和接受。集成测试用例比系统测试用例的粒度要小，用例更为详细，反映的主要是模块接口特征。
- 测试用例的数量不同。由于系统测试关注的主要是整个系统的外部使用功能和性能表现，因此一般来说系统测试用例的数量要比集成测试用例的数量少，具体数量是由特定项目所规定的系统测试范围和测试深度决定的。

4.2.4　集成测试的策略与模式

集成测试的策略有很多，如大爆炸集成、自顶向下集成、自底向上集成、三明治集成、基干集成、核心集成、层次集成、高频集成、基于功能的集成、基于进度的集成、基于风险的集成、基于消息事件的集成、基于使用的集成、客户端/服务器集成、分布式集成等。而集成模式是集成策略的具体体现，是成功集成经验的总结。可以说，集成模式的选择是集成测试中最为关键的环节，直接影响到集成测试的充分性与效率。本节将对一些主要的集成测试模式进行介绍与说明。

1) 非渐增式集成测试模式与渐增式集成测试模式

集成测试总的来讲可以分为以下两种模式。

- 非渐增式集成测试模式。就是首先对每一个模块进行单元测试，然后根据程序设计结构，将所有模块一次性集成在一起进行集成测试。
- 渐增式集成测试模式。与一步到位式的非渐增式集成模式相反，渐增式集成模式采用逐步集成的方式，把单元测试和集成测试结合起来进行，将被测模块逐步与已经测试好的模块结合在一起进行测试。

非渐增式集成测试模式也称为大爆炸集成(Big Bang Integration)、大棒模式、一次性集成、瞬时集成，是将所有模块一次性连接起来，将连接后的程序作为整体来测试。图 4-6 是一个非渐增式集成测试模式的示例。图 4-6(a)是被测程序的结构图，图 4-6(b)～图 4-6(g)是测试过程。分别为各模块配备相应的驱动模块和桩模块以完成单元测试，然后将各模块按程序结构图连接在一起进行集成测试。

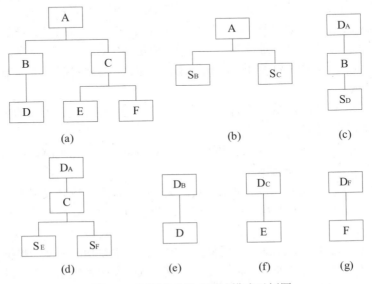

图 4-6　非渐增式集成测试模式示例图

非渐增式集成测试模式的优点是，适合于比较小的软件项目，能够快速完成集成测试并且所需要的测试用例很少。另外，对于被测系统已经很稳定，只加入或修改少数模块的情况，也可以考虑采用这种模式。但是，对于一般的大中型软件系统来讲，这种模式的缺点是非常明显的。一次性集成涉及的模块过多，使得错误的定位变得非常困难。并且修改一个错误后，由于模块之间的关系比较复杂，可能会引发更多的错误。如果系统中存在很多接口错误，这种模式下的集成测试很容易失败。因此，对于大中型软件一般不采用非渐增式集成测试模式。

渐增式集成测试模式是普遍采用的模式。在这种模式下，通过模块集成逐步构建完整的程序，边构建边测试。这一过程中，发现的错误主要由新增模块引起，因此能够及时发现错误，能够比较容易地定位和改正错误，对模块接口的测试也更为彻底。而且在逐步集成的过程中，对已集成模块进行了多次检验，因此可以取得更好的测试效果。但是，渐增式集成测试需要编写大量的驱动程序和桩程序，工作量比较大。总的来讲，渐增式集成测试还是要比非渐增式集成测试更能保障程序的质量。

目前广泛采用的各种集成测试模式大都属于渐增式集成测试这一大类，它们体现了渐增方式下更为细致的一些集成策略。在接下来的内容中，将对其中的一些主要集成模式进行详细说明。

2) 自顶向下的集成测试

自顶向下的集成测试按照软件模块在设计中的层次结构，从上到下逐步进行集成和测试。

先从最上层的主控模块开始，再沿着软件的模块层次向下移动，逐步将软件所包含的模块集成在一起。这种测试模式又分为深度优先和广度优先两种集成策略，例如按照图 4-6(a)所示的程序结构进行集成时，深度优先的模块集成顺序为 A→B→D→C→E→F，广度优先的模块集成顺序为 A→B→C→D→E→F。具体的集成测试过程包括以下一些步骤。

①　首先完成对主控模块的测试，用桩模块代替主控模块调用的下层模块。

②　根据深度优先或广度优先策略，每次用一个实际模块替换一个桩模块。如果新增模块具有下层调用模块，则用桩模块代替这些被调用模块。

③　每增加一个模块的同时都要进行测试。

④　进行必要的回归测试以保证增加的模块没有引起新的错误。

⑤　从步骤②开始重复进行，直到所有的模块都被集成到系统中。

仍以图 4-6(a)所示的程序结构为例，图 4-7 给出了按照深度优先方式进行自顶向下集成测试的示例。如果首先选择最左边的分支路径进行集成，则先将模块 A、B、D 集成在一起，再将模块 C、E、F 集成在一起，注意集成过程中需要配备相应的桩模块。同样的原理可以实现广度优先策略下自顶向下的集成测试。

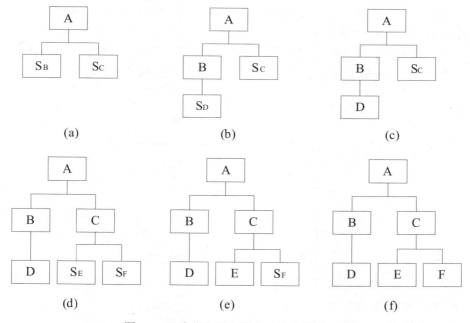

图 4-7　深度优先的自顶向下集成测试示例

自顶向下方式的主要优点是：

● 一般不需要开发驱动程序，只需要开发桩程序。

● 由于上层模块更多地体现了系统的主要功能和控制逻辑，因此能够在测试中较早地验证这些主要功能和发现接口错误。因此，有利于从系统全局角度抓住测试重点，对系统功能进行比较全面的测试，同时也便于控制测试进度。

● 如果采用深度优先策略，能够在早期实现系统的一些完整功能，增强开发人员和用户的信心。

● 底层接口未做充分定义或修改的可能性较大时，可以避免过早地提交不稳定的接口，进而避免对测试进度造成影响。

自顶向下方式的主要缺点是:

- 需要开发大量的桩程序,测试工作量较大。由于越往下层的模块数量越多,通常桩程序的数量会明显多于驱动程序的数量。
- 在测试开始时涉及的模块较少,无法做到并行测试,影响测试效率。
- 底层模块中的错误发现得较晚。
- 完全依赖桩程序会给测试造成一定的困难。例如,桩程序不能模拟真实数据时,测试可能不充分;在没有集成 I/O 模块前,用桩模块很难模拟大量输入输出数据;具体的功能实现主要由底层模块完成,因此未集成底层模块前,观察和解释测试结果往往比较困难。

3) 自底向上的集成测试

顾名思义,自底向上的方法与自顶向下的方法正好相反,是从软件结构的最底层模块开始,自下而上地逐步完成模块的集成和测试工作。由于下层模块的实际功能都已开发完成,因此在集成过程中就不需要开发桩模块了,只需要开发相应的上层驱动模块即可。

图 4-8 是一个简单的自底向上集成测试示例。在软件的程序结构中,从下往上自然会形成一些如图 4-8(a)所示的功能族,它们代表程序的子功能。自底向上集成测试时,通常根据功能族的划分对模块逐步进行集成,形成不同粒度的功能族并进行测试。然后通过合并已测试过的功能族,逐渐扩大功能族的粒度以反映系统的主要功能。图 4-8(b)反映了这一集成测试过程。

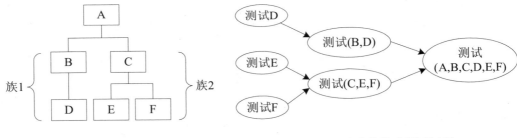

(a) 程序结构中的功能族　　　　　　　(b) 自底向上的集成测试过程

图 4-8　自底向上的集成测试示例

具体的自底向上集成测试过程包括以下一些步骤。

① 将底层模块组合成实现某一特定系统子功能的功能族。

② 编写驱动程序,能够调用已组合的模块,并协调测试数据的输入与输出。

③ 对组合模块构成的子功能族进行测试。

④ 去掉驱动程序,沿着软件结构从下往上移动,将已测试过的子功能族组合在一起,形成更大粒度的子功能族。

⑤ 从步骤②开始重复进行,直到所有的模块都被集成到系统中。

自底向上方式的优缺点可以说与自顶向下式正好相反,主要优点是:

- 不需要开发桩程序而只需要开发驱动程序,一般来说驱动程序比较容易开发。
- 可以在测试早期完成对软件基础功能的测试,为测试高层功能奠定基础。
- 便于按照功能族的划分展开并行测试,大大提高了测试的效率,缩短了测试周期。

自底向上方式的主要缺点是:

- 起到控制作用的上层关键模块在测试后期才能被测试到,而且越往上层的模块对系统的影响越大,反而被测试到的时间越晚。如果发现高层模块中的问题,牵扯面可能会很大,缺陷修复会比较困难,存在一定的测试风险。
- 需要等到最后一个顶层模块被集成以后才能看到整个系统的框架。
- 只有到测试过程的后期才能发现时序问题和资源竞争问题。

4) 混合集成测试

混合集成测试又称为三明治集成测试,它将自顶向下和自底向上两种方法的优点综合在一起,并且尽可能克服了这两种方法的缺点。测试中,对于上层模块采用自顶向下的集成测试,而对于下层模块采用自底向上的集成测试。在实际工作中,由于混合集成测试的测试效率很高,因而被广泛采用。

混合集成测试包括以下一些基本步骤。

① 确定软件结构的某一层为中间层。

② 以中间层作为分界,上层采用自顶向下的集成测试。

③ 对中间层及其下层采用自底向上的集成测试,中间层模块与相应的下层模块集成。

④ 对集成后的系统进行整体测试。

图 4-9 给出了一个简单的混合集成测试示例。

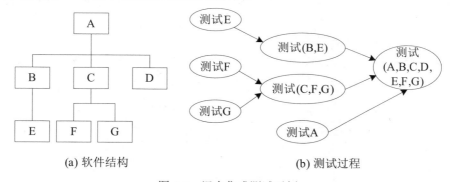

(a) 软件结构　　　　　　　　　　(b) 测试过程

图 4-9　混合集成测试示例

在混合集成测试中应当灵活应用集成策略,尽可能减少开发驱动程序和桩程序的工作量。例如,在图 4-8 所示的示例中,模块 C 与其下层模块先进行集成的好处是,只需要开发一个驱动模块来模拟模块 A 调用模块 C。如果模块 C 先同上层模块集成,则需要开发两个桩模块以分别模拟模块 F 和模块 G,增加了测试开发的工作量。

基本的混合集成测试存在一个缺点,在集成过程中某些模块并没有经过完整的单元测试。因此,存在一种改进的混合集成测试方法,在基本的混合集成测试的基础上,保证对每一个模块都进行彻底的单元测试。图 4-10 给出了这种改进后的混合集成测试示例。

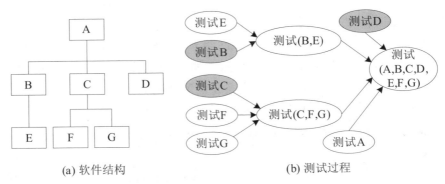

(a) 软件结构　　　　　　　　　　　　　(b) 测试过程

图 4-10　改进后的混合集成测试示例

混合集成测试的主要优点是：

- 能尽早发现错误。混合集成测试采用了持续集成测试策略，将并行开发过程中不同时间完成的模块尽可能早地集成起来，以便于及时发现和改正错误。
- 测试效率高。混合集成测试采用了从上下两端同时推进的集成方法，已经测试完的模块可以作为后期模块的驱动程序或桩程序，大大减少了开发驱动程序和桩程序的工作量，这也正是混合集成测试受到广泛欢迎的一个重要原因。

混合集成测试的主要缺点是：

- 很多模块实际上处于同步集成过程中，一定程度上增加了定位缺陷的难度。
- 自顶向下和自底向上两种方法的综合运用给集成测试的计划与控制带来一定的复杂性和难度。

5) 几种基本集成测试模式的比较

非渐增式一次性集成、自顶向下集成、自底向上集成、混合集成和改进的混合集成都属于基本的集成测试模式，表 4-1 对上述测试模式的优缺点进行了综合对比。

表 4-1　几种基本集成测试模式的比较

模式名称	一次性集成	自顶向下	自底向上	混合集成	改进的混合集成
集成	晚	早	早	早	早
基本程序可工作时间	晚	早	晚	早	早
需要驱动程序	是	否	是	是	是
需要桩程序	是	是	否	是	是
工作并行性	高	低	中	中	高
特殊路径测试	容易	难	容易	中等	容易
计划与控制	容易	难	容易	难	难

6) 核心系统先行集成测试

一些软件系统在组成方式上由核心系统和一些外围系统或者说辅助系统构成，如果将这样的系统比喻为一台复杂精密的机器，那么核心系统就是这台机器的大脑，其重要性不言而喻。同样的道理，从构成某一系统子功能的模块来看，某个或几个模块往往是这些模块中的关键模块。无论是核心系统还是关键性模块，它们一般都具有如下特征。

- 与大部分系统或模块相关联。如果有问题，则整个系统或子系统无法正常运行。

- 对应于多项最重要的系统需求。
- 逻辑结构或功能复杂、易出错。
- 具有重要的控制功能。
- 有着特殊的性能要求，如实时性的业务处理速度。

很多系统被设计为以核心系统为中心的软件架构，辅助功能被尽可能剥离到外围系统中，只留下一个小而精的核心系统处理核心业务，即所谓的"瘦核心，胖外围"。业务流程开始于外围系统，汇总到核心系统完成最重要的处理，再将结果反馈给外围系统。这样的架构具有如下一些优势。

- 能够快速适应需求变化。需求变化时只是增加或修改外围功能，核心系统的基础功能很少变化，大幅降低了系统维护成本。
- 核心系统或核心模块可以由高级开发人员或专门的团队开发，能够更好地满足技术先进性、系统可靠性、安全稳定性和技术保密性等要求。

核心系统先行集成测试就是针对此类系统的特点，首先完成对核心模块、核心组件、核心系统的集成测试工作，重点保证它们的质量。然后在此基础之上，根据软件架构设计要求，按照从重要到次要的顺序，逐步将外围软件部分与核心系统集成在一起。每次集成一个外围软件部件后，都要进行软件评估与审核，产生软件基线。不断集成外围部件，直到形成完整的软件系统。集成过程是一个使系统逐渐稳定、定型的过程。

核心系统先行集成测试主要包括以下步骤。

① 完成核心系统中每个模块的单元测试。

② 完成核心系统的集成构造与测试。根据核心系统的规模，可以采用一次性集成测试方法，也可以采用自底向上的方法，将构成核心系统的模块集成在一起。

③ 根据系统的体系结构设计和外围软件部件的重要程度，制定外围软件部件与核心系统的集成顺序方案，并且对制定的方案进行评审。

④ 在集成外围软件部件前，首先完成对外围软件部件的内部集成测试。

⑤ 根据集成计划逐步集成外围软件部件并进行测试，形成最终的软件系统。

核心系统先行集成测试适用于能够明确区分核心部件和外围部件的软件系统，这就要求各部件内部的功能具有较高的内聚性，而部件之间耦合度较低，尤其是外部构件之间要做到尽可能松耦合。这种集成测试方法的主要优点是保证了系统重要功能和性能的质量，有利于对复杂系统进行快速开发与测试。

7) 持续集成测试

持续集成(Continuous Integration)简称 CI。敏捷开发方法的创始人之一 Martin Fowler(见图4-11)对什么是持续集成给出了以下说明。

持续集成是一种软件开发实践，倡导开发团队的成员经常性地集成他们的工作，通常每人每天至少集成一次。因而对于整个软件项目来讲，每天都会有许多各种各样的集成。每次集成都需要通过自动化的构建与测试来进行验证，从而尽可能快速地发现集成错误。大量的开发实践证明，这种方法能大大减少集成问题，并且使开发团队能够更为快速地开发具有内聚性的软件。

图 4-11　Martin Fowler

持续集成测试的过程如图 4-12 所示。

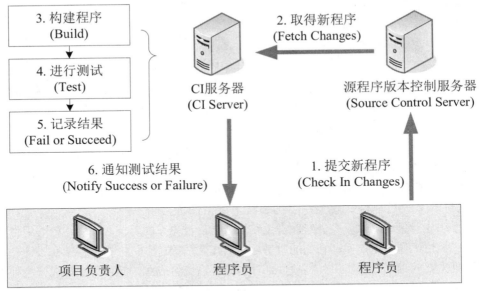

图 4-12　持续集成测试的过程

持续集成过程中，新开发的代码会频繁地与主干程序集成在一起。所有项目的代码都托管在源程序版本控制服务器上，如 CVS(Concurrent Versions System)、SVN 服务器。只有在本地计算机上通过单元测试的代码才能上传到源程序版本控制服务器，以减少后期集成测试的问题。由于需要长时期、高频率地完成集成测试，因此持续集成测试工作需要通过测试工具自动执行，如持续集成测试工具 Jenkins。CI 服务器会不断查询版本控制库的变更，如果发现变更就检出变更代码，执行构建脚本。CI 服务器一般每天都会对源程序版本控制服务器上的最新代码进行一次集成测试，这一过程可以设定在每天晚上自动执行，然后将测试结果发送到各个开发人员的电子邮箱中。第二天早上上班时，开发人员就能看到最新的测试结果，可以根据测试结果及时修改发现的程序错误。

从持续集成过程可以看出，持续集成具有以下特点。

- 它是一个自动化的、周期性的集成测试过程，从检出新代码、编译构建程序、执行测试、记录测试结果、测试统计分析、通知测试结果等都是自动完成的，人工方法是不胜任的。
- 需要在规定的时间周期内，能够持续获得新的、已通过测试的增量程序。
- 测试与开发工作并行进行。
- 需要有源程序版本控制系统的支持，以便于保障代码的版本一致性，同时作为程序集成构建的素材库。
- 需要专门的集成测试服务器来执行测试。

持续集成的目的就是适应大型复杂系统的快速迭代开发和多人并行开发，使开发团队能够直观地看到软件项目的有效进度，同时还能保持很高的开发质量。它的核心措施是，新代码在集成到主干程序之前，必须通过自动化的集成测试。只要有一个测试用例执行失败，就不能集成。Martin Fowler 曾经指出："持续集成并不能消除 Bug，而是让它们能够非常容易地被发现和改正。"因此持续集成具有以下主要优点。

- 能够以最快的速度及时发现新开发代码中的问题，然后尽早予以解决，避免了程序问题的大量积累。因此，能够保证以较快的速度发布高质量的软件。
- 集成测试过程自动完成，无需过多的人工干预，能够有效减少重复测试过程，节省了时间、费用和工作量。
- 支持复杂系统的快速迭代开发。
- 能够尽早看到系统级的开发成果，增强了开发团队的信心。
- 支持在任何时间、任何地点生成可部署的软件。
- 提高了对开发进度的控制能力。及时的问题反馈使得项目负责人能够更为准确地了解实际项目进度，因此整个开发进度更有保障。

应用持续集成方法时，需要遵守以下一些主要原则。

- 开发人员需要及时向版本控制库中提交最新代码，提交前先要完成代码本地测试。
- 同步开发与频繁的版本更新要求开发人员必须经常性地从版本控制库中更新最新的代码到本地，以保证代码版本的一致性，同时可以防止工作中的分支偏离主干程序太多。
- 需要有专门的集成服务器来执行集成构建。根据项目的具体实际情况，可以通过检测代码的修改情况来直接触发集成构建活动，也可以将集成构建活动设定为定时启动，按一定的时间周期执行集成构建。
- 每次集成构建都必须成功。如果构建失败，修改构建错误的工作应当是优先级最高的工作。一旦修改完成，需要手动启动一次构建任务。
- 不要拉取构建失败的代码到本地，避免污染本地代码。

4.3　系统测试

集成测试阶段完成以后，已经有了一个完整的软件系统。但是这个软件系统是不能够单独运行的，需要相应的软硬件环境支持才能发挥作用。当开发后的程序与必需的软硬件支持环境结合在一起时，经常会产生很多问题。另外，开发出完整的软件系统后，需要从用户的功能需求和非功能需求两个方面，全面测试整个软件系统是否还存在问题。这些都需要在系统测试阶段予以解决。系统测试涵盖的内容非常多，其测试成本往往也是各测试阶段中最高的。

4.3.1　什么是系统测试

系统测试是将经过集成测试之后的软件系统与计算机硬件、输入输出设备、所需要的其他支撑软件、必需的初始化业务数据等系统运行必备元素组合在一起，然后对用户实际运行环境下的完整计算机系统进行测试。系统测试的目的在于通过检验软件系统各项功能是否正确，以及检验软件系统在性能、安全性、可靠性等非功能特性上的表现是否满足要求，从而验证软件系统与系统的需求定义是否完全一致。

在单元测试和集成测试阶段，已经通过各种测试技术对软件的功能进行了多方面的测试。对于有较高性能要求的软件模块、组件等，也会进行一些重点性的性能跟踪与测试。但是，只有当形成完整的软件系统，并且与相关硬件、外设和支撑软件结合在一起时，才能真正全面地对其整体功能和非功能特性进行深入测试。在这一阶段，测试的是大粒度的系统功能是否能够正确运行，系统性能等非功能特性是否满足用户需求。

根据以上说明可知，系统测试的主要依据是软件规格说明书。在软件规格说明书中，详细定义了一个软件系统应当具备的各项功能，并且还定义了系统性能等非功能特性应当达到的技术指标。因此，系统测试的计划、设计、执行与评估都是以软件规格说明书作为标准和指南的。

正确理解系统测试需要注意其定义中隐含的两个含义。

- 系统测试并不只是局限于找出软件程序中的错误，而是为了发现软硬件整体系统与需求定义是否存在不符合或矛盾之处。
- 如果没有一组书面的、可度量的系统目标，系统测试是无法进行的。

执行系统测试时，强调测试环境的真实性。也就是说，测试环境要尽可能模拟真实的用户使用环境。在测试时，不仅要考虑软件程序的自身情况，还需要考虑与系统有关的硬件、网络以及第三方软件对整体系统的影响。例如，系统运行异常可能是由 I/O 设备引起的，不一定都是由软件造成的；第三方软件与被开发软件可能产生计算资源竞争、I/O 端口冲突等问题，也会影响系统的正常功能与性能。

系统测试是在把软件提交给用户进行最终验收测试前的最后一道质量控制过程。由于需要完成的功能和非功能测试项目可能会很多，因此对于测试人员来讲，系统测试阶段的工作一般是最为费时费力的。如果在这一测试阶段发现与需求不一致的问题，软件修改所牵扯的面会很广，工作量往往很大。此外，性能测试和安全性测试等一些测试活动的难度较高，需要测试人员具备非常全面的专业知识和一些专门的软件测试技术。

4.3.2 系统测试的内容

系统测试的前期主要以功能测试为主，毕竟软件系统功能的完备性与正确性是用户对一个软件产品的最基本要求。在功能正确性得到保证的基础上，系统测试的后期主要以性能测试、安全性测试、可靠性测试、兼容性测试等非功能测试为主。并且随着软件规模与复杂度的提高，以性能测试为代表的各种非功能测试越来越成为系统测试的主要内容。

具体来说，系统测试可能包括很多测试项目。例如：功能测试、用户界面(UI)测试、性能测试、压力测试、容量测试、安全性测试、兼容性测试、安装与卸载测试、可用性测试、健壮性测试、文档测试、稳定性测试、配置测试、异常故障测试、网络测试、在线帮助测试、备份测试等。这些测试概念与活动比较繁杂，相互之间还存在着一定的关系。后续章节将对这些测试项目进行集中梳理和详细介绍，在这里只需要理解系统测试包含功能和非功能测试两大类别即可。

涉及系统界面、数据、操作、逻辑、接口等方面的功能测试是系统测试必须完成的内容，但是对于不同规模和业务特点的系统来讲，对其非功能特性的要求在重要性和侧重点上会有很大不同。在实际系统测试工作中，需要综合考虑测试费用、时间、环境等的限制，针对系统应用特点选择合适的测试策略与测试范围，确定测试的重点和测试项目的优先级。例如，对于包含大型数据库的应用系统，容量测试和压力测试是不可缺少的测试内容；对于大范围、多用户的网络应用系统，负载测试、性能测试必不可少；对于各种电子商务应用系统，安全性测试是重中之重。

　　此外，文档是一个软件系统的重要组成部分，必须注意对文档资料是否完整进行检查。对于软件的易移植性、错误自动恢复(如断点续传)、软硬件兼容性和系统的易维护性等也需要进行全面的确认，这些也都是系统测试需要解决的问题。运行系统测试用例之后，需要给出软件缺陷表，详细记录系统功能和非功能表现与系统需求的所有偏差，并逐一予以消除。如果遇到需要做出重大修改的需求偏差，还需要与用户协商后再进行改正。

　　系统测试一般可以根据项目具体要求，对以下测试内容进行裁剪。

- 逐项测试软件需求说明中规定的系统或子系统的功能、性能等特性。
- 对每个特性至少用一个正常测试用例和一个异常测试用例进行测试。
- 测试用例的输入数据至少要考虑有效和无效等价类以及边界值数据，对于输出数据需要测试其格式的有效性。
- 测试系统在边界和异常状态下的功能和性能。
- 针对特殊问题补充必要的专门测试。
- 测试软件配置项之间是否存在冲突，软件配置与硬件接口是否匹配。
- 测试系统应用权限和数据访问的安全性。
- 对于安全性和可靠性有较高要求的系统，需要分析每一个可能导致风险的原因，并逐一进行有针对性的测试。
- 根据系统设计要求对功能和性能进行强度测试。
- 对于有恢复和重置功能要求的系统，测试每一种导致恢复和重置的情况并且检查平均恢复和重置时间是否满足系统要求。

4.3.3　系统测试人员

　　系统测试需要由独立的测试小组在测试组长的统一管理下完成，测试工作主要由专职的测试人员负责完成。对于大型复杂系统来说，为了进行全面和有效的系统测试，测试小组可以由以下各类人员构成。

- 独立测试部门中的专职测试人员。
- 与项目用户直接沟通，熟悉用户需求的主要市场人员。
- 部分需求分析、设计和开发人员。
- 在业务上与本项目密切相关的其他项目的开发人员。
- 企业中负责质量体系管理的质量保证人员。

　　测试组长负责按照质量控制目标对软件产品进行全面的系统测试，对测试人员进行合理的工作划分和监督。测试小组人员共同负责制定系统测试计划、选择合适的测试技术、确定合理的测试范围并对系统测试计划进行评审。质量保证人员一般以独立的测试观察员身份出现，确保测试过程符合企业质量管理体系的各项要求。如果能够邀请用户代表非正式地参与系统测试工作效果会更好，这样可以在系统交付前向用户展现系统运行的全貌，听取用户代表从产品业务需求角度提出的非常有价值的意见，尽量在验收测试之前解决有可能出现的问题。

4.3.4　系统测试所采用的技术与数据

　　系统测试完全采用黑盒测试方法。系统测试主要着眼于检查系统粗粒度的功能以及各项非功能特性表现是否满足需求分析说明书中的各项要求，已不再需要考虑软件单元模块的具体实现细节。由于系统测试包含许多种类的测试项目，除了专门的测试技术之外，针对不同的测试项目还会用到一些其他的专门技术。例如容量测试经常会涉及数据库技术，性能测试会涉及网络通信技术，与硬件相关的测试还会涉及与专门硬件相关的技术。因此系统测试所涉及的具体技术较多，需要根据项目特点在系统测试计划中进行合理规划。

系统测试中所使用的测试数据必须尽可能地贴近真实数据，需要具有与真实数据一样的精度和代表性。由于性能测试、容量测试、可靠性测试等内容在系统测试中具有重要地位，因此系统测试数据在规模和复杂程度上也必须与真实数据相当。为了满足上述对于测试数据的要求，可以采用以下两种方法。

第一种方法是直接采用真实的业务数据。在用户授权许可的情况下，或在前期项目保留有系统真实数据的情况下，可以直接使用这些数据完成测试任务。这种方法的好处是系统测试和后续的验收测试在测试数据上是相同的，不必担心两个阶段测试数据不同会造成测试结果不一致的问题，降低了后续验收测试的风险，同时也增强了对系统测试结果的信心。这种方法也有其缺点。用户的真实业务数据受使用习惯和使用周期等因素影响，有时并不能充分暴露系统的一些偶然性和深层次问题，仍然需要根据系统特点和测试经验手工制作一些有针对性的测试数据，以便于完成对系统的充分测试。

第二种方法是使用真实数据的副本。出于对数据安全性、保密性以及真实数据存在较大应用风险等情况的考虑，系统测试可能无法使用真实数据进行测试。这种情况下可以使用真实数据的副本，所谓副本数据，是指在数据规模、复杂性、业务特征等方面能够全面模拟和代表真实数据的测试数据。副本数据也可以由去除了安全性等敏感数据的真实数据构成，替代这些敏感数据的模拟数据必须具备充分的代表性。这种方法的难点是，需要对用户目标业务足够熟悉，这样才能生成具有代表性的测试数据。

4.3.5　系统测试前的准备工作

系统测试的工作量大，测试内容庞杂，因此系统测试前的准备工作显得尤为重要。在系统测试前一般需要做好如下准备工作。

- 认真阅读和理解软件需求规格说明书，将其作为系统测试的主要依据。
- 收集各种支撑软件、外围硬件的技术说明书，作为系统测试的参考。
- 明确系统所需具备的各项功能。
- 明确与系统性能有关的各项技术指标，如吞吐量、响应时间、传输速率等。
- 明确对系统备份与修复有关的技术要求。
- 明确对系统软硬件运行环境的兼容性要求。
- 明确对系统配置的要求。
- 确定对系统安全性相关的具体要求。
- 在理解上述具体需求的基础上，制定详细的系统测试计划，确定具体的测试内容、测试范围、测试技术和测试通过标准等。
- 根据需求说明和测试计划，收集和制作测试数据，设计系统测试用例。

- 搭建好尽可能接近用户真实使用环境的软硬件系统测试环境，并且准备好完成所规定测试项目的各类测试工具。

4.4　验收测试

系统测试完成以后，从开发者的角度看，所有要做的内部测试工作都已完成。接下来就是要和最终用户一起来验收软件系统，通过在真实环境下使用系统来确认软件系统是否完全满足用户的要求，各方面的功能和性能是否达到最初项目合同所规定的验收标准。另外，即使测试人员的前期测试工作已经完成得非常全面与细致，也无法完全预见用户的所有实际使用情况，也就无法保证系统在实际使用中不会出现任何问题。因此，需要以用户为主导完成最终的验收测试。

4.4.1　对于验收测试的基本认识

1) 什么是验收测试

验收测试也称为交付测试，是在发布或部署软件之前，对软件系统进行的最后一个技术测试阶段。测试工作以用户为主，测试人员等质量保障人员共同参与，用于最终确认软件的有效性，保证软件的功能和性能等满足用户的所有要求。通过了验收测试的软件系统才可以正式交付用户使用。

验收测试对于项目管理者来讲非常重要，因为验收测试成功与否关系到用户能否最终验收签字并付款。一个软件项目的费用通常由预付款、项目中期进度款、验收款和售后服务款等组成，验收后用户所支付的款项一般占项目合同款的 30% 左右。

2) 验收测试人员

验收测试强调以用户为主导，由最终用户从实际使用的角度验证软件功能是否全面、正确，以及系统性能等非功能特性是否和软件需求相一致。因此，验收测试的标准应当由用户进行确认。当然，在验收测试过程中也需要开发人员、测试人员和质量控制人员的配合。验收测试通常在开发方测试小组的配合下由用户方代表执行，也可能完全由最终用户组织进行，或是由最终用户选择相关人员组成验收小组来完成。为了保证验收测试的客观性，一些软件验收会采用第三方进行验收测试的方式进行。这种情况下，软件验收过程需要引入可靠、专业、公正并且能够得到甲乙双方共同认可的第三方机构，国内的第三方验收测试机构一般是具有相关资质的软件评测中心。

在实际工作中，为了节省验收时间和保证验收的成功性，很多软件开发组织会将验收测试分为组织内部的验收测试和用户验收测试，将后者称为使用者验收测试、终端用户测试或现场验收测试。对于组织内部的验收测试，会从企业 QA 管理部门或其他测试小组人员中选派一名人员扮演用户观测员，从用户的角度独立监督测试工作，避免项目组内部开发和测试人员单纯从专业知识角度进行验收测试。

3) 验收测试的依据

验收测试的主要依据是软件需求规格说明书、项目合同、项目或产品验收准则。

验收测试是为了在软件交付前最终确认软件系统是否完全满足用户需求，因此仍然应当以软件需求规格说明书作为主要测试依据。此外，由于测试活动以用户为主，因此对于面向特定用户、项目类型的软件系统的验收测试，还应当将项目合同作为主要依据。在项目合同中经常已经规定了最终软件的验收准则，这些验收准则有时也会以独立正式文件的形式存在。相比于技术色彩比较重的软件需求规格说明书，项目合同有时更能反映用户高层和粗粒度的业务需求。这些需求描述也涵盖了软件需求规格说明书中比较细节的需求内容，用户在进行软件验收时，也会将其作为重要的验收指南。

4) 验收测试的数据

验收测试一般在用户的真实使用环境下进行，因此只要条件允许，就应当使用真实的业务数据。验收测试的获取相比于系统测试要容易一些，因为最终用户作为测试执行者参与到验收测试中。但是针对包含机密和安全性的关键业务数据，测试过程中仍然需要一定程度的合理授权。可能的用户方授权方式一般包括以下几种。

- 授权负责测试工作的用户代表使用这些数据。
- 授权开发方测试组长使用这些数据，或者使这些敏感数据在不可见的情况下也能进行测试。
- 授权测试观察员使用这些数据，或者在这些数据不可见的情况下也能运行程序，确认测试结果正确与否。

与系统测试一样，当使用真实数据存在应用风险时，考虑使用真实数据的副本，但要保证副本数据尽可能接近真实数据的规模、精度和复杂性，能够支持对验收测试的准确性要求。在系统测试时仍然有必要补充一些有代表性的手工数据，充分发挥用户和测试人员的经验，保证深入和彻底地完成验收测试工作。

5) 验收测试的主要技术

验收测试可以完全采用黑盒测试技术。验收测试主要是用户按照业务领域的工作习惯与流程实际运行系统，完成典型业务场景下的日常工作。用户对于其业务领域的工作非常熟悉，但是通常不具备专业的计算机知识与技术，也不必关心具体的软件内部实现细节。因此验收测试完全采用黑盒测试方法，通过用户界面输入测试数据、操作程序、获得处理结果。用户通过体验软件实际使用情况，对使用结果进行具体分析，就可以检验软件是否满足功能和性能等方面的要求。

4.4.2　验收测试的主要内容

验收测试是要解决软件是否符合用户预期的各项要求以及软件能否被最终用户接受的问题，因此是一项严格、全面和正式的测试活动。需要制定详细的验收测试计划，完成软件配置审查以及功能和性能等方面的测试工作。

验收测试总的来讲可以分为两大部分：软件配置审查和软件有效性测试。

1. 软件配置审查

软件不仅包括可执行程序，还包括与其相关的所有技术、管理、测试、安装配置、维护等方面的文档资料。因此在进行验收测试时，首先需要检查所有的软件配置是否齐全并且分类有序，以便于用户能够顺利接手软件并长期使用。用户会根据合同规定逐一清点和接收开发方的提交物，查验开发方内部已完成的测试工作记录，初步判断开发方是否已经进行全面正规的内部测试。需要注意的是，由于测试工作的特殊性，在验收测试阶段临时补充欠缺的测试记录是不可能的，必须在内部开发与测试过程中认真履行测试规程，形成各类测试设计、评审与工作记录。

具体的软件配置提交项目应当在前期项目合同中明确说明，以避免软件验收工作中产生纠纷。常见的软件配置项目包括以下内容。

(1) 主要的软件程序类配置，一般包括源程序、可执行程序、软件安装配置脚本、关键测试脚本或测试程序。

(2) 主要的技术类文档。经常需要提供以下技术文档供验收测试检查。

- 软件需要分析说明书，包括数据字典。
- 软件概要设计说明书。
- 软件详细设计说明书。
- 数据库设计说明书。
- 软件实施计划和详细技术方案。
- 软件测试计划，包含测试用例的设计。
- 软件测试报告。
- 软件用户手册，包括软件使用和维护手册。
- 项目开发总结报告。

(3) 主要的开发管理类文档。此类文档一般包括以下内容。

- 软件项目计划书。
- 软件质量保障计划。
- 软件配置计划。
- 软件进度报告。
- 软件阶段评审报告。
- 质量总结报告。
- 用户培训计划。

进行软件程序类配置检查时，需要注意对软件程序完成以下检查。

1) 源代码检查

验收测试一般只对软件关键模块的源代码进行抽查，抽查内容主要有以下几项。

- 规范性检查。检查编码的规范性以利于理解与维护，例如对象、函数、变量命名是否规范，源代码中的注释量是否达到要求，注释内容是否规范。
- 数据类型检查。主要检查数据类型是否符合用户业务精度要求，例如处理金额的变量、常量、数据库中的字段类型是否能够满足长期的业务需求，避免出现数值溢出和较大的精度误差等错误。
- 外部接口检查。主要检查外部设备接口、数据库接口是否符合标准，源代码中的接口方式是否一致。

2) 软件一致性检查

- 编译检查。用规定的编译工具对源代码重新进行编译，编译正确通过则证明开发方交付了正确的源代码。
- 安装与卸载测试。对照用户手册安装软件，检查是否能够成功完成系统安装，安装配置脚本是否正常，安装后的程序是否能正常工作，从而确定开发方交付了正确的可执行程序和安装配置脚本。随后检查是否能够成功和彻底地卸载已安装的软件程序。

- 运行模块一致性检查。当多个应用现场需要安装同样的软件系统时，可以抽查一定数量的运行模块进行对比，确认现场运行软件一致。

软件项目文档是软件的重要组成部分，离开了软件文档，用户将很难使用和维护软件系统。对于移交给用户的文档类资料，需要检查以下内容。

- 完备性。确认所有软件技术和管理类文档齐全并且分类有序。
- 规范性。检查各类文档是否符合相关文档编制规范，文档结构、内容、术语、图示等符合规范性要求，各种文档内容前后一致、描述准确无歧义。
- 针对性。文字表达准确清晰，适合特定人员阅读理解。例如，软件用户手册主要是面向用户的，文字描述不应当过多使用软件专业术语，而开发类文档面向技术人员，必须使用专业规范的描述方式。
- 完整独立性。任何文档都应当能够自成体系。例如，在前言部分做出一般性介绍，在正文部分分层次描述中心内容，给出必要的参考文献和附录。为了保证文档的完整独立性，同一个软件项目的不同文档出现一些重复之处是必要的，这样能给读者带来许多方便。
- 灵活性。由于不同软件项目的规模和复杂性不同，实际文档验收允许对中小型项目文档做出适当调整或合并。例如，将软件操作和维护内容合并到用户手册中，将概要说明书和详细设计说明书合并为软件设计说明书。
- 可追溯性。软件开发各阶段的文档之间有着紧密的联系，前后阶段的文档具有一定的继承性。因此，各开发阶段的文档之间必定存在着可追溯的关系。需要检查软件的设计文档是否遵循软件需求说明书，各类技术文档是否与设计文档的描述一致，用户操作和维护文档是否与实际软件操作一致。另外，可追溯性检查还包括确认是否便于在不同文档之间检索相关内容，以及在某一文档范围内是否便于检索特定内容。

2. 软件有效性测试

在软件配置审核完成之后，就可以进行最后一项验收测试活动：可执行程序的有效性测试。这一阶段的测试是以用户的角度检测软件的整体功能和性能表现，测试内容可以根据具体情况从下列测试项目中选择。

- 软件界面测试。
- 可用性测试。
- 功能测试，包括正常业务流程测试和错误处理能力测试。
- 性能测试，包括负载、容量、压力测试。
- 软件运行环境与系统平台配置测试。
- 健壮性测试，包括各种软硬件故障下的恢复测试。
- 可靠性测试。
- 兼容性测试。
- 数据备份测试。
- 安全性测试。

通过图 4-13 可以概括性地理解验收测试的流程与内容。

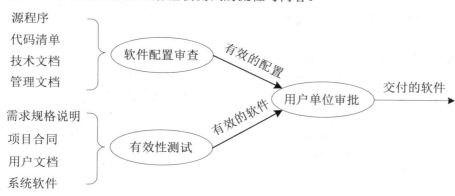

图 4-13　验收测试的过程

4.4.3　验收测试的注意事项

(1) 验收测试前需要编写正式的验收测试计划，明确通过验收测试的标准，测试通过标准应当由用户进行确认。

(2) 验收测试必须在最终用户的实际使用环境中进行，或者尽可能模拟用户的实际运行环境，避免环境差异导致无法发现软件的一些潜在问题。

(3) 验收测试覆盖的应当是软件的粗粒度、业务级功能，而不是软件的所有细节功能。验收测试用例与软件项目合同、软件需求规格说明之间具有可追溯性，验收测试用例不可能也没有必要将开发阶段进行的所有测试用例再重新运行一遍。

(4) 验收测试一定要面向用户，从最终用户实际使用中的业务场景角度出发，以用户可以直观感知的方式进行，使用黑盒测试方法以避免涉及过多的开发内部细节。

(5) 设计验收测试用例一定要充分考虑用户的思维方式、使用习惯、业务语言等，根据业务主要场景来组织测试用例与测试流程。在保证测试完整性的基础上，重点测试用户最为关心的功能点和性能点，以便于用户对测试结果的理解和认同。

(6) 面向特定工作单位的项目类软件验收测试，一般由用户和开发方测试部门共同完成；面向公众、由开发方自行研发的产品类软件验收测试，应当由测试部门、产品设计部门、市场部门和产品售后服务部门共同参与完成。

4.4.4　α测试与β测试

对于通用型软件来讲，目标用户数量众多，不可能由每个用户进行软件验收。这种情况下，一般在软件正式发布之前，采用 α测试和β测试方式对软件的功能和性能进行测试。无论软件在开发过程中经历了多么严格的测试，软件设计和开发人员都不可能完全预见用户实际使用软件过程中出现的所有情况，很多软件缺陷只有在最终用户频繁使用的过程中才会出现。α测试和β测试都属于验收测试，是从软件产品最终用户的角度去发现可能存在的软件缺陷，尽可能在软件正式发布前清除它们以提高用户的满意度。

α测试是在软件开发方内部进行的一种验收测试，是在开发方人员模拟软件实际运行环境和用户操作行为情况下进行的受控测试。主要用于对软件产品的功能、性能、可用性和可靠性等做出评价，特别是对软件界面和易用性进行测试。α测试要求模拟的用户操作和使用环境尽可能逼真，因此测试的执行一般不能由开发人员或测试人员完成。

α测试面对的是已经过严格测试的被称为α版本的软件，此时的软件从总体上讲已经基本满足用户的需求。α测试的主要目的就是发现用户实际使用环境和难以预计的用户操作行为所导致的软件错误，所以要尽可能模拟用户真实环境和可能的操作方式。α测试人员最好由非项目组人员或其他非技术部门人员构成，也应当有代表性用户参与。测试过程中，项目组开发或测试人员主要负责进行产品使用说明和回答一些软件操作方面的问题，但不进行过多的干预。对于测试中发现的错误，可以在测试现场立刻反馈给开发人员，由开发人员进行分析和处理。

经过了α测试和错误修改的软件产品被称为β版本的软件，此时的软件产品已经具备很高的实用性和稳定性。因此可以将α测试看成对早期的、不稳定的软件版本进行的验收测试，而将β测试看成对晚期的、更为稳定的软件版本进行的验收测试。

在β测试中，由软件开发方组织各方面的典型用户，在用户的日常工作和生活场所实际使用β版本的软件，并要求用户反馈使用中发现的异常情况和使用意见，然后由开发方对软件进行改错和完善。β测试是在开发方不受控环境下进行的外部测试，开发方人员通常不在现场，β测试不能由开发人员和测试人员完成。

β测试经常是完全交给最终用户进行的软件内测后的公测活动，如网络游戏的β版公测，因此是在开发方无法控制的用户环境下进行的软件现场应用测试。用户通过使用β版软件，定期向开发方报告使用中出现的问题和意见。开发方在综合用户报告信息的基础上修改软件，形成最终正式发布的软件产品。通用的软件产品一般需要较大规模的β测试，测试周期比较长。因此很多情况下，开发方也会将β测试外包给专业的测试服务机构来完成。

4.4.5 四种主要测试执行阶段的简要对比

单元测试、集成测试、系统测试和验收测试是软件测试的四个主要执行阶段，表 4-2 给出了上述四个阶段的简要对比。

表 4-2 单元测试、集成测试、系统测试和验收测试的比较

对比项目	单元测试	集成测试	系统测试	验收测试
测试对象	软件单元，如函数、类、组件、模块	模块间的接口，如参数传递	整个系统，包括软硬件	整个系统，包括软硬件
测试依据	软件详细设计	软件概要设计	软件需求规格说明	需求规格说明、合同、验收标准
测试人员	开发人员或白盒测试工程师	开发人员和测试人员共同完成	主要由专职测试人员负责	用户主导，开发和测试人员配合
测试方法	主要采用白盒测试	黑盒测试为主，白盒测试为辅	完全采用黑盒测试	完全采用黑盒测试
测试数据	一般不使用真实业务数据	一般不使用真实业务数据	尽可能使用或模拟真实业务数据	尽可能使用或模拟真实业务数据

4.5　回归测试

在软件的整个生命周期中，需求、设计、实现、维护以及软件平台配置等各方面总是存在着各种变化。变化的原因可能是对软件进行了修改，也可能是在新版本的软件中增加了功能，这些变化可能导致软件产生新的问题。为了验证改变后的软件系统的正确性，就需要进行回归测试。

4.5.1　什么是回归测试

回归测试是指在对之前已经测试过的软件系统进行修改或扩充之后所进行的重新测试，是为了保证对软件所做的修改和扩充没有引起新的错误而进行的重复测试。

修改软件本身就有可能产生错误，经验证明，修改程序比编写新程序更容易产生错误。更为严重的是，由于程序的复杂性以及修改人员缺乏对项目程序的整体理解和把控，经常出现因修改一个错误而引发更多错误的情况。同样，当有新的代码或模块加入软件后，除了它们本身可能包含的错误之外，这些新的代码和模块有可能对原有系统带来不良影响甚至严重错误。

因此，回归测试是在软件变更后保证新的软件功能和性能等仍然正常的一种测试策略和方法，可以分为改错性回归测试和增量性回归测试。改错性回归测试用于验证错误修改情况，增量性回归测试用于验证增加或删除软件单元后程序的正确性。需要注意的是，有些时候软件本身并没有改变，但是支撑其运行的软硬件环境发生了变化。这种情况下，也应当进行回归测试以保障软件系统仍然能够正常运行。

回归测试并不是一个独立的测试阶段，可以在单元测试、集成测试、系统测试、验收测试等任何一个测试阶段进行。既有黑盒测试的回归，又有白盒测试的回归。但是在实际工作中，回归测试多用于软件测试的后期阶段，例如在系统测试、验收测试以及软件后期维护工作中采用回归测试，以保证错误修改和新版本软件的正确性。所采用的技术主要是黑盒测试方法，重点关注的是软件的高级需求在软件被修改和扩充后是否仍然能够得到满足，一般不太考虑软件实现细节。

自动化测试的应用在回归测试中非常普遍。回归测试往往需要多次重复执行已经执行过的测试用例，因此很容易使测试人员感到疲惫和厌倦。在大多数回归测试需要手工完成时更是如此。所以应当尽量采用自动测试的方法来实现大量重复的回归测试，同时也能保证测试的一致性，大幅提高回归测试的效率。不过需要注意的是，自动化测试对于测试用例的要求较高，不一定所有的项目都适合使用自动化的回归测试。

4.5.2　回归测试的范围与测试用例的选择

回归测试是为了保证程序修改和扩充情况下软件的正确性，因此无须再进行从头至尾的全面测试，而是要根据程序改变的情况进行有效的测试。每次回归都将原有的测试用例再执行一遍的方法虽然简单，但是测试成本过于高昂。一般测试的目标是验证整个程序的正确性，而回归测试只是检测被修改程序的正确性，以及检测这部分程序与原有系统的整合是否正确。简单来说，回归测试的目标是：

- 测试程序变化部分。
- 测试受到变化影响的部分。

　　在确定回归测试的范围和程度时，开发与测试经验往往起到很重要的作用。可供借鉴的经验主要包括以下几种：

- 项目需求分析、设计和实现方面的知识。
- 前期测试过程中积累的测试经验。
- 同类型软件项目的测试经验。
- 典型错误的产生原因。
- 通用的开发与测试经验。

　　回归测试前，需要首先标识变化，然后根据以上经验分析软件的修改可能影响到哪些程序和软件功能。对于受到影响的部分，对应的所有测试用例都应当被回归执行。需要充分考虑软件单元代码的修改对于一些公共接口的影响，例如对全局变量、输入输出接口和系统配置的影响。回归测试不会单独设计全新的测试用例，而是选择之前全部或部分测试用例作为回归测试包。对原有测试用例要进行必要的修改和补充，以满足新的回归测试要求。回归测试用例的选择一般包括以下几种策略。

　　1) 重新测试全部用例

　　选择基线测试用例库中的所有测试用例。这种方法的错误遗漏程度最小但成本最高，分析和重新开发测试用例的工作量不大。测试经常会运行大量无须再执行的测试用例，因而造成测试浪费和影响测试进度。因此，这一选择策略只适合于测试用例数量不多或软件大部分被改变的情况。

　　2) 选择与修改部分和关联功能有关的测试用例

　　Bug 修改清单或功能变更清单是最直接、最重要的回归测试内容，根据这些变更内容选择之前执行过的相关测试用例。在了解软件结构和业务流程的基础上，发挥开发和测试经验，确定修改所影响的关联功能，选择相关测试用例来覆盖被影响的程序部分。无关测试用例不会被选出，从而以较小的成本完成所需要的回归测试。例如对网关代码的修改可能影响到重传模块和消息恢复模块，就需要对这两个模块的功能进行回归测试，保证其功能不受影响。

　　3) 对于新增功能补充测试用例

　　新增功能可能是独立的，也可能影响已有功能，因此需要根据实际情况补充一些测试用例。考虑新增功能对原有功能的影响时，需要根据关联功能选择测试用例的方法挑选合适的原有测试用例，有时需要对部分测试用例做出必要的修改。

　　4) 基于用例优先级选择测试用例

　　测试用例的优先级反映了测试风险标准和测试用例的重要程度。这种选择策略是从项目风险控制的角度出发，优先选择那些最关键的、涉及重要功能和性能的，以及涉及前期缺陷密集的高危模块的测试用例，有利于应对复杂和测试时间紧张的回归测试。

　　5) 基于软件实际使用功能选择测试用例

　　针对软件功能的重要性和使用频繁程度选择测试用例。这种选择策略考虑了给定的测试预算，可以尽早发现对软件可靠性有最大影响的软件缺陷。该方法的实施要求基线测试用例库中的用例是基于软件操作剖面开发的，用例分布能够反映软件实际使用情况。

　　6) 根据覆盖率指标选择测试用例

　　在软件变更影响范围难以界定的时候，可以根据一定的测试覆盖率指标选择测试用例。例如，将选择策略设定为修改范围内的回归测试是 100%，而其他范围内的测试用例覆盖率不超过 60%。

　　上述回归测试策略的选择需要考虑软件开发成本、时间和质量的平衡，针对不同的软件项目、回归测试内容和测试阶段进行综合选择。

4.5.3　回归测试用例的维护

随着敏捷测试、快速迭代开发测试的应用，以及频繁的软件更新与升级，回归测试在整个测试过程中的地位越来越高。测试用例库在软件的反复测试过程中会不断地扩充与完善，用例库会变得很庞大。为了进行及时的回归测试，需要不断对用例库进行维护。当对一个软件版本设立基线后，相应的所有测试用例就构成了基线测试用例库。软件基线是软件源代码、文档、测试用例等阶段产品的一个稳定版本，是进一步开发的基础。基线是经过审核和授权后形成的，基线之后的变更都被记录为一个差值，直到形成下一个基线。

回归测试时，根据测试用例的选择策略从基线测试用例库中提取合适的测试用例以构成回归测试用例包。软件的变更会使得用例库中的一些测试用例变得过时，失去了针对性和有效性。另外，程序的修改与功能的增加使软件出现了新的功能和特性，此时仅仅通过重新运行以前的测试用例已经无法发现新程序中的问题，必须补充新的测试用例来测试新功能和新特性。因此，测试用例库的维护一般包括以下内容。

- 删除过时的测试用例。
- 删除冗余的测试用例。
- 修改和增强部分测试用例。
- 改进不受控的测试用例。不受控的测试用例是指一些不容易重复运行并且测试结果难以控制的用例，会影响回归测试的效率。
- 增加新的测试用例，并将其合并到基线测试用例库中。

图 4-14 反映了基本的回归测试用例的维护过程。此外，通过建立程序变化与用例之间的跟踪机制、监测测试用例的变化、定期检查和清理测试用例、设定度量和分析标准等措施，可以有效提高回归测试用例的质量和有效性。

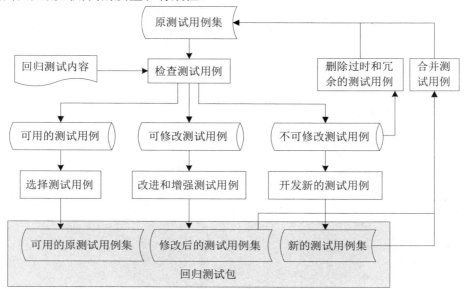

图 4-14　回归测试用例的维护过程

4.6 思考题

1. 什么是单元测试？单元测试和集成测试有什么不同？
2. 常见的软件单元都有哪些？
3. 为什么单元测试非常重要？
4. 单元测试的主要任务都有哪些？
5. 单元测试的对象为什么不能是一组函数或多个程序的组合？
6. 单元测试为什么采用白盒测试技术并且一般由开发人员完成？
7. 什么是驱动模块和桩模块？
8. 什么是集成测试？请用图示的方法说明自顶向下渐增式集成测试的方法。
9. 简述自顶向下和自底向上集成测试的优缺点。
10. 简述混合集成测试的优缺点。
11. 简述集成测试和系统测试的区别。
12. 什么是核心系统先行集成测试？
13. 什么是持续集成测试？
14. 什么是系统测试？
15. 什么是验收测试？
16. 验收测试是由用户完成的吗？为什么？
17. 简述验收测试的主要内容。
18. 什么是α测试与β测试？试比较它们的异同。
19. 简述单元测试、集成测试、系统测试和验收测试的不同之处。
20. 什么是回归测试？回归测试用例的选择都有哪些策略？

第 5 章
功能测试与非功能测试

用户对于软件的需求主要分为功能需求和非功能需求两个方面，而软件测试最根本的目的就是检验软件是否满足需求规定的各项要求，因此功能测试与非功能测试是针对用户需求进行测试的两个主要方面。功能测试是最基本的软件测试内容，功能欠缺或不正确的软件系统意味着用户无法正常使用。非功能测试用于保证用户能够高效、安全、可靠地使用软件系统，对测试技术的要求较高，掌握起来具有一定的难度。

5.1 对功能测试和非功能测试的基本认识

5.1.1 什么是功能测试

功能测试就是根据软件需求规格说明书，检验软件系统是否满足用户对于各方面功能的使用要求，确保软件以用户期望的方式运行。

在一些软件测试资料中，经常将黑盒测试称为功能测试，将功能测试和黑盒测试等同。从严格意义上讲，这种说法是不准确的。黑盒测试既可以用于功能测试也可以用于非功能测试，而功能测试除了主要采用黑盒测试方法外也可以采用白盒测试方法，例如为了深入验证某一功能的正确性而查看源代码或者跟踪变量值的变化。另一方面，功能测试可以在单元测试、集成测试、系统测试和验收测试的任何一个阶段进行，需要在不同的测试阶段对软件功能的正确性进行验证。因此可以理解，功能测试反映的是测试目标，而黑盒测试反映的是具体测试方法，两者的含义是有区别的。

功能测试之所以经常被等同于黑盒测试的原因是，功能测试一般情况下都使用黑盒测试方法。等价类划分、边界值分析、因果图法、正交实验法和场景法等都是功能测试时常用的黑盒测试方法。进行功能测试时，测试人员一般都是直接通过软件界面或程序接口进行测试，不再对软件内部结构和处理过程进行检查。功能测试通过软件界面运行程序，检查各项功能是否完备，以及运行流程和执行结果是否正确；通过接口检查每个功能是否能够正常地接收收据，并且以规定的格式输出结果。

功能测试在不同测试阶段的目的有所不同。单元测试中的功能测试主要验证每个独立模块功能的正确性，主要通过判断模块在不同输入下的输出结果是否正确，以此检查模块功能是否完全满足需求和设计结果；集成测试中的功能测试主要是为了保证集成后的大粒度软件功能仍然能够正常工作；系统测试中的功能测试主要是为了测试软件在其软硬件应用环境中是否能够正常运行，当然也就需要检验被测软件与外围支撑软件以及外部硬件设备的交互是否正确；验收测试中的功能测试是以用户的角度测试软件系统的各项功能是否满足用户需求，是一种用户业务级、软件具体使用功能意义上的测试。

既然功能测试是为了验证软件系统是否满足用户的功能需求，那么完整的功能测试实际上主要是在系统测试和验收测试时完成的。这是由于，系统测试和验收测试主要以软件需求规格说明书作为测试依据，关注的是软件业务级功能需求而不是设计级的细节技术需求，用户一般不会关心具体的技术实现细节。另一方面，系统测试和验收测试阶段的软件系统已经集成了外围软硬件，测试数据和测试环境都是或极为接近用户真实的业务数据和使用环境，因此有利于展开全面的功能测试。

5.1.2 功能测试的主要内容

不同软件系统的功能千差万别，因此功能测试的差异也就很大。但总的来讲，功能测试的内容可以分为用户界面(User Interface，UI)、数据、操作、逻辑和接口等几个方面的测试内容。

(1) 用户界面。测试软件界面是否规范、合理，用户与软件通过界面交互是否方便。回忆一下老式的 DOS 用户界面和 Window 图形用户界面的区别，就可以知道软件界面对于软件使用功能的重要性。智能手机、平板电脑所支持的多点触控功能我们早已不再陌生。随着技术的发展，声控、手势控制、生物信号控制等更加丰富了用户界面的内涵。用户界面功能已经成为软件功能组成中不可缺少的一个重要部分。最基本的软件界面也要求布局合理、美观清晰、菜单和按钮等操作正常，软件操作过程中有相应的提示信息等。

(2) 数据。软件系统从广义上讲就是数据输入、处理和输出的系统，因此与数据有关的测试是功能测试的重要内容，主要包括以下几个方面。

- 能正确接收数据输入，能对异常数据输入进行提示或进行容错处理。
- 数据的输出结果正确，并且符合用户的业务规范要求(如报表格式)或使用习惯。
- 能够提供合适的数据存储尤其是数据备份功能，保证数据的安全性。
- 数据处理符合规定的业务流程规范。
- 软件升级后仍然能够支持旧版本的数据。

(3) 操作。程序的安装、启动以及卸载正常，能够支持各种主流的应用环境。各项功能的操作符合用户的要求与习惯，能处理一些异常操作，操作过程中能够给出必要的提示或警示，对于一些操作能够提供回退或撤销功能，能够根据操作权限或操作条件仅提供必要的操作功能。这些有关操作的测试内容都是保证用户能够正常使用软件所必需的。

(4) 逻辑。功能逻辑清晰并且符合用户使用习惯，用户能够按照合理的流程很自然地选择功能和使用软件。能够提供必要的向导来辅助用户完成多步骤的软件操作，软件系统的状态能够根据业务流程和用户使用情况而变化，例如系统空闲时运行后台程序或是用户长时间无操作时进入节电模式。

(5) 接口。能够通过接口配合使用多种常见的外部设备(如打印机)，能够以标准的方式向外部应用系统提供接口(如 Web Service 接口)，能够通过规定的接口使用第三方软件功能。此外，还需要检查软件系统是否允许自定义接口配置，以及接口是否具有良好的兼容性和可扩展性。

5.1.3　什么是非功能测试

高质量的软件产品意味着不仅要满足用户的功能需求，而且要满足诸如性能、可靠性、安全性等非功能需求。许多大型软件系统的非功能需求是强制性的，例如电信系统中的性能和可靠性需求，电子商务系统中的安全性需求等。非功能测试是相对于功能测试而言的，是针对软件非功能属性所进行的测试活动。通俗来讲，功能测试面对的是软件"能不能用和够不够用"的问题，而非功能测试面对的是软件"好不好用"的问题。

软件的非功能属性经常会被忽视，良好的软件系统需要在分析、设计和实现等环节都充分考虑系统的非功能需求。这些需求有时在需求分析说明书中已有明确定义，但有时是隐含的，需要根据软件特点和经验予以具体化。忽视非功能需求会直接导致软件的用户体验很差甚至不可用。例如，国内 12306 火车票网上订票系统在上线之初，当遇到春运高峰期订票时，由于订票人数过多超过系统负荷而造成短时期的系统瘫痪。

软件的需求描述中，功能需求与非功能需求有以下一些明显的不同之处。

- 功能需求通常比较明显和具体，容易捕捉和描述；非功能需求通常比较抽象，而且主观成分较多，例如性能的概念就比较抽象，不同的人会有不同的理解。
- 功能需求大多数具有局部特点，通常采用用例或场景的方式描述；非功能需求通常具有全局意义，例如性能一般是针对整个系统而言。
- 软件系统通常需要考虑多个非功能需求，例如性能、可靠性和安全性等，这些非功能需求之间往往存在着某些制约和依赖关系。
- 功能需求有很多规范的乃至形式化的描述方法，能够很好地消除歧义性；非功能需求很多采用自然语言的描述方式，具有很大的随意性，缺乏精确性和完整性，给需求理解、设计和开发造成很大困难。

非功能测试经常需要定量化的测试指标，类似"具有及时的响应时间"这样的描述是不可度量的。应当使用 SMART 标准来设计非功能测试目标，也就是用具体的(Specific)、可度量的(Measurable)、可实现的(Achievable)、相关的(Relevant)、有时限的(Time-bound)测试指标来指导测试。例如，"操作的响应时间小于 30 毫秒，系统支持不超过一千个并发用户"。这些测试指标需要通过分析软件哪些方面可能有性能问题，哪些方面可能影响用户的使用，然后在分析和设计阶段就定义好这些场景，给出定量化的测试指标。

但是需要注意，对于什么是软件的非功能属性至今都缺乏一致的定义。在一些文献中会使用质量需求、质量属性、约束等相似的名词来指代非功能属性。为了便于理解，以下给出两个比较经典的非功能属性定义。

(1) N.S. Rosa 认为软件的功能需求定义了软件期望做什么，而非功能需求则指定了关于软件如何运行和功能如何展示的全局限制。

(2) X. Franch 认为软件的非功能属性是可以用来作为描述及评价软件的一种方式。

那么具体来讲都有哪些非功能属性呢？从能够被最广泛接受的观点来看，非功能属性应当包括以下内容：性能、可靠性、可用性、安全性、可重用性、可维护性、可修改性、可移植性、灵活性、可扩展性和适应性等。这些概念很多都较为模糊，缺乏统一的定义，而且很多非功能属性的含义比较接近。因此在进行非功能测试前，需要根据具体软件特点，在项目人员能够统一认识的基础上给出明确的定义和区分。

然而软件的非功能属性和功能属性之间可以严格区分吗？J.E. Burge 等人通过探讨后认为两者有时很难区分，同时指出非功能需求是对功能需求的补充，需要充分考虑对功能需求的影响。这种功能与非功能属性在一定程度上的模糊性使得一些测试项目在分类上说法不一，例如兼容性测试和安装测试有些人认为属于功能测试，而有些人认为属于非功能测试。此外，在实际测试时，有些功能测试和非功能测试也是结合在一起进行的。例如，常见的用户界面测试就结合了与软件操作有关的功能测试和软件可用性、灵活性等方面的非功能测试。因此在实际工作中，最重要的是根据用户需求定义好具体的测试内容和测试指标，保证软件的整体质量，不必过多地纠缠于测试项目的功能与非功能分类。

5.1.4 非功能测试的主要内容

国际标准化组织在 ISO 9216 和 ISO 25000:2014 中定义了一些非功能属性，包括可靠性、可用性、可维护性、可移植性等。相应的非功能测试一般包括以下一些可供参考的内容，本节将选择其中的一些主要测试项目进行详细说明。

- 性能测试。验证软件系统能否达到用户提出的性能指标，同时发现软件系统中存在的性能瓶颈，以便于对系统进行优化。
- 压力测试。模拟比预期要大的工作负载来暴露只在系统峰值条件下才会出现的缺陷，主要是为了测试硬件系统的性能，如 CPU 利用率、内存使用率、磁盘 I/O 吞吐率、网络吞吐量等。
- 负载测试。主要测试系统在高于正常水平的负载下所出现的性能问题，如最大并发用户数和软件请求出错率等。
- 可靠性测试。度量软件在一般情形和非预期情形下维持正常功能的能力，有时也包括软件出错时的自我恢复能力，如自动定时保存文件。
- 低资源测试。确定系统在重要资源(如内存、硬盘空间等)降低或不足的情况下会出现的软件系统状况。
- 容量测试。确定系统最大承受量，如最大用户数、最大存储量、最多处理的数据流量等。
- 重复性测试。循环运行测试直到达到具体临界值或异常境况，以发现只有长时间连续运行时软件系统才会出现的缺陷。
- 兼容性测试。测试软件面对不同软硬件平台和不同支持软件时能否正常运行。
- 安全性测试。检查系统对非法侵入的防范能力。
- 辅助功能测试。保证软件系统能被残疾人士使用。
- 本地化测试。验证软件能否满足某一特定地区的语言、文化和风俗习惯的要求。
- 配置测试。验证被测软件在不同的软件和硬件配置中的运行情况。
- 可用性测试。测试在特定使用情景下，软件产品能够被用户理解、学习和使用的方便程度，以及评价软件产品能够吸引用户的能力。

5.2　UI 测试和易用性测试

5.2.1　UI 测试

　　用户与软件系统的交互都是通过用户界面(User Interface，UI)完成的。目前绝大多数的软件系统都具备图形用户界面(Graphical User Interface，GUI)，因此当前 UI 测试主要是针对 GUI 进行的测试。用户界面的优劣直接影响着用户能否很容易地学会软件操作和高效地使用软件的各种功能，因此 UI 测试已经是一项独立的、不可缺少的功能测试项目。

　　良好的用户界面(如图 5-1 所示)会让人感觉简洁清晰、布局合理，即使不借助详细的用户使用手册也能够自然而然地上手应用。具体来讲，可以从以下几个方面来考量好的软件用户界面所应当具备的要素。

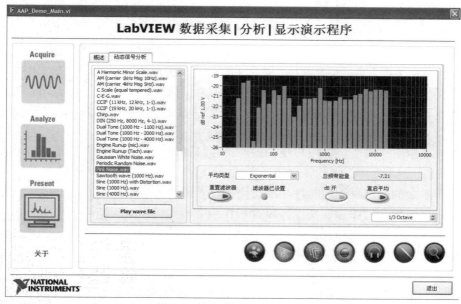

图 5-1　良好用户界面的示例

1) 符合标准和规范

- 对于面向特定行业和特定用户的项目类软件，软件界面功能的分类组织、用词用语、业务操作流程等要符合行业标准和使用习惯。
- 对于通用类软件，已经形成约定俗成的界面风格和使用习惯，例如 Windows 窗口风格包含菜单、工具栏、状态栏、右键快捷菜单等标准格式，编辑、帮助等主菜单中的子菜单内容和排列顺序等也都形成事实上的标准。用户在长期使用软件的过程中已经习惯相应的标准和规范，软件界面符合这些要求能够方便用户快速掌握软件使用方法。

2) 直观性

- 界面整洁、清晰，所需功能或者期待的结果应该明显，并在预期的地方出现。
- 界面组织和布局合理，界面的整体或局部功能繁简适宜，信息简洁明了。

- 界面操作引导性强，允许用户轻松地从一个功能转到另一个功能，随时清楚下一步应当做什么，并且可以执行取消或退回操作。

3) 一致性

- 快捷键和菜单项一致，如 F1 键对应帮助信息，Ctrl+C 和 Ctrl+V 快捷键对应拷贝和粘贴。
- 整个软件使用同样的命令术语。
- 软件信息的内容能够针对用户的层次。
- 按钮位置一致，如 OK 按钮总是在左边，而 Cancel 按钮总是在右边。
- 等价的按键与命令一致，如 Cancel 按钮的等价按键通常是 Esc。

4) 灵活性

- 用户可以对界面进行部分个性化设定，如 QQ 的个性化皮肤。
- 高级用户能够跳过众多的阶段性提示，直接到达想要去的地方。
- 多种灵活的数据输入和输出方式，例如用户可以通过拷贝粘贴、鼠标拖放、对象插入、多种数据源导入等方式输入数据，可以用多种图表方式输出数据。
- 可以用 Tab 键移动软件界面上的焦点。

5) 舒适性

- 软件界面美观得体、操作流畅，界面外观应当与用户的工作或软件特点相符，例如工作类软件和娱乐类软件就应当具有不同的界面风格。
- 软件界面友好，能够对重要操作做出预先警示，允许用户恢复由于错误操作而丢失的数据。
- 能够提示工作进度，向用户反馈操作持续时间。

6) 正确性

- 没有多余的或遗漏的功能，功能操作正常，语言和拼写正确。
- 软件界面包含的图标、图像、声音和视频准确无误。
- 能够根据用户权限和任务执行阶段显示可执行的功能。

7) 实用性

- 检查软件界面交互过程中的各种具体功能是否实用。
- 保证不存在过量的无用功能，大量无用的、不需要的功能往往在通用产品类软件中表现较为突出。

具体的 UI 测试可以分为手工测试和自动化测试两种。手工测试是按照软件需求和设计文档，逐项操作界面中的各项功能，输入测试数据，比较运行结果和预期结果，然后得出测试结论。但是软件规模越来越庞大，所包含的功能也越来越复杂，软件系统经常具有非常丰富的用户界面，每个界面又涉及数量众多的界面元素。因此，必须借助自动化的 UI 测试技术才能达到测试目标。UI 自动化测试主要通过一些自动化测试工具来完成，这些工具能够将界面操作记录为可执行脚本，通过修改或编写测试脚本来生成 UI 测试用例，通过自动化执行这些测试用例就可以完成大量简单、机械和重复的 UI 测试工作。

UI 自动化测试的优点是不需要太多的计划、编程和调试，简单方便。但是由于稳定性和兼容性差，测试脚本的生命周期往往较短，因此被很多人认为是投入回报率很低的自动化测试工作。UI 自动化测试目前受到很多质疑的根本原因还是测试不稳定，例如测试环境不稳定、被测用户界面经常修改不稳定、测试框架运行不稳定。虽然存在上述缺点，但 UI 自动化测试是必须要做的。主要原因是 UI 测试占用大量测试时间，很多专职测试人员的日常工作就是在做 UI 测试，测试工具的引入能够提高测试效率。另外更为重要的是，软件除了后台逻辑功能外，还包括很多前端脚本和样式，单纯依靠接口和单元测试无法证明用户端的可用性。实际 UI 测试工作中，应当将手工测试和自动化测试结合进行。

用户界面测试内容可以分为以下两类。

- 界面整体测试。主要评价用户界面的规范化、合理性和一致性。
- 界面元素测试。主要对菜单、控件等界面中的元素进行测试。

测试工作中一般将界面测试用例和软件的逻辑功能测试用例分开来写，通常采用检查表这种简单测试用例的形式进行。检查表不涉及具体的界面逻辑功能，只是检查界面布局和风格等方面的问题。界面测试中会有很多种检查表，不同的软件企业、软件产品会有不同的检查表内容。表 5-1～表 5-4 给出了几种主要的、较为通用的界面测试检查表，可以在实际工作中予以参考和适当补充。

表 5-1　窗体界面的测试

编号	测试内容	
1	窗体大小合适	不过于密集或空旷
2	内部控件布局合理	不过于密集或空旷
3	移动窗体	窗体本身刷新正确，背景刷新正确
4	缩放窗体，窗体上的控件也应该随着窗体而缩放	
5	不同的显示分辨率下，窗体内容正确	
6	随操作不同，状态栏的内容能正确变化	
7	单击工具栏图标后能正确执行相应操作	
8	工具栏显示的图标和菜单中的图标一致，能直观代表要完成的操作	
9	错误信息的内容	内容正确、语义清晰、无错别字
10	父窗体的中心位置在屏幕对角线焦点附近	
11	主窗体的中心位置在屏幕对角线焦点附近	
12	子窗体位置在主窗体的左上角或正中	
13	多个子窗体弹出时应该依次向右下方偏移，以显示出窗体标题为宜	
14	重要的、使用较频繁的按钮要放在界面上醒目的位置	
15	界面长宽比接近黄金比例，不要长宽比例失调	
16	按钮大小基本接近	
17	不用太长的名称	
18	按钮的大小与界面的大小及空间协调	
19	字体的大小与界面的大小及比例协调	通常使用宋体，字号为 9～12
20	前景色与背景色搭配合理协调，使用柔和颜色，杜绝刺目的颜色	
21	界面风格要保持一致	字体、字号、颜色等相同

表 5-2　菜单的测试

编号	测试内容
1	菜单能正常工作，菜单标题与实际执行内容一致，无错别字
2	快捷键和热键无重复
3	快捷键和热键正常工作，与实际执行内容一致
4	菜单的字体、字号一致，无中英文混合使用情况
5	菜单和语境相关，对于不同用户或用户执行不同的功能时显示菜单不同
6	与当前进行的操作无关的菜单应该被置为灰色
7	鼠标右键菜单操作，测试内容同以上
8	菜单采用"常用-主要-次要-工具-帮助"的顺序排列，符合 Windows 风格
9	下拉菜单根据菜单的含义进行分组，并按照一定的规则排列，用横线隔开
10	菜单深度一般要求最多控制在 3 层以内
11	菜单前的图标大小适合，与字高保持一致
12	主菜单数目合适，应为单排布置

表 5-3　控件的测试

编号	测试内容
1	界面控件风格一致，符合 Windows 风格
2	控件摆放对齐、间隔一致
3	控件没有重叠区域
4	无错别字、无中英文混合、文字无全角和半角混合使用情况
5	控件的字体一致，大小适宜
6	控件显示完整，不被裁切，不被重叠

表 5-4　公司产品标识的测试

编号	测试内容	
1	安装界面上有公司的图标、介绍，有产品介绍	
2	主界面和大多数界面上最好有公司的图标	
3	登录界面上有产品的标志，同时包含公司的图标	
4	选择"帮助"->"关于"命令可看见版权信息，可看见产品的信息	
5	公司的系列产品要保持一致的界面风格	背景色
6		字体
7		菜单排列方式
8		图标
9		安装过程
10		按钮用语

5.2.2　易用性测试

易用性测试(Usability Testing)又称为可用性测试，是从软件使用的合理性和方便性等角度对软件系统进行的测试，用来检查用户学习、操作和理解软件的难易程度。例如，软件安装的简便性、操作的灵活性、界面的友好性等。ISO/IEC 9126-1 将易用性定义为："在特定使用情景下，软件产品能够被用户理解、学习、使用以及能够吸引用户的能力"。通过易用性测试能够保证软件系统适合于不同特点的用户，面向所有可能的使用者，包括为残疾人和有缺陷的人提供使用软件产品的有效途径和手段。

易用性测试的主观性较强，而且随着具体产品或项目的特征不同而有很大差异。例如手机软件和一般 Windows 程序的软件易用性差别很大，即使对同一个软件，不同的用户也有不同的感受。易用性的影响因素很多，因此在不同的测试内容中或多或少都存在着对软件易用性的考虑。但是，由于用户最终要通过软件界面来使用软件系统，因此一般情况下易用性测试与界面测试会安排在一起进行。表 5-5 和表 5-6 是一些通用的软件界面易用性测试内容，实际测试时可以归并到相应的界面测试内容中。

表 5-5　控件易用性测试

编号	测试内容	
1	按钮名称易懂，用词准确，与同一界面上的其他按钮易于区分	
2	常用按钮支持快捷方式	
3	相同或相近功能的按钮用 Frame 框起来，并有标题或功能说明	
4	集中放置完成同一功能或任务的元素	
5	应当把首先输入数据和具有重要信息的控件安排在 Tab 顺序中靠前的位置，并放在窗口中较醒目的位置	
6	选项卡控件支持在页面间快捷切换，常用的快捷键为 Ctrl+Tab	
7	默认按钮要支持"回车"即选操作	
8	选择常用功能或数值作为默认值	
9	单选按钮、复选框、列表框、下拉列表框的内容或条目较多的时候	按选择概率的高低排列
10		按字母顺序排列
11	单选按钮和复选框按钮有默认选项	
12	界面空间较小时使用下拉列表框而不用单选框	
13	选项条目较少时使用单选按钮，相反使用下拉列表框	
14	专业性强的软件要使用相关的专业术语，通用性界面则提倡使用通用性术语	
15	不同界面的通用按钮的位置保持一致	
16	常用按钮的等价按键保持一致	
17	对可能给用户带来损失的操作最好支持可逆性处理	
18	对可能造成等待时间较长的操作应该提供取消功能，并显示操作的状态	
19	根据需要，程序能自动过滤输入的空格	

易用性测试也应当包括对软件联机帮助功能的测试，相应的主要测试内容如表 5-7 所示。由于测试人员经常将主要精力放在测试软件的各部分功能上，因此联机帮助测试经常会被忽略。用户在使用软件的过程中如果碰到问题，经常会第一时间从联机帮助中寻找解决办法。为了方便起见，用户说明书等内容也经常被编译到联机帮助中。因此，需要从用户的角度检验联机帮助使用的方便性、可靠性和准确性。

表 5-6　菜单易用性测试

编号	测试内容	
1	常用菜单项要有快捷键	
2	菜单项前的图标能直观代表要完成的操作	
3	一组菜单的使用有先后要求或有向导作用时，按先后次序排列	
4	没有顺序要求的菜单按使用频率和重要性排列，常用的和重要的放前面	
5	主菜单要求：	宽度要接近
6		字数一般不多于 4 个
7		每个菜单项的字数最好能相同
8	工具栏可以根据用户的需求进行定制	
9	相同或相近功能的工具栏放在一起	
10	工具栏的图标能直观代表要完成的操作	
11	状态条能显示用户切实需要的信息。如果某一操作需要的时间较长，还应该显示进度条和进程提示	
12	滚动条的长度根据显示信息的长度或宽度及时变换	
13	菜单和工具栏有清楚的界限	
14	菜单和状态条通常使用 5 号字体	

表 5-7　联机帮助测试

编号	测试内容
1	操作时提供及时调用系统帮助的功能，常用 F1 键来调用
2	调用帮助时要有及时性和针对性，能及时定位与操作相应的帮助信息
3	最好提供目前流行的联机帮助格式或 HTML 帮助格式
4	可使用关键词在帮助索引中搜索帮助内容，也可以通过帮助主题词进行搜索
5	如果没有提供书面的帮助文档的话，要有打印帮助的功能
6	在帮助中提供软件的技术支持方式
7	软件升级后，软件变动部分的内容要在帮助文档中做出一致性修改

5.3　性能测试

　　随着软件应用的普及，软件性能越来越受到人们的关注。软件功能的正确性并不意味着其性能也能满足用户要求，例如网站页面如果总是需要长时间等待则会失去用户。一些医疗、交通等时间敏感性系统或实时控制系统甚至将一些软件性能指标作为强制性要求。性能测试是为了检测软件系统在特定条件下的性能表现，保证软件性能需求以及与性能相关的约束和限制条件得到满足，评估系统的处理能力，识别系统的瓶颈和弱点，并最终对系统性能进行优化。性能测试涉及较多的理论和技术内容，经常需要利用性能测试工具才能完成，测试操作和结果分析也比较复杂，因此属于软件测试中的高端领域，一般由专职的性能测试工程师或专门的性能测试小组来完成。

5.3.1　性能测试的分类

性能测试一般可以分为常规性能测试、负载测试、压力测试和容量测试，此外还包括稳定性测试、可恢复性测试和基准测试等。其中负载测试是性能测试的一种基本技术和方法，被广泛应用于常规性能测试、压力测试和容量测试。

1）常规性能测试

常规性能测试是在系统正常条件下进行的测试，是为了检测软件正常使用时是否满足用户的性能需求。也就是说，常规性能测试是让软件系统在正常的软硬件环境下运行，不向其施加任何压力的性能测试。有时为了使系统保留一定的性能余地，可以进行一些略超正常条件范围的测试。

所谓正常条件，一般指软件系统的合理配置，软件产品往往有最低配置和推荐配置两项指标，如 CPU、内存和硬盘的配置。低于最低配置的软件无法正常运行，符合或高于推荐配置的软件性能表现会很好。常规性能测试可以在推荐配置下运行软件，单机版软件可以检查 CPU 和内存使用率等指标，简单地通过任务管理器就能查看一些性能指标(如图 5-2 所示)；网络版软件可以通过单个用户操作，测试主要事务的响应时间和服务器资源的消耗情况。通过常规性能测试可以保证基本条件下的软件系统性能满足要求。

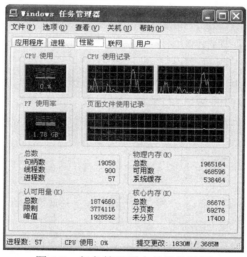

图 5-2　任务管理器中的性能监视

2）负载测试

模拟软件系统的负载条件，不断增加系统负载大小和改变系统负载加载方式，直到超过预期性能指标或者部分资源已经达到饱和。其目的是通过观察系统响应时间、数据吞吐量和资源占用率等指标，检验与负载有关的系统行为和性能特性，发现可能存在的问题。

3）压力测试

又称为强度测试，可以分为稳定性压力测试和破坏性压力测试两种。

- 稳定性压力测试是一种疲劳测试，是给软件系统施加很高的负载，使系统达到一定的CPU、内存等资源利用饱和度，然后长时间地连续运行系统以检验系统是否会出现错误，一般用于系统稳定性测试。

- 破坏性压力测试是指通过不断地向被测系统施加压力，直到使系统崩溃为止。其目的是发现系统能够承受的最大负荷，检验软件系统在用户使用高峰情况下的行为表现，以及评估系统是否具备良好的容错性和可恢复性。

4) 容量测试

容量测试是指通过特定的方法，检测系统能够承载的最大处理任务的极限值，例如能够处理的最大并发用户数、最大数据库记录数等。通过容量测试可以确认系统处理大数据量的能力，保证系统在计算资源达到满负荷的情况下，系统功能和性能仍然能够满足要求。容量测试还能验证系统在给定时间内能够持续处理的最大负载和任务量。

5) 稳定性测试

也称为可靠性测试，是指让系统在一定的环境和负载条件下持续运行一定的时间，观察系统是否达到要求的稳定性。IEEE 将可靠性测试定义为："系统在特定的环境下和规定的时间内无故障运行的概率"。这就要求测试前必须给出明确的系统稳定性指标，常见的指标有以下几种。

- MTTF(Mean Time To Failure)。对于不可修复系统，系统的正常运行时间指系统发生失效前的平均工作时间，也称为系统在失效前的平均时间或平均无故障时间。MTTF 越大，系统的稳定性越强。
- MTBF(Mean Time Between Failure)。对于可修复系统，系统的正常运行时间指两次相邻失效(故障)之间的平均工作时间，也称为系统平均失效间隔时间。MTBF 越大，系统的稳定性越强。
- MTTR(Mean Time To Repair)。又称为可修复产品的平均修复时间，就是从出现故障到修复完成之间的这段时间。MTTR 越短，表示可恢复性越好。

稳定性和可靠性是软件系统的固有属性，与软件包含的缺陷密切相关。任何软件系统都不可能达到完全的正确性。软件的可靠性无法精确度量，一般都是通过软件测试的方法进行评估。同时，通过稳定性或可靠性测试，还可以给出软件测试工作何时可以结束的一些依据。

6) 可恢复性测试

可恢复性测试是为了检测软件系统发生异常错误或灾难性错误后的恢复能力，例如部分软件或硬件损坏、系统断电、系统崩溃等，是对系统容错能力的一种测试方法。可恢复性测试一般通过各种人为的方法使系统软硬件出现故障，然后检测能否通过自动恢复或人工恢复的方法在规定的时间内使系统恢复正常。

可恢复性测试一般关注的是恢复系统所需要的时间和能够恢复的程度。容错性很好的系统应当能够快速从错误状态恢复到正常状态，错误的最终影响不至于对全局系统的运行产生恶劣影响，尤其是不能使关键业务数据无法恢复。配置硬件备份系统是一种常见的提高系统可恢复性的方法，例如通过使用两台服务器实现双机热备，当一台服务器出现故障时，可以由另一台服务器承担服务任务，从而在不需要人工干预的情况下，自动保证系统能持续提供服务。又比如，在配有负载均衡的系统中，当负载压力使得主机已无法正常工作时，备份机能够快速地接管多余负载。对于由系统自我完成的自动恢复，需要检验重新初始化、检查点、数据恢复和重新启动等机制的正确性；对于需要人工干预的系统恢复，还需要评估系统的平均修复时间以确定其是否在规定的时间范围内。

可恢复性测试一般包括以下测试内容：

- 硬件故障。测试发生硬件故障后系统是否具备有效的保护和恢复能力，例如是否具有冗余备份和自动服务切换能力。此外，还包括测试系统是否具有合理的故障诊断方法、及时的故障处理方法以及详细的故障记录与报告方法等相关能力。
- 软件故障。测试系统的程序和数据是否有可靠的备份措施，在故障发生之后能否正常恢复使系统继续运行。此外，还包括测试软件发生故障时系统能否有提示信息并指示处理方法，能否自动隔离局部故障以及对局部故障进行在线修复。
- 数据故障。主要测试数据在处理中途出现问题时，例如系统掉电、数据交换或数据同步出现问题后，系统能否恢复运行以及能够恢复的程度。如果数据故障与数据库相关，需要查证数据库一致性约束机制和数据处理的事务机制是否发挥作用，相关数据是否恢复到原来的状态。
- 通信故障。当出现网络传输等通信故障时，系统能否对错误进行纠正，能否恢复到故障前的运行状态，例如是否具备数据断点续传功能。此外，还包括测试通信故障的处理措施是否合理。

从以上内容可以看出，备份测试是恢复性测试的重要组成部分或是一种重要补充。在实际工作中，技术人员恢复系统时最为关心的是能否完好无损地恢复业务数据，可以从以下几个方面进行备份测试。

- 文件和数据的存储以及备份机制与功能是否健全。
- 系统备份工作的步骤是否合理与完善。
- 手工备份和自动化备份的有效性，包括对自动化备份"触发器"的检测。
- 备份日志是否准确、详细。
- 备份过程的安全性。
- 备份过程对系统性能的影响程度。

7) 基准测试

基准测试是在标准配置的软硬件以及网络环境下，模拟一定数量的虚拟用户完成一种或多种业务测试，并将测试结果作为基线数据。在系统优化或系统评测的过程中，通过运行相同业务并与基准测试结果进行比较，可以确定系统优化效果和是否达到优化目标。在对第一版软件做性能测试时，对于很多具体的性能指标还不是很清楚，此时的性能测试记录可以作为基准测试数据供后续版本进行性能改进。

每个版本在发布前都必须进行基准测试，在系统配置、环境等因素发生重大变更之前与之后都应当有基准测试，目的是创建性能基准，以便于判断任意一项变更对系统性能带来的具体影响，让一般性能测试数据更有实质参考意义。例如，通过比较后确定优化某一项配置后能提升系统哪方面的性能和能提升多少，系统某一方面历史数据的增长与性能响应的关系变化趋势，系统环境的变化对系统性能的影响。

5.3.2　不同性能测试类型的区别与联系

性能测试的类型和所包含的概念较多，测试内容之间具有一定的区别和联系。在实际性能测试工作中，一些测试类型会使用相同的测试环境和测试工具来完成测试，例如负载测试、压力测试和容量测试都可以使用 LoadRunner 来完成，所观察的也主要都是响应时间、吞吐量、资源占用率等系统性能指标，测试手段和方法具有一定的类似性，因此容易让人产生混淆。通过对比分析主要性能测试类型之间的异同，可以加深对性能测试的理解，避免产生概念混淆。

各种性能测试类型的主要区别是它们的测试目的不同。常规性能测试主要是为了获得系统在正常软硬件配置下的性能表现，然后考查这些性能数据是否满足用户所期望的各项性能指标，保证系统在常规运行状态下的正确性。因此，常规性能测试更多的是一种性能验证测试，测试前一般需要有明确的性能指标和推荐的运行环境配置标准。常规性能测试对负载没有特殊要求，也不着重去发现系统深层次的性能瓶颈等问题。

与常规性能测试类似，基准测试也不面向发现性能缺陷问题，而是为了建立典型负载水平下的性能基准，为今后的系统变更、系统调优提供参考依据。测试过程中有可能需要获得几种典型负载下的性能指标数据，以便于今后的综合对比与分析。

负载测试、压力测试、容量测试、稳定性测试和可恢复性测试的目的都是发现不同情况下系统中存在的问题。稳定性测试是为了发现系统持续运行时可能出现的问题，如内存未正常回收累积到一定时间后所出现的内存泄漏问题，由此确定系统无故障运行的平均时间或概率。可恢复性测试重点面向异常故障所暴露出的系统容错性问题，然后通过改进预防、诊断和恢复机制来提高系统的可靠性、容错性和健壮性。

负载测试更多地应当被看作性能测试中常用的一种技术和方法，因为负载是影响系统性能的一种主要因素。在众多的性能测试类型中，都或多或少会使用到负载测试技术。但是不能将负载测试等同于性能测试，影响系统性能的因素除负载外还有很多，例如系统软硬件配置、网络带宽和系统架构等，对于这些性能影响因素的测试也是性能测试的重要内容。通常谈到的负载测试是为了观察不同负载变化情况下的系统性能表现，以此发现一般功能测试不易发现的软件缺陷和性能问题。

压力测试可以看作一种特殊的、高负载情况下的负载测试，其实施过程自然离不开负载测试技术。压力测试与普通负载测试最主要的不同之处在于，压力测试是带有破坏性目的的测试，是通过各种方式想办法使系统崩溃，以此发现系统瓶颈，验证系统峰值负载下的行为和性能表现，评估系统的容错性和可恢复性。此外，高负载压力下的性能测试也能够有针对性地快速发现性能瓶颈和内存泄漏等问题。通过负载测试和压力测试都可以获得系统正常条件下的极限负载或最大容量。

容量测试是为了获得软件系统实际可以支持的容量值，例如最大并发用户数和数据库记录数等，以此确定软件系统在给定的软硬件条件下的承载能力或服务提供能力。容量测试与压力测试的明显不同是，容量测试关注系统能够持续处理的最大负载量，尤其是大数据量处理方面的承受能力，在持续处理过程中，系统的性能指标仍然需要满足用户的性能需求。而破坏性压力测试更多关注的是短时间峰值情况下系统是否仍然能够正常工作，不至于发生功能异常乃至崩溃。此外，压力测试有利于快速发现系统最薄弱的环节，通过有针对性地增强这一环节可以有效提高系统的可靠性；而容量测试有利于发现计算资源的不足之处，通过升级改造可以满足系统对多用户、多任务和大数据处理量的要求。

综合上述说明，负载测试、压力测试和容量测试的方法和手段很相似，在实际工作中可以通过合理设计与安排，将它们交织在一起进行以提高测试效率。

5.3.3　性能测试的指标与术语

性能测试中经常会用到一些性能指标和术语，它们主要可以分为资源指标和系统指标两大类，图 5-3 显示的是其中的一些主要指标。

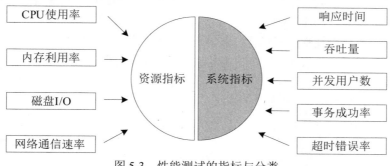

图 5-3　性能测试的指标与分类

1. 资源指标

(1) CPU 使用率

指用户进程与系统进程所消耗的 CPU 百分比，长时间情况下一般可接受上限不超过 85%。

(2) 内存利用率

内存利用率=(1－空闲内存/总内存大小)*100%，内存使用率可接受上限一般为 85%。

(3) 磁盘 I/O

磁盘 I/O 的数据传输速率和 IO 读写的响应时间都会对软件运行效率产生影响，一般使用磁盘读写操作所占用的时间百分比来度量磁盘 I/O 性能。通常可以通过缓存的方式将频繁访问的文件或数据置于内存中以提高软件运行效率。

(4) 网络通信速率

一般使用 Bytes/Sec(字节数/秒)来度量，用于判断网络连接速度是否是瓶颈。

2. 系统指标

1) 响应时间

响应时间是系统对用户操作的反馈时间，或者说是从客户端提交访问请求到客户端接收到服务器响应所消耗的时间。响应时间由客户端数据处理和发送时间、网络传输时间、服务器处理时间、服务器端发送数据时间、客户端接收数据和显示时间构成，简单说就是应用程序处理时间加上网络传输时间。

如果通过监视发现响应时间突然增加，则往往意味着系统的一种或多种资源的占用率已经达到极限。获得一项操作的响应时间需要测试和记录多次响应时间的数值，然后计算平均响应时间。但是一般不直接计算平均值，而是要去掉极不稳定的数值之后再取均值。比如常用的"90%响应时间"指的就是去除 10%不稳定的响应时间之后，剩余 90%稳定的响应时间的均值。

对于产品类软件，因为无法控制用户硬件配置和网络接入方式，因此服务器端的响应时间测试是重点，例如对 Web 服务器和数据库服务器响应时间的测试。可以模拟大量并发用户来测试服务器的处理速度和承载能力。当然，也应当测试典型用户配置下的用户端处理与显示速度，通过算法优化、Ajax 技术等方法来优化前端响应时间。一般网站页面的响应时间遵从 "2/5/10" 标准，即 2 秒以内的响应时间用户很满意，5 秒以内可以接受，超过 10 秒则用户无法忍受。

2) 吞吐量

吞吐量是指在单位时间内系统所处理的任务量或数据量的总和。从业务角度看，可以用服务请求数/秒、任务数/秒、页面数/秒等表示。例如对一台 Web 服务器来讲，其吞吐量可以看作单位时间内成功处理的页面数或 HTTP 请求数。从网络角度看，可以用 Bytes/Sec 来衡量。业务角度的吞吐量反映的是软件程序、应用服务器、通信状况等软件系统整体的性能，网络角度的吞吐量主要反映的是网络基础设施、应用服务器、服务器架构对系统处理性能的影响。对吞吐量的测试经常会用到以下两个指标。

- TPS(Transactions Per Second)，系统每秒处理的事务数量。事务是指客户端向服务器发送请求后服务器做出响应的过程。客户端在发送请求时开始计时，收到服务器响应后结束计时，以此计算使用的时间和完成的事务数。
- QPS(Queries Per Second)，系统每秒处理的服务请求数量。QPS 一般指一台服务器每秒能够响应的查询次数，是对特定的查询服务器在规定时间内所能处理流量多少的衡量标准。

当系统没有遇到性能瓶颈时，吞吐量和并发用户数之间存在下述关系：

$$吞吐量=(并发虚拟用户的数量 \times 每个虚拟用户发出的请求数量)/测试时间 \tag{5-1}$$

系统吞吐量的大小与很多因素有关，例如软硬件配置、网络状况、软件技术架构等。提高系统吞吐量的主要工作一般是改进和提高软件的技术架构，例如从 Web 服务器、数据库服务器、前端开发和脚本语言的选择等方面进行改进。

3) 并发用户数

并发用户数是指某一时刻同时向系统提交服务请求的用户数，也就是同一时刻与服务器进行交互的在线用户数。为了准确理解并发用户数的含义，首先需要理解以下几个概念。

- 在线用户数。某段时间内同时访问系统的用户数，这些用户并不一定同时向系统提交请求，也不一定执行相同的操作。通常每个在线用户都对应着服务器的一个会话(Session)作为该用户的标识。
- 虚拟用户。模拟真实用户向服务器发送请求并接收响应的软件进程或线程。
- 思考时间(think time)。用户每个操作后的暂停时间，或者叫操作之间的间隔时间或休眠时间。此时间内，用户没有对服务器产生运行压力。

从严格意义上讲，并发用户是同时执行某个操作的用户，或是同时执行相同脚本的用户，他们在同一时间完成同一任务或执行同样的操作。不严格讲，并发用户同时在线并操作系统，但可以是不同的操作，这种并发情况更接近用户实际使用情况。

但需要注意的是，并发用户数一般不等于在线用户数，因为某些在线用户并不总是在进行操作，或者更准确地说，这些在线用户并没有持续地与服务器产生交互，因而没有对服务器产生实际的压力。由此可以理解，在线用户数总是大于或等于并发用户数，在线用户数是整个系统使用时最大可能的并发用户数。当所有在线用户的思考时间为零时，并发用户数等于在线用户数。可以根据某一软件系统的特点和用户使用习惯，粗略地将并发用户数估计为在线用户数的某个百分比，例如 5%~20%。

在使用工具进行性能测试时，一般采用严格意义上的并发用户数，因为模拟多个用户同时执行相同的测试脚本更容易实现。此时的用户实际上是虚拟用户，测试执行过程中的并发用户数可以理解为生成的虚拟用户线程数或与服务器通信建立的连接数。

在实际进行性能测试时，测试人员一般关心的是业务并发用户数，也就是从用户业务使用角度关注究竟应该设置多少个并发数比较合理。所以为了方便起见，经常直接将业务并发用户数称为并发用户数。可以首先通过下面两个公式估算在线用户数，然后再根据计算结果估算并发用户数。

$$C = \frac{nL}{T} \tag{5-2}$$

$$\hat{C} \approx C + 3\sqrt{C} \tag{5-3}$$

上述两个公式中，C 是平均的在线用户数，n 是登录会话的用户数，L 是每个用户登录会话的平均时间长度，T 是测试的时间长度，$\hat{C}$ 是在线用户数峰值的估计值。式(5-3)假设用户登录会话符合泊松分布。

例如有一个 OA 办公系统，该系统有 3000 个用户，平均每天大约有 400 个用户要使用该系统。对于一个典型用户来说，一天之内用户从登录到退出该系统的平均时间为 4 小时，在一天时间内，用户只在 8 小时工作时间内使用该系统。根据式(5-2)和式(5-3)可以得到：

$$C = 100 \times 4/8 = 200$$
$$\hat{C} \approx 200 + 3 \times \sqrt{200} = 242$$

4) 事务成功率

单位时间内系统可以成功完成多少个已定义的事务，在一定程度上反映了系统的正常处理能力。

5) 超时错误率

主要指由于超时导致失败的事务数占总事务数的比例。

6) 点击率

每秒内用户向 Web 服务器提交的 HTTP 请求数，点击率是 Web 应用特有的系统指标。Web 应用采用"请求-响应"模式，用户每发出一次申请，服务器就要处理一次，所以点击是 Web 应用能够处理的最小事务单位。如果把每次点击定义为一个事务，点击率和 TPS 就是同一个概念。需要注意的是，这里的点击并非指鼠标的一次单击操作，因为在一次单击操作中，客户端可能向服务器发出多个 HTTP 请求。

5.3.4　性能测试的需求与目的

确定性能测试的需求是完成性能测试的前提，理解性能测试的目的有助于有针对性地分析性能测试需求，建立清晰和准确的性能测试指标。

1. 性能测试的需求

首先要明确的是，性能测试主要应当依据软件产品需求文档中所明确规定的各项性能指标来完成。只有具备明确的尤其是可量化的性能指标，才能保证性能测试工作的顺利完成。对于需求文档中并未指明的性能测试要求,需要测试工程师自己分析被测系统并确定性能测试指标。确定系统性能指标时,需要从所有软件项目参与者的角度考虑问题,分清他们各自关注的性能点是什么。可以从以下几个方面获取性能测试需求、确定性能测试指标。

(1) 对于软件产品经理来讲,主要关心的是软件性能要有竞争力。因此需要分析竞争对手的产品,确定更为出色的系统性能指标。同时需要考虑软件开发与维护成本,合理平衡性能与成本的关系。同时需要注意,如果特定软件已有国家或行业性能标准,则必须遵守这些标准。

(2) 对于软件产品市场人员来讲,比较关心软件的容量和吞吐量。因为上述指标决定了软件系统可以容纳的最大并发用户数、所能处理的最大业务量、能够记录和处理的最大数据量。

(3) 对于最终用户来讲,最为关心的是软件的使用效率。例如,系统的响应时间、某项功能的执行时间、与系统建立连接的时间以及软件页面的显示时间等。软件的使用效率是用户对软件性能最直观的体验,用户并不关心软件的后台工作。

(4) 对于系统管理员和系统维护人员来讲,主要关注以下需求:

- 应用服务器和数据库服务器的执行效率和资源使用情况是否合理。
- 系统软硬件是否能够方便地实现扩展以满足今后更高的系统性能要求。
- 系统最多能支持多少在线用户访问。
- 系统最大的业务处理量是多少。
- 网络带宽是否满足用户访问量。
- 系统可能存在哪些性能瓶颈。
- 系统是否具有完备的数据备份机制。
- 系统出现故障后如何及时处理。
- 系统能否支持 7×24 小时的连续业务访问。

(5) 对于设计和开发人员来讲,他们关注的系统性能主要有以下几个方面:

- 系统架构设计是否合理,例如,是集中式服务器还是分布式服务器集群。
- 数据库设计是否合理,例如索引是否满足用户增删改查的响应时间要求。
- 代码是否存在性能方面的问题,例如主要算法的性能是否满足要求。
- 系统是否有资源泄漏问题。例如,程序执行完毕后内存没有回收、数据库连接没有关闭等。系统持续运行一段时间后,随着资源泄漏越来越多,系统响应变慢甚至无法正常运行。
- 系统中是否存在不合理的线程同步和资源竞争问题。此类问题容易引起线程死锁,导致系统异常。

综上所述,性能测试的需求和测试指标的确定需要从所有软件参与者的角度,结合软件历史数据和经验,从软硬件配置、系统架构、网络状况、用户使用负载等多方面予以综合分析。

2. 性能测试的目的

性能测试的目的主要包括以下 4 个方面。

1) 验证系统的能力

系统的能力一般表述为:"系统在某种条件 A 下具备 B 性能"。例如:"系统在 100 个并发用户的情况下页面响应时间不大于 2 秒"。性能测试需要验证已定义的各项系统能力,特点是要求在已确定的、尽量与用户环境一致的测试环境下进行,需要根据典型业务场景来设计测试方案与测试用例。

2）识别软件系统的性能缺陷与弱点

通过负载测试、压力测试和容量测试等，确定软件系统的性能瓶颈，发现资源泄漏等影响系统稳定性、可靠性的软件缺陷。

3）对系统进行规划

验证系统的能力测试的是系统在某个条件下具备怎样的性能，而对系统进行规划体现的是如何使系统达到要求的性能指标，测试的目标是支持未来用户增长的需求。例如，如果要以 5 秒或更少的响应时间支持 2000 个并发用户，需要多少个服务器？规划测试着眼于未来系统的性能要求，是对系统能力的一种探索性测试，通过测试可以了解系统性能的可扩展性。

4）系统性能调优

性能测试的结果给系统性能调优提供了依据，通过持续地改进系统的软硬件，使系统达到最优的性能状态。调优的对象主要包括程序代码、数据库、应用服务器、系统资源等。

5.3.5　性能测试的过程

性能测试一般包括以下 4 个阶段。

1）性能测试的规划

- 分析性能测试需求。明确性能测试的目标和范围，确定测试对象、性能指标以及系统要承受的负载，选择适当的测试方法。
- 规划性能测试环境。测试环境应尽量与用户软硬件环境保持一致，应单独运行被测软件，尽量避免与其他软件同时使用。
- 选择合适的性能测试工具。
- 制定和评审性能测试计划。

2）性能测试的设计

- 根据业务流程和功能确定主要性能测试场景，基于确定的场景设计性能测试点(例如对包含海量记录的数据库表的访问)，确定具体测试数据。
- 设计测试用例。利用性能测试工具和程序语言开发性能测试脚本，同时确定测试用例执行通过的标准。

3）性能测试的执行

- 建立测试环境。
- 建立负载模型，确定并发虚拟用户数、用户每次服务请求的数据量、负载加载方式和持续时间、用户思考时间等测试参数。
- 利用性能测试工具执行测试用例，监视关键性能指标。
- 记录和收集测试结果数据。

4）测试结果的分析

- 根据对性能指标的要求分析测试结果，当不满足要求时，找出性能瓶颈等问题所在，进行系统调优，重新调整和执行测试用例，最终得到系统最佳配置。
- 当测试结果满足系统性能需求时结束测试，完成对测试结果数据的统计分析，生成性能测试报告。

5.3.6 负载测试

软件系统的负载有很多形式，例如用户与系统的连接数、用户服务请求的数据量、用户上传或下载文件的大小、用户操作数据库表的记录数等。此外，用户使用系统时操作的频繁程度以及所使用的具体软件功能(例如，是浏览网页还是播放视频)，都会对系统的负载量产生影响。系统负载越大，系统的性能一般降低得越多。

1. 系统性能与负载的关系

负载测试的特点是通过逐步增加系统的负载量，检测软件系统或具体被测对象在不同负载状况下所能达到的能力和性能水平。例如，通过增加并发用户的数量来检测系统响应时间、吞吐量和资源利用率等性能指标的变化情况；通过增加文件大小、数据库记录数等检测系统数据处理的能力和效率。通过逐步增加负载，最终确定在满足系统功能正确性的前提下，系统所能承受的最大负载量。负载测试是一种性能测试方法和手段，通常在压力测试和容量测试中被采用。

图 5-4 显示了标准的软件系统负载性能模型，该模型反映了系统负载与系统资源(如 CPU、内存等)占用率、系统吞吐量和响应时间这三种常用性能指标的关系，分别以三条曲线表示。图 5-4 中的横坐标从左到右表示以并发用户数为代表的不断增长的系统负载量。

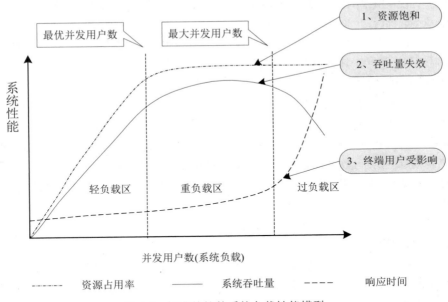

图 5-4 标准的软件系统负载性能模型

从图 5-4 中可以看出，随着并发用户数的增长，系统需要处理和能够处理的任务越来越多，因此资源占用率和系统吞吐量会相应增长，但是响应时间变化不大。接下来，当并发用户数增长到一定程度后，所占用的系统资源达到饱和，资源占用率不再上升，系统吞吐量的增长明显放缓直到停止增长，而响应时间却逐渐延长。如果并发用户数再继续增长，系统资源占用率将继续维持在饱和状态，但是吞吐量开始急速下降，响应时间明显变长。

根据系统负载和性能关系的上述表现，可以在图 5-4 中划分三个区域，分别是轻负载区、重负载区和过负载区。轻负载区和重负载区交界处的并发用户数被称为"最佳并发用户数(The Optimum Number of Concurrent Users)",而重负载区和过负载区交界处的并发用户数被称为"最大并发用户数(The Maximum Number of Concurrent Users)"。最佳并发用户数和最大并发用户数可以看作系统的两个重要性能拐点。

当系统的负载量小于或等于最佳并发用户数时,用户对系统响应时间最为满意,用户体验度最好。当负载量等于最佳并发用户数时,系统的整体使用效率最高,系统资源被充分利用,吞吐量的大小也处于合理程度。当系统处于重负载区时,系统仍然可以继续工作,但是响应时间延长,用户满意度开始降低。当系统处于过负载区时,由于用户无法忍受超长的响应时间,一些用户最终会放弃使用系统。此时,由于负载量超过一定的阈值,系统会发生过度资源竞争并产生拥塞现象,系统吞吐量也会随之快速下降,一些任务由于无法获得计算资源而产生停滞甚至失败,可能给用户业务处理带来一定的损失。因此,一般应当限制系统负载超过最大并发用户数,例如一些中小型视频网站会限制最大在线用户数,保证已有在线用户观看视频的效果。

2. 负载测试的步骤

负载测试的过程一般包括以下步骤。

1) 确定用户角色及其使用的关键业务

站在使用者的角度分析都有哪几类用户角色,每一种用户的主要业务操作流程以及涉及的关键业务。对关键业务的分析是负载测试的重要环节,也是设计负载测试场景和用例的基础。例如对于在线视频点播系统来讲,关键业务就是视频播放,因为负载量是影响网站性能的关键所在。另外对于视频的搜索和浏览功能也可视为关键业务,因为它们是用户频繁使用的功能。充值缴费等功能对网站负载和性能的影响不大。

2) 制定负载测试方案并设计测试场景

主要用户对关键业务的操作流程构成了负载测试的典型场景。为了模拟测试典型场景下的系统性能,需要确定并发虚拟用户的数量、负载的加载方式与持续时间、用户服务请求的数据量和频率等。同时,需要确定监视和记录哪些系统性能指标。

3) 准备测试环境与测试工具

准备负载测试的软件、硬件和网络通信环境,收集负载测试仿真数据。负载测试一般需要借助性能测试工具来完成,通过工具模拟大量并发用户、调整负载加载模式以得到不同的性能测试数据。

4) 开发测试脚本

一般可以通过测试工具录制关键业务的操作过程,经过修改后形成测试脚本。

5) 执行测试

设置负载测试输入参数,执行测试脚本,监视与记录相关性能指标数据。

6) 测试结果分析

关注性能需求指标,发现系统性能瓶颈。测试结果不满足测试要求时,及时修改和补充测试用例,调整测试环境和策略,做到全面和准确地反映系统各方面性能。

3. 负载的加载方式

负载测试中的负载加载方式主要有以下几种,可以根据具体测试内容进行选择。

1) 一次性加载

在测试时间段内一次性加载一定数量的虚拟并发用户，模拟用户在某一时间段内集中使用系统的情况，可以测试系统在稳定高负载情况下的性能表现。

2) 递增加载

属于一种均匀加载负载的方式。每隔一定的时间增加一定数量的虚拟用户，使并发用户的数量不断增加。通过这种加载方式可以发现性能瓶颈、准确定位性能拐点，从而确定合理的负载区间、负载极限以及响应时间和吞吐量的阈值。

3) 高低突变加载

属于一种峰值交替加载方式。负载按照一定时间周期交替出现极高负载量和极低负载量，通过这种负载加载方式便于发现资源释放和内存泄漏方面的系统缺陷。

4) 随机加载

负载量随机动态变化，用于模拟用户使用系统的实际情况，测试系统的常规性能以及持续运行情况下的稳定性和可靠性。

5.3.7 压力测试

在正常负载条件下，软件系统的一些稳定性隐患、功能和性能隐患不易暴露出来。压力测试就是使系统承受异常负载，检验被测系统在何种条件下性能变得不可接受，以此快速发现系统在负载峰值、大数据量长时间处理情况下的性能表现，找出系统的性能瓶颈。异常负载主要包括以下几种情况。

- 超大数量的在线用户、并发用户，或是连接了企业应用中最大数量的客户端。
- 所有在线用户持续运行某些相同的系统功能。
- 已达到最大被允许的数据库连接数，并且用户同时产生多个数据库事务。
- 异步数据采集的中断频率远远超过正常频率。
- 短时大数据量的系统文件、磁盘、外部设备输入输出。

压力测试可以被看作负载测试的一种特殊情况，也可以被认为是采用了负载测试技术的一种高负载测试。而所谓压力，主要反映系统的计算资源是否已经达到一定的饱和度。因此，压力测试一般是在很高的系统资源占用率下进行的。例如，测试时使 CPU 使用率和内存占用率都达到 80%以上，数据库的连接数和网络带宽的占用率等也可以作为压力测试的依据。

压力测试包括稳定性压力测试和破坏性压力测试两个方面。

稳定性压力测试需要使系统在高负载情况下连续运行，如果系统能够在高压力的情况下稳定运行，那么普通负载情况下就能够达到令用户满意的稳定程度。内存泄漏等资源回收问题具有累积效应，微小的资源泄漏问题只有积累到一定程度时系统相关问题才会表现出来。稳定性压力测试有助于发现上述问题。

破坏性压力测试是指模拟巨大的系统负载，检验系统在峰值使用情况下是否仍然能够正常工作，发现系统的极限承载量，避免软件系统出现崩溃或死机的极端情况。稳定性压力测试很难暴露出系统性能明显恶化的真实原因，破坏性压力测试通过给系统不断施压直至系统崩溃，可以快速地将问题原因明显暴露出来。此外，通过破坏性压力测试还可以检验系统的可恢复能力。

　　压力测试的最大负载值可以根据需求说明中已定义的系统最大容量来确定，也可以根据前期项目的实际运行经验来估算，例如在正常负载值的基础上再增加一半至一倍的负载。为了重现和准确定位压力测试中出现的问题，一般需要在程序中设置必要的跟踪和记录机制(例如程序运行日志)。这样就可以方便地获知问题出现的准确时间，检查系统出现问题时的各种运行参数和状况，找到造成系统崩溃的关键原因，避免因难以重现问题给调试和修改造成困难的情况发生。

5.3.8　容量测试

　　我们先来看一个需要进行容量测试的典型例子。高速公路收费系统需要从数据库中统计年、月、日、收费班次的金额、收费人员、出入口车道等收费总体情况，给出相应的统计报表。随着收费数据的高速大量积累，数据容量必然对数据库增删改查的效率产生影响。那么当数据库记录数达到怎样的容量时，报表生成的时间会无法满足用户要求甚至出现问题？例如，收费人员每天 3 个班次，每个班次工作 8 小时，当换班时需要在规定的时间内生成收费班次金额统计表，经确认后才能完成正常交班。同理，需要了解数据库记录数大小在何种范围内，记录一次收费数据的延时时间不至于对下一车辆的及时收费产生影响。上述问题都需要经过容量测试予以明确，如果发现不满足需求的情况，需要调整数据库配置，改变索引数量、类型等数据库设计，制定更为合理的数据转存备份计划。

　　通过容量测试可以确定软件系统的承载能力和服务能力，如最大并发用户数和数据库记录数等，基本的要求是系统在容量范围内可以正常工作，更高的要求是在容量范围内系统的各项性能指标仍然能够满足用户性能需要，不至于对用户的使用效率产生影响。系统在达到最大容量时，资源的利用率已经饱和，出现饱和点。如果超过饱和点，系统各方面性能会显著开始恶化，错误率激增。容量测试的目标是保证找出系统饱和点并避免系统负载超过饱和点。

　　与压力测试不同的是，容量测试主要检验系统处理大数据量的能力，往往被用于数据库测试，不涉及时间。而压力测试主要是使系统承受速度方面的超额负载，例如短时间内的高峰负载，对系统稳定性的压力测试也需要预先给出持续测试的时间。

　　下面给出一些常见的容量测试的测试点。

- 大数据量的文件、数据库读写操作，数据量大到何种程度接近系统处理极限。
- 对大数据量执行操作，是否会发生超时或故障。
- 确定数据缓冲区的最大容量。
- 数据临时存储媒介的限定范围。
- 一次性数据传输的容量，数据是否会丢失。
- Web 应用系统能够支持的最大在线用户数、并发用户的最大访问量。
- 电子商务网站能承受的、同时进行交易的在线用户数。
- 编译系统能够处理的最大源程序量。
- 数据采集系统的最大采样频率。

　　通过容量测试可以使开发方和用户清楚地了解系统的最大容量，避免执行大数据量处理时系统失效、数据丢失、性能不满足用户要求等情况的出现，增强软件开发方和用户对软件产品的信心，同时也可以帮助开发方寻求新的技术解决方案和系统升级改造方案，帮助用户经济地规划应用系统，优化系统的配置与部署。

5.4 兼容性测试

兼容性测试验证软件在不同的硬件平台、软件平台、网络环境中能否正常工作，以及验证软件不同版本之间、不同软件之间是否能够正确地交互和共享信息。概况来讲，兼容性测试包括硬件兼容性测试、软件兼容性测试和数据兼容性测试三个方面。

5.4.1 硬件兼容性测试

有一个例子可以说明硬件兼容性测试的重要性。1994 年圣诞节前夕，迪士尼发布了一款儿童游戏"狮子王童话"，大量家长购买该款游戏作为给孩子的圣诞礼物。但是迪士尼公司从圣诞节第一天开始就不断地接到孩子们的哭诉和家长们的愤怒指责，因为很多人总是不能成功地安装游戏。最后找到的原因是，产品发布前没有对各种 PC 机型进行完整的兼容性测试，只在少数 PC 机型上进行了相关测试。

不同的硬件配置会影响软件的性能，甚至导致软件运行结果不同或根本不能工作。硬件兼容性测试也就是硬件配置测试，主要包括以下几个方面。

- 整机兼容性测试。验证软件在最低配置和推荐配置下功能和性能的正确性与合理性，以及验证软件系统在多种硬件配置环境下的功能和性能表现是否满足需求。
- 外部设备兼容性测试。通过检查硬件驱动程序、板卡、硬件接口类型等，确保软件可以适用于各种主流外部设备。

硬件兼容性测试应当检查出软件对硬件环境有无特殊要求，软件和硬件配合后能否发挥应有的效率。另外需要注意的是，兼容性测试不同于配置测试。配置测试的对象是硬件，而兼容性测试主要测试的是软件兼容性，硬件兼容性只是测试内容之一。

5.4.2 软件兼容性测试

软件兼容性测试是兼容性测试的主要内容，其中又包括以下一些测试内容。

1) 操作系统/平台的兼容

并不是所有的软件都具有平台无关性，因此需要测试软件与 Windows、Linux、UNIX 等操作系统的兼容性，以及与 J2EE、.NET 平台的兼容性。由于操作系统和平台软件的版本众多，因此测试时一般在考虑操作系统普及程度的情况下加以取舍。

2) 软件之间的兼容

不同软件之间也存在着兼容性问题,需要测试软件与驱动程序等第三方支撑软件的兼容性。此外,还需要考虑 Web 服务器、应用服务器和数据库服务器软件的兼容性,例如测试 Linux 8.0、WebSphere 4.0 和 Oracle 10i 之间是否能够兼容配合,又例如测试同一个数据库系统是否能够同时支持几个不同版本的软件。

3) 数据库的兼容

测试软件对 Oracle、MySQL、SQL Server 等数据库的支持能力，如果改变数据库软件，被测软件是否可以直接运行？是否需要大量修改程序或者提供必要的转换工具？还需要测试新版软件系统的数据库是否能够兼容以前版本数据库中的数据，这就要求软件升级时不能轻易删除和改变数据库中的表和字段，在设计数据库时要有一些保留字段，以便于后续版本中对数据库进行扩展。

4）不同浏览器的兼容

Web 应用中，软件与客户端浏览器的兼容性是测试的重点。不同厂家的浏览器对 Java、JavaScript、ActiveX、Plug-Ins 和 HTML 规格的支持各不相同，造成网页在不同浏览器中的表现不一样，甚至在某些浏览器中无法正常显示和操作。由于浏览器产品数量众多，同一种浏览器的版本不断升级，浏览器和客户端操作系统的组合数量庞大。因此，测试时一般按照类似表 5-8 的客户端配置兼容性矩阵，重点选择用户最常见的配置组合进行测试。

表 5-8　Web 客户端配置

	IE8	IE10	Microsoft Edge	Firefox	Chrome	Opera
Windows XP	√			√	√	√
Windows 7		√		√	√	√
Windows 10		√	√	√	√	

确保软件在各种主流浏览器的各个版本中都能正常工作是件很费时的事情，幸运的是有很多优秀的工具可以帮助测试浏览器的兼容性。例如，如图 5-5 所示的 SuperPreview 是微软的网页开发调试工具，可以同时查看网页在多个浏览器中的显示情况，对页面排版进行直观的比较。

图 5-5　浏览器兼容性测试工具 SuperPreview

5）显示分辨率的兼容

软件对计算机显示分辨率的兼容是很重要的，因为无法确定用户采用何种分辨率，但是可以通过调整软件使其适应用户设定的各种分辨率。

如果在软件需求规格说明书中已经规定了一些建议的软件分辨率，测试时可以针对这些推荐的分辨率进行测试。常见的分辨率包括 1024×768、1280×1024、1440×900 等，需要保证软件在常用分辨率下页面显示完整、无界面变形与遮挡、数据显示齐全、字体大小符合要求。

对于没有明确推荐的非主流分辨率，也需要在测试完主流分辨率的前提下，尽可能多做一些分辨率兼容性测试，尽量提升大多数用户的感受。

6) 软件不同版本之间的兼容

同一软件具有不同的版本，新版本的软件是否能够使用早期版本编辑的文件？新版本中新出现的功能是否能被早期生成的文件使用？这些都属于版本兼容性测试的内容。如果被测软件本身就是平台软件，那么需要测试原始平台上的软件在该平台软件上是否仍然能够正常运行。例如 Windows 的很多版本中仍然保留了对早期 DOS 程序的支持，在 Windows 桌面的"开始" | "运行"中输入 cmd 指令就可以看到老式的控制台界面。

测试软件版本兼容性问题时，需要考虑版本向前或向后兼容的问题。

- 向后兼容是指新版本的软件可以使用以前旧版本软件产生的数据。
- 向前兼容是指设计和开发新版本软件时，考虑对后续版本软件数据的兼容。

显然，软件的向后兼容是必需的，否则用户前期的数据将无法被利用。向前兼容不是强制性要求，如果已经预先规划了后续版本的一些新的数据格式，则可以在当前版本软件中提前予以支持。XML 的广泛使用很大程度上解决了程序间数据的兼容性问题，它提供了一种统一的方法来描述和交换独立于程序和供应商的结构化数据，支持跨平台的信息交互，同时也是处理分布式结构化信息的有效工具。

5.4.3　数据兼容性测试

数据兼容性是指软件对不同数据格式是否能够兼容，不同软件之间能否正确地交互和共享信息。测试内容一般包括以下一些方面。

- 测试软件对不同格式的数据是否都能正常操作和显示，例如 BMP、JPEG、GIF 等不同格式的图像文件，以及不同格式的音频和视频文件等。
- 与其他软件之间复制和粘贴文字是否正确。
- 旧版本的数据在新版本软件中是否能够打开。
- 新版本的文件是否能在旧版本软件中打开。
- 与同类型软件或相关第三方软件之间是否可以进行数据交换或数据共享。
- 数据存储格式是否符合标准。
- 信息是否能以 XML 等标准的方式进行交互。
- 系统是否能够实现对规定格式数据的导入和导出。

5.5　其他测试

5.5.1　安装与卸载测试

安装是用户使用软件的第一步，软件的安装方式多种多样，除了常见的客户端软件安装、软件升级、程序打补丁、程序插件安装外，还包括更为复杂的软件系统部署。

用户大多是非计算机专业人士,因此需要通过测试保证安装和卸载过程的正确性和灵活性。安装和卸载测试看似简单,因此很容易被忽视,但是实际上包含很多非常细致的测试内容,需要注意以下几个方面。

- 安装操作过程与用户安装手册中的内容一致,在安装说明中明确给出了对安装环境的限制和要求,例如给出最低配置和推荐配置。
- 安装过程具有很强的用户引导性,便于理解和掌握,尽量屏蔽复杂的技术信息与操作,尽可能实现安装过程的自动化,能够使用户简单、正确地完成系统配置。
- 除提供典型安装外,还支持自定义的灵活安装,如选择和改变安装目录,支持熟练用户的各种高级安装选项。能够自动判断安装过程中可能出现的问题,给出明确的提示信息。安装过程中可以终止并且恢复现场。
- 卸载测试要保证系统能够恢复到未安装软件之前的状态,相应的注册表项、目录、文件和快捷方式都被清除,软件卸载后不影响其他软件的使用。

表 5-9 是较为通用的安装与卸载测试检查表,可以在实际工作中予以参考。

表 5-9　安装与卸载测试检查表

种类	检查项	检查内容
安装测试	初次正常安装	包含正规的最终用户许可协议、商标、公司标识
		软件序列号的有效性
		典型安装、完全安装、最小安装、自定义安装的分类安装是否有效
		安装导航的步骤及其各个界面正确,安装过程是否可回溯
		笔记本电脑软件安装
	其他安装形式	软件升级、补丁程序、程序插件、修复性安装的正确性
	异常安装	取消安装,是否可以停止并退出安装程序,系统恢复原状
		在一台机器上重复安装软件,系统是否能提示
		突然中断安装过程(如关机、断网、断电),下次安装时能否继续上次的安装过程
		能否同时安装软件的多个版本
		安装时磁盘空间不足
	安装后检查	安装目录、文件、注册表、开始菜单、快捷方式、软件配置项正确
		软件可以正常打开和使用
		试用版软件的限制措施是否生效
卸载测试	完全卸载	程序文件、注册表等软件信息能否完全被删除,不影响其他软件
	部分卸载	选择部分软件进行卸载,是否能够卸载成功
	卸载方式	软件自带的卸载程序、控制面板卸载等卸载方式的正确性
	异常卸载	突然中断卸载过程,下次卸载能继续上次的卸载过程
		卸载正在使用的软件

5.5.2　安全性测试

安全性测试是针对软件安全性需求和设计的验证和确认活动。软件系统安全的重要性不言而喻，在软件需要分析和设计时就应当予以重点考虑。即使对于需求中没有明确说明的安全性问题，也应当在测试过程中进行充分考虑，尽可能发现系统潜在的安全隐患。

ISO 8402 将安全性定义为"使伤害或损坏的风险控制在可接受的水平"。系统安全与非法攻击是矛盾的关系，理论上不存在完全安全的软件系统。一般所说的"软件系统是安全的"是指，攻破一个系统的代价要远远高于攻破该系统后获得的利益，或者说在现有条件下攻破一个系统时由于时间消耗过长(例如破解密码需要一百年)变得实际不可行。

安全性测试的目标是测试软件系统的安全机制，保证系统运行和使用的安全性，侧重于对用户数据、软件使用权限和数据通信传输安全性的测试。在安全性测试中，测试人员需要设计各种攻击系统安全保密措施的测试用例。安全性测试可以分为以下两个层次。

- 系统级别的安全性。确保系统访问控制权限的正确性和有效性，保证授权用户才能使用系统和应用程序。
- 应用程序级别的安全性。确保用户使用权限的合理划分，特定用户只能使用授权范围内的系统功能和数据。

安全性测试一般采用静态分析和功能测试相结合的方法去发现软件安全漏洞，测试时重点考虑以下问题。

- 网络安全。
- 系统软件安全。
- 客户端应用软件安全。
- 服务器端软件系统安全。
- 客户端到服务器端通信安全。
- 文件与数据的完整性检查。

表 5-10 是通用的安全性测试检查表，可以在实际工作中予以参考。

表 5-10　安全性测试检查表

检查项	检查内容
用户认证	系统具有不同的用户使用权限
	用户权限可以进行灵活设置和更改
	用户登录密码是否可见，是否具有密码安全强度校验
	是否可以通过绝对路径进入系统，例如通过复制登录后的链接直接进入系统
	是否可以使用后退键而不通过输入口令进入系统
	用户注销退出系统后，是否删除了其所有权限标记并回到起始登录界面
	禁止以同一用户名和密码在多个终端上同时登录访问系统
	用户登录后，只能获得其授权范围内的功能和数据
	是否有超时限制，超时后软件自动回到登录界面
应用安全	关键信息是否采用加密技术
	远程服务的安全控制
	文件完整性检查
	重要系统和操作信息是否写进了日志，能否有效追踪

（续表）

检查项	检查内容
网络安全	有线和无线的物理连接是否安全
	是否安装了合适的防火墙、防病毒软件、补丁程序
	重要传输信息是否已加密，可正确解密接收到的信息
	利用网络漏洞检查工具扫描网络
	模拟各类非法攻击，检查系统防护措施的牢固性
数据库安全	检查系统数据的独立性、机密性和完整性
	检查系统数据备份和可恢复能力
系统软件安全	操作系统、数据库、中间件等系统软件是否为开源或免费软件，是否匹配安全需求
	是否能够及时获得系统软件安全性方面的补丁

5.5.3 容错性测试

容错性测试(Fault Tolerance Testing)检查软件系统在异常条件下是否具有保护性措施或故障恢复能力。容错性好的系统能够正确校验用户的错误操作，给出明确的提示与引导，并且能够在系统出现故障的情况下恢复系统。因此，容错性测试包含以下两个方面的测试内容。

(1) 测试异常输入数据或异常操作时，系统是否能够给出提示或内部消化而不引发错误，检验系统的自我保护能力，测试的是软件功能层次的容错性。

(2) 测试系统故障或灾难后的可恢复性，检验的是软件系统整体层次的容错性。

上述第二个方面的内容也就是可恢复性测试，在本章前面已经进行了介绍，这里不再赘述。不同于可恢复性测试的是，容错性测试还包括上述第一个方面的负面测试内容。负面测试也称为例外测试，是根据测试人员的经验，从用户非正常使用软件的角度测试可能的非法输入数据或异常操作。黑盒测试等价类划分法中的无效等价类就是一种典型的负面测试，用于验证无效输入数据情况下程序的容错处理能力。

对于非法数据和操作的校验往往是软件输入界面程序代码的主要内容，有时校验代码量甚至高达 70%。由于校验项目越多、越细致，代码开发与测试的开销越大，有时也会对性能产生一定的影响(例如嵌入式软件的容错性数据校验)，因此在设计软件时就需要考虑容错性、性能和成本之间的平衡问题。下面列举了一些在进行容错性测试时一般需要考虑的负面测试的例子。

- 数据格式校验。对身份证、邮政编码、邮箱、电话等数据格式的正确性进行校验。对日期等数据系统往往有允许接受的格式要求，通过校验避免非法格式输入。
- 数据类型校验。例如在日期等数据类型字段中输入字母等，因此对有限条目的数据尽量采用下拉列表方式输入数据。
- 输入域空白或只输入空格。
- 对文字输入域中已输入文字长度的校验。
- 对起始和终止时间合法性的校验。起始时间在终止时间之前，时间长度符合规定。
- 对特殊字符的校验。输入数据中包含%、'、/、\、#、&、*、>、<等特殊字符时，是否会引发系统错误，是否能够进行有效的字符过滤。
- 上载的文件类型和大小是否符合要求，比如可接受的图像格式、文件类型和大小。

- 系统无法支持的操作。例如未安装打印机时的打印操作，磁盘空间不足时的存储操作等，是否有相应的提示信息。
- 异常条件下的操作。例如网络状态不佳或断网情况下与信息传输相关的操作，是否有相应的提示信息。

5.6 Web 测试

本章前面已经对功能测试和非功能测试进行了详细的介绍，为了便于综合理解，本节以 Web 测试为例，从功能、性能、可用性、兼容性、安全性等主要方面说明如何对常见的 Web 应用系统进行功能与非功能测试。

1. 功能测试

Web 测试中的功能测试主要包括以下几个方面。

(1) UI 测试，包括如下：

- 整体界面测试。检查整个 Web 应用系统页面结构的合理性、设计风格的一致性，使用户感觉舒适，并且能够很自然地去使用该系统。
- 导航测试。导航一般位于页面顶部或左边区域，引导用户使用网站主要功能。导航要直观易用、帮助信息准确、风格一致，必要时提供站点地图和站内搜索功能。
- 图形测试。保证页面背景、颜色、字体、图片、动画和按钮等图形界面元素风格统一、格式一致、用途明确。
- 内容测试。检验页面内容信息的正确性、准确性，能根据当前内容找到相关内容。

(2) 链接测试。链接是 Web 页面间的主要接口形式，主要检查链接指向正确页面、所链接的页面存在、不存在没有任何链接指向的孤立页面。Web 应用中链接数量众多，可以通过工具自动完成链接测试。链接测试一般在集成测试阶段完成。

(3) 表单测试。表单是一些需要在线填写和显示的表格，需要检查提交到服务器的表单信息的正确性和规范性，例如检查对日期、时间、身份证号码等信息是否有规范化校验，默认表单信息是否正确等。

(4) 文件上传。检查是否弹出选择上传文件的对话框，是否能禁止超出大小要求和格式要求的文件上传，是否能删除上传文件后再次上传，当重复上传时是否给予提示，以及是否可以预览上传后的文件。

(5) 分页功能。"首页""上一页""下一页""尾页"标签在没有数据时全部置灰；首页时"上一页"标签置灰，尾页时"下一页"标签置灰，中间页时四个标签均可单击且跳转正确；总页数与当前页数显示正确；能够正确跳转到指定的页码；在指定跳转页数时输入非法字符或数字，是否有提示信息。

(6) Cookie 测试。Cookie 用于在用户端存储个性化用户信息，需要测试 Cookie 是否能正常工作、是否能按预定的时间进行保存以及刷新页面对 Cookie 的影响。

(7) 业务流程测试。保证单个模块功能的正确性，对各模块间传递的数据进行测试，保证参数格式和内容正确。

(8) 接口测试，包括如下：

● 内部接口测试。测试浏览器、Web 服务器和数据库服务器之间的接口，测试人员在浏览器端提交事务，在服务器端查看数据库，确认事务数据已经正确保存。

● 外部接口测试。Web 站点在很多情况下并不是孤立的，可能会跟外部服务器通信并请求数据，例如信用卡信息的验证。需要测试外部网关接口的正确性。

(9) 设计语言测试。测试 Web 开发语言、脚本语言版本是否规范统一。不同语言版本的差异可能会造成严重的问题，尤其在分布式、并行开发的情况下问题会更为严重。除了 HTML 语言的版本问题外，用不同的脚本语言(如 Java、JavaScript、VBScript、Perl 等)开发的应用程序也要在不同的版本上进行验证。

(10) 数据库测试。需要测试数据库连接是否正确，是否在使用后及时关闭了数据库连接，是否会发生数据的一致性错误和数据输出错误。提交的表单信息不正确或是程序中对数据库的主要操作没有使用事务机制，都会造成数据的不一致性错误。程序设计和网络速度等问题会引起数据输出错误。

2. 性能测试

Web 测试中的性能测试主要包括以下内容。

(1) 页面响应时间测试。页面响应时间测试的目的就是要保证 Web 站点在许可的时间内响应用户的请求。无论用户使用哪种网络接入方式，Web 站点都不能让用户等待太长时间，例如超过 5 秒。尤其要注意主页的响应时间，因为主页是每一个用户都要访问到的，访问频率最高。另外，Web 页面经常有超时限制，如果响应时间太长，用户可能还没来得及浏览内容就需要重新登录。页面响应时间过长还可能引起数据丢失，使用户看不到完整真实的页面信息。

(2) 负载测试。负载测试是为了测试 Web 系统在某一负载级别的性能，保证 Web 系统在规定负载范围内的性能表现满足需求。负载可以是某个时刻同时访问系统的在线用户数量，也可以是系统的吞吐量，例如可以将网上购物系统的订单量看作系统吞吐量，测试结果需要绘制出负载和性能指标之间的关系。这类测试需求经常表达为：如果在线用户数量小于 100，则页面响应时间不超过 3 秒，事务处理的成功率为 100%；如果在线用户数量达到峰值 300，则页面响应时间不超过 5 秒，事务处理的成功率大于 90%。

(3) 压力测试。Web 系统的压力测试是指向系统施加超过实际预期的负载量，如超大的页面访问量或峰值数据处理量，最后使得系统无法承受而失效甚至崩溃，从而测试 Web 系统的极限负载量和故障恢复能力。压力测试的区域包括登录、表单和其他信息传输页面等。

(4) 容量测试。测试 Web 系统在允许的性能指标情况下的最大容量。例如，Web 系统能允许多少个用户同时在线？能够同时处理多少个用户对同一个页面的请求？数据库最多能够保存多少用户记录数？如果超出这个数量，系统性能将开始明显恶化。

3. 兼容性测试

(1) 平台测试。用户使用的操作系统不同，某些操作系统与特定 Web 系统会产生兼容性问题，从而造成系统使用错误。因此，需要测试主流操作系统与 Web 系统的兼容性。

(2) 浏览器测试。测试页面的框架、层次结构风格、插件和页面脚本程序在不同浏览器中是否都能够正确显示或运行。

(3) 分辨率测试。测试页面在常见分辨率下是否能正常显现。

(4) 与其他软件的兼容性。例如与一些杀毒软件、第三方插件的兼容性。

(5) 组合测试。将上述测试要素组合在一起，测试是否存在兼容性问题。

4. 安全性测试

Web 应用系统经常面向 Internet 上的广大用户，因此 Web 测试中的安全性测试显得尤为重要，尤其是对于电子商务类网站。安全性测试要求测试人员具备专门的网络安全专业知识与经验，已经与性能测试工程师一样，逐步发展为一种专门的软件测试职位。Web 系统安全性测试主要包括以下内容。

(1) 用户注册与登录。对用户名和密码进行测试，检查注册时是否校验了密码的强度，用户名和密码是否大小写敏感，密码是否有失效周期，是否有登录次数限制，是否可以不登录而通过网页地址直接浏览某个页面，登录页面刷新后验证码是否更新等。

(2) 网站目录设置。Web 服务器的每个目录下都应当有 index.html 或 main.html 页面，这样就不会显示该目录下的所有内容。如果违反这条规则，根据目录下显示的文件信息可以获得和查找到很多不应公开的系统内部资料。

(3) 系统超时限制。检查是否设定了合理的用户会话失效时间，用户会话超时后是否需要重新登录才能正常使用，是否限制了同一用户短时间内频繁登录。

(4) 日志文件。测试系统运行和用户使用关键信息是否写进了日志文件，是否能够根据日志信息追踪安全性问题的来源与产生根源。

(5) SSL 和 TLS 的有效性。当使用 SSL(Secure Socket Layer，安全套接字层)或其继任者 TLS(Transport Layer Security，传输层安全)时，需要测试加密是否正确以及信息的完整性。如果使用了 SSL 或 TLS，地址栏中的 HTTP 变成 HTTPS，一些版本的浏览器可能不支持或不兼容 SSL 或 TLS，测试人员需要确定是否有相应的替代页面。当用户进入或离开安全站点的时候，需要确保有相应的提示信息。

(6) 服务器端脚本。黑客经常利用服务器端脚本安全漏洞对系统进行攻击。经验丰富的黑客可以找出站点使用了哪些脚本语言，并研究这些语言的缺陷。需要保证只有经过授权的系统开发和维护人员才能在服务器端放置或编辑脚本。

(7) 缓冲区溢出。测试是否存在缓冲区溢出漏洞。缓冲区溢出在各种软件系统中广泛存在，利用缓冲区溢出漏洞实施的攻击就是缓冲区溢出攻击。通过缓冲区溢出可以破坏 Web 应用程序的栈，发送特别编写的程序到 Web 程序中，就像给程序开了后门。这种安全隐患是致命的，可以导致程序运行失败、系统关机、重新启动，或者执行攻击者的指令，比如非法提升权限。

(8) 页面传值。当使用 QueryString 查询字符串的方式在页面间传值时，要传递的数据附加在网页地址 URL 的后面，例如 Request.Redirect("Sample.aspx?参数名=参数值")。此时存在传递数据被篡改的风险，因此不应当通过这种方法传递敏感信息。

(9) Cookie 与高速缓存。Cookie 与高速缓存中不应当保存敏感的、未加密的关键数据，不允许有任何敏感资料保存在用户终端。

(10) 跨站脚本攻击(XSS)。跨站脚本攻击是指攻击者编写恶意脚本，利用网站漏洞从用户那里恶意盗取信息，一般会利用漏洞执行 document.write，写入脚本让浏览器执行。Web 应用系统需要验证页面上的输入域，禁止脚本关键字的输入以防止跨站脚本攻击。

(11) SQL 注入攻击。SQL 注入攻击属于常见的数据库攻击手段之一。如果没有对用户输入数据的合法性进行验证,那么用户就可以通过文本输入域提交一段 SQL 查询代码,根据数据库查询结果得到某些想知道的数据。

5.7　思考题

1. 什么是功能测试?什么是非功能测试?
2. 功能测试和黑盒测试有什么区别?
3. 不同测试阶段中的功能测试有哪些不同之处?
4. 功能测试一般包括哪些方面的测试内容?
5. 非功能需求与功能需求在需求描述上有哪些明显的不同之处?
6. 软件系统都有哪些常见的非功能属性?
7. 什么是 UI 测试?什么是易用性测试?UI 测试和易用性测试的关系是什么?
8. 简述常见的性能测试类型及其含义。
9. 什么是负载测试、压力测试和容量测试?简述它们之间的区别与联系。
10. 什么是稳定性测试,都有哪些常见的评价系统稳定性的指标?
11. 什么是可恢复性测试?什么是容错性测试?简述它们之间的区别与联系。
12. 简述可恢复性测试的主要测试内容。
13. 什么是基准测试?什么时候进行基准测试?
14. 简述性能测试中常见的三种指标:响应时间、吞吐量和并发用户数的含义。
15. 在线用户、并发用户和虚拟用户有什么不同?
16. 简述性能测试的主要目的。
17. 系统负载与资源占有率、系统吞吐量、响应时间的关系是什么,请画出系统负载不断增加情况下资源占有率、系统吞吐量、响应时间的变化曲线,在上面标记出最优并发用户数和最大并发用户数并且说明标记理由。
18. 进行负载测试时,负载的加载方式都有哪些?
19. 简述兼容性测试的主要内容。
20. Web 应用系统的安全性测试都包括哪些主要内容?

第6章

软件缺陷报告与测试评估

软件测试人员需要以规范化的形式报告测试过程中发现的软件缺陷。在修复缺陷的过程中，缺陷报告将测试人员和开发人员的工作紧密联系在一起。准确和易于理解的缺陷报告是开发人员正确、快速修复缺陷的基础。测试工作完成时，需要编写测试总结报告，对整个测试工作做出评价和分析，对软件产品的质量进行评估。测试评估通常需要给出定量化的评估结果，评估中的缺陷统计分析以规范化的缺陷报告数据为主要依据。本章主要介绍如何报告软件缺陷，以及如何进行测试评估和完成测试总结报告。

6.1 软件缺陷的主要属性

为了正确、全面地描述软件缺陷，首先需要了解缺陷的一些主要属性，这些属性为缺陷修复和缺陷统计分析提供了重要依据。软件缺陷包括以下一些主要属性。

1) 缺陷标识(Identifier)

唯一标识软件缺陷的符号，通常用数字编号表示。当使用缺陷管理系统时，由软件自动生成。

2) 缺陷类型(Type)

根据软件缺陷的自然属性划分的缺陷类型如表 6-1 所示。

表 6-1　软件缺陷的类型

缺陷类型	描述
功能	对软件使用产生重要影响，需要正式变更设计文档。例如功能缺失、功能错误、功能超出需求和设计范围、重要算法错误等
界面	影响人机交互的正确性和有效性，如软件界面显示、操作、易用性等方面的问题
性能	不满足性能需求指标，如响应时间慢、事务处理率低、不能支持规定的并发用户数等
接口	软件单元接口之间存在调用方式、参数类型、参数数量等不匹配、相互冲突等问题
逻辑	分支、循环、程序执行路径等程序逻辑错误，需要修改代码
计算	错误的公式、计算精度、运算符优先级等造成的计算错误
数据	数据类型、变量初始化、变量引用、输入与输出数据等方面的错误
文档	影响软件发布和维护的、包括注释在内的文档缺陷

缺陷类型	描述
配置	软件配置变更或版本控制引起的错误
标准	不符合编码标准、软件标准、行业标准等
兼容	操作系统、浏览器、显示分辨率等方面的兼容性问题
安全	影响软件系统安全性的缺陷
其他	上述问题中不包含的其他问题

上述缺陷类型的划分并没有统一的标准，测试人员一般根据本企业所研发软件的特点定义适当的缺陷类型，以便于有针对性地分配缺陷修复工作和进行缺陷分类统计分析。

3) 缺陷严重程度(Severity)

不同的软件缺陷对软件质量的影响程度不同。有些小的软件缺陷只影响软件的界面美观度，并不影响软件的正常使用，但是另外一些缺陷可能会对软件功能和性能产生严重影响。缺陷的严重程度是从用户使用的角度评判软件缺陷对软件质量的破坏程度，根据这一评判结果可以更为合理地安排缺陷修复工作，优先将有限的时间、人力资源等用于修复严重程度高的缺陷。缺陷严重程度的划分如表 6-2 所示。

表 6-2　软件缺陷的严重程度

缺陷严重等级	描述
致命(Fatal)	缺陷会导致系统的某些主要功能完全丧失，系统无法正常执行基本功能，用户数据遭到破坏，系统出现崩溃、悬挂和死机现象，甚至危及人身安全
严重(Critical)	系统的主要功能部分丧失，次要功能完全丧失，用户数据不能正常保存，缺陷严重影响用户对软件系统的正常使用。包括可能造成系统崩溃等灾难性后果的缺陷、数据库错误等
重要(Major)	产生错误的运行结果，导致系统不稳定，对系统功能和性能产生重要影响。例如，系统操作响应时间不满足要求，某些功能需求未实现、业务流程不正确、系统出现某些意外故障等
较小(Minor)	缺陷会使用户使用软件不方便或遇到麻烦，但不影响用户的正常使用，也不影响系统的稳定性。主要指用户界面方面的一些问题，例如提示信息不准确、错别字、界面不一致等

4) 缺陷优先级(Priority)

缺陷优先级代表缺陷必须被修复的紧急程度，具体划分如表 6-3 所示。

表 6-3　软件缺陷的优先级

缺陷优先级	描述
立即解决 (Resolve Immediately)	缺陷的存在导致系统几乎无法运行和使用，或是造成测试无法继续进行，例如无法通过冒烟测试，必须立即予以修复
高优先级 (High Priority)	缺陷严重，影响测试的正常进行，需要优先在规定的时间内(如 24 小时内)完成修改
正常排队 (Normal Queue)	缺陷需要修复，但可以正常排队等待修复
低优先级 (Not Urgent)	缺陷可以在开发人员有时间的时候进行修复，如果开发和测试时间紧迫，可以在下一软件版本中进行修正

缺陷的优先级是从开发人员和测试人员的角度出发，以合理安排工作时间和提高工作效率为目标进行设置的，当然也考虑到缺陷的严重等级，但并不是越高严重等级的缺陷就一定被越早处理。例如，某一缺陷并不是很严重，但是可能造成测试工作无法正常进行，那么该缺陷就应当被设置为高优先级，需要尽快得到处理。又例如，有些缺陷的严重性等级很高，但是由于属于第三方软件缺陷或受到技术条件限制，暂时无法修复；某些缺陷存在修复风险，需要慎重考虑，例如需要重新修改软件架构，但是市场压力要求软件必须尽快发布；一些缺陷只是在非常极端的情况下才会发生，这些情况下的缺陷不会被马上处理，其缺陷优先级会被设置得较低。

5) 缺陷出现的可能性(Possibility)

缺陷出现的可能性是指某一缺陷发生的频率，例如，是每次执行测试用例时都 100%出现，还是执行 10 次测试用例才偶尔出现一两次。缺陷出现的可能性如表 6-4 所示。

表 6-4　软件缺陷出现的可能性(缺陷的出现概率)

缺陷出现的可能性	描述
总是(Always)	软件缺陷的出现频率是 100%，每次测试时都会重现
通常(Often)	测试用例执行时通常会产生，出现概率是 80%~90%
有时(Occasionally)	测试时有时会产生这一软件缺陷，出现概率是 30%~50%
很少(Rarely)	测试时很少产生这一软件缺陷，出现概率是 1%~5%

缺陷的出现概率影响到是否能够方便地重现缺陷，是测试和开发人员非常关注的一项缺陷属性。测试人员报告软件缺陷和开发人员修改缺陷时，都希望能够准确地重现软件缺陷，这样才能够准确定位和分析产生缺陷的原因。但是由于消息驱动、并行计算、分布式等复杂软件系统的不断增加，偶发性的缺陷经常出现，给缺陷的发现和排除带来了很大困难。这就要求软件系统具有详细的运行记录能力，如关键性的系统运行日志和用户使用日志，也要求测试人员更为详尽地记录系统运行环境和用户使用步骤等信息，然后通过跟踪与分析找出偶发缺陷的产生原因。

6) 缺陷状态(Status)

缺陷状态用于描述跟踪和修复缺陷的进展情况，也反映了缺陷在其生命周期中的不同变化。常见的缺陷状态如表 6-5 所示。

表 6-5　软件缺陷的状态

缺陷状态	描述
提交(Submitted)	已提交入库的缺陷
激活或打开(Active 或 Open)	缺陷提交得到确认但还未解决，缺陷等待处理
拒绝(Rejected)	开发人员认为不是缺陷或重复提交的缺陷，不需要修复
已修正或修复(Fixed 或 Resolved)	缺陷已经被开发人员修复，但是还没有经过测试人员的验证
验证(Verify)	缺陷验证通过
关闭或非激活(Closed 或 Inactive)	测试人员验证后认为缺陷已经成功修复
重新打开(Reopen)	测试人员验证后认为缺陷仍然存在，等待开发人员进一步修复
推迟(Deferred)	缺陷推迟到下一个软件版本中修复
保留(On Hold)	由于技术原因或第三方软件的缺陷，开发人员暂时无法修复
不能重现(Cannot Duplicate)	开发人员无法重现缺陷，需要测试人员补充说明重现步骤

7) 缺陷起源(Origin)

缺陷起源是指测试时第一次发现缺陷的阶段，例如以下一些典型阶段：需求阶段、总体设计阶段、详细设计阶段、编码阶段、单元测试阶段、集成测试阶段、系统测试阶段、验收测试阶段、产品试运行阶段、产品发布后用户使用阶段。发现缺陷的阶段越早，越有利于降低改正缺陷的费用。

8) 缺陷来源(Source)

缺陷来源是指软件缺陷发生的地方。在软件生命周期某一阶段发现的缺陷可能来源于前期阶段出现的错误。例如，在编码阶段发现的缺陷，产生原因可能是需求分析或设计中的错误造成的。因此，通过问题回溯可以找到缺陷产生的源头，有利于发现可能存在的相关缺陷，彻底修正软件潜在的问题。同时，也有利于分析各阶段的研发质量。缺陷一般来自以下几个地方。

- 需求说明书。需求分析错误或不准确。
- 设计文档。设计与需求不一致，设计错误等。
- 系统接口。接口参数不匹配等问题。
- 数据库。数据库逻辑或物理设计问题。
- 程序代码。完全由于编码问题造成的一些软件缺陷。
- 用户手册。造成用户使用问题。

根据统计，软件研发过程中各阶段缺陷的产生比例如图 6-1 所示。实际上，70%~90%的缺陷都来源于真正的程序测试之前的阶段，尤其是需求分析和设计阶段。因此，必须加强对需求和设计的审查和评审，从来源上减少缺陷数量，控制软件质量，而不是仅仅依赖于程序测试。

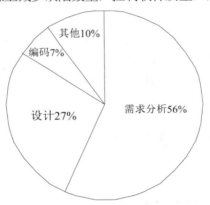

图 6-1 软件缺陷产生的阶段

9) 缺陷根源(Root Cause)

缺陷根源是指造成软件缺陷的根本因素，主要是开发过程、工具、方法等软件工程技术与管理因素以及测试策略等因素，通过缺陷根源分析可以改进软件过程管理水平。

- 过程。对软件研发的正规步骤不够重视、缺乏成熟的过程管理经验。例如，在需求分析还不够全面和准确的情况下就匆忙开始设计与编码工作，缺乏应对需求变更的控制手段、不重视技术文档的编写与评审等。
- 工具。没有应用软件项目开发必需的软件工程支撑工具，技术手段落后，因而无法完成全面、高效、及时的软件质量控制。

- 方法。没有采用适当的软件工程方法学，软件研发实践缺乏理论指导。
- 管理。研发人员职责划分不明确，任务安排不合理，缺乏风险控制和应对机制，评审和监督检查机制欠缺，缺乏人员培训，缺乏用户参与，缺乏项目团队的合理组织和通信，缺乏相关部门的支持与配合等项目管理问题。
- 资源。缺乏必要的软硬件研发资源，开发人员数量和质量无法满足要求，研发资金投入不足，工作环境恶劣等。
- 测试策略。错误的测试范围、不正确的测试目标、不合理的测试技术与方法。

6.2　软件缺陷报告

6.2.1　软件缺陷报告中的信息

在实际工作中，经常会出现由于软件缺陷描述不清而无法重现缺陷、无法合理安排修复工作、后期无法对缺陷进行统计分析等情况。全面、准确、清晰的软件缺陷描述可以给开发和测试人员带来如下益处。

- 减少测试人员与开发人员之间的纠纷，避免提交给开发人员的软件缺陷被频繁退回的情况出现，提高开发人员对测试人员的信任度。
- 以软件缺陷报告为纽带，以提升软件质量为共同目标，加强测试人员与开发人员工作的协同性，提高修复软件缺陷的效率。
- 不断积累软件缺陷信息，通过综合统计分析，找出软件研发过程中的不足之处，不断提升软件过程成熟度。

一份完整的软件缺陷报告包括以下一些信息。

1) 缺陷跟踪信息
- 缺陷 ID：唯一标识软件缺陷，便于跟踪与查询。
- 标题：缺陷的概括性文字描述。
- 所属项目：缺陷属于哪个软件项目。
- 版本跟踪：缺陷属于软件项目的哪个版本，是新缺陷还是回归缺陷。
- 所属模块：缺陷位于哪个功能模块。

2) 缺陷详细信息
- 测试步骤：发现缺陷时的操作步骤描述，便于重现缺陷。这一信息是软件缺陷报告的关键信息，往往因为步骤描述不清而导致开发人员无法重现缺陷，将软件缺陷报告退回并且对测试人员产生抱怨。
- 期望结果：根据用户需求和软件设计，软件原本应当出现的运行结果。
- 实际结果：根据测试步骤实际产生的软件运行结果。因实际结果和期望结果不同，测试人员认为存在软件缺陷。结果信息应当尽可能有说服力，例如给出缺陷影响到的主要功能和性能要素，证明缺陷确实存在。
- 测试环境：对测试软硬件环境的描述，帮助开发人员分析缺陷产生原因。许多软件功能在通常情况下没有问题，而在特定环境条件下出现错误，因此缺陷描述不能忽视对于运行环境细节的描述。

3) 缺陷附件信息

- 缺陷附件：图片、日志文件、视频等能够反映缺陷发生时的软件表现、运行记录的信息，可以为开发人员提供更为直观和细致的缺陷信息。

4) 缺陷属性信息

- 类型：功能、用户界面、性能、文档等类型。
- 严重程度：可以分为致命、严重、重要和较小。
- 优先级：可以分为立即解决、高优先级、正常排队和低优先级。
- 出现概率：按统计结果标明缺陷发生的可能性 1%~100%。
- 缺陷起源、来源和根源信息。

5) 缺陷处理信息

- 提交人员：发现缺陷的人员姓名和联系邮件地址。
- 提交时间：软件缺陷最近的提交时间，便于限时修复。
- 分配的修复人员：一般是谁开发谁修复，也可以由项目管理人员分配其他开发人员进行集中修复。
- 修复期限：由项目管理人员确定的缺陷修复期限。
- 修复时间：开发人员完成缺陷修复后提交给测试人员进行验证的时间。
- 缺陷验证人员：由谁来验证这一软件缺陷的修复结果。
- 验证意见：对验证结果的描述以及简要意见。
- 验证时间：给出最终验证结果的时间。

6.2.2　软件缺陷报告模板

从以上内容可知，一份软件缺陷报告可以包含非常丰富的缺陷描述信息。在实际工作中，一般根据软件项目特点对上述缺陷描述信息进行裁剪，制定合适的软件缺陷报告模板。

书写软件缺陷报告是测试执行过程中的一项重要任务，好的软件缺陷报告有助于测试人员在报告缺陷时确认提供正确且适当的信息，并且回答开发人员最想知道的问题。如果一份软件缺陷报告包含的信息过多或过少、内容组织混乱、难以理解，会导致缺陷被开发人员退回，从而耽误宝贵的缺陷修复时间。更为严重的是，如果软件缺陷报告中没有详细说明缺陷对软件质量的影响程度，缺陷可能会被错误地推迟修复甚至被忽略，给发布后的软件带来严重的质量隐患。

一些软件缺陷跟踪工具会自动生成软件缺陷报告，但是尽管如此，还是有必要将相关信息补充到测试人员自己的软件缺陷报告中以适应特定软件企业和软件项目的要求。表 6-6 是较为通用的软件缺陷报告模板，可以在实际工作中修改为更为适合特定工作要求的模板。填写模板信息时，需要遵守以下"5C"原则。

- Correct(准确)：对每个组成部分的描述准确，不会引起误解。
- Clear(清晰)：对每个组成部分的描述清晰，易于理解。
- Concise(简洁)：描述信息只包含必不可少的内容。
- Complete(完整)：包含重现缺陷的完整步骤和其他辅助信息。

- Consistent(一致)：按照一致的格式书写全部软件缺陷报告。

表6-6 软件缺陷报告模板

缺陷记录				
缺陷 ID		标题(概述)		
软件名称		模块名		版本号
严重程度		优先级		状态
缺陷类型		发现阶段		缺陷来源
缺陷的出现概率		可能性说明		
测试人员		分配的修复人员		日期
测试环境				
测试输入				
预期结果				
异常结果				
缺陷重现步骤				
附件				
缺陷处理信息		缺陷验证信息		
修复人		验证人		
修复时间		验证时间		
备注		验证结论		

6.2.3 软件缺陷报告的注意事项

测试人员在编写软件缺陷报告之前，首先需要清楚软件缺陷报告的主要读者以及他们最希望从软件缺陷报告中获得哪些信息。软件缺陷报告的读者主要是开发人员和项目管理人员。开发人员最为关心缺陷的重现步骤，而项目管理人员最为关心缺陷的严重程度以及各种严重级别的缺陷在整个软件中的分布情况。此外，市场和技术服务部门的人员有时也会关心缺陷对市场和用户的影响程度。因此，测试人员在编写软件缺陷报告时需要注意以下一些事项。

1) 保证能够重现缺陷

难以重现缺陷的报告一般存在以下一些问题：

- 重现步骤中有过多的多余步骤，描述混乱、难以理解。
- 重现步骤不完整，丢失关键步骤。
- 没有对缺陷发生的条件和影响区域进行隔离，开发人员无法判断缺陷的影响范围，不能彻底修复缺陷。

为了避免上述问题，软件缺陷报告应当按照下面的方法进行编写：

- 提供测试环境信息。不同环境下的相同测试步骤可能产生不同的测试结果，因此需要提供必要的软硬件环境信息，例如操作系统、被测软件的环境变量设置信息、硬件驱动程序等。

- 提供多种重现路径信息。如果有多种方法可以触发缺陷，需要列举这些方法。同样，如果某些程序执行路径不触发缺陷，也要列举这些执行路径。
- 对每个重现步骤编号，并且每个步骤尽可能只记录一项操作。
- 步骤描述完整、准确、简洁。
- 既没有多余步骤，也没有遗漏任何操作步骤。
- 只记录操作步骤，不包含测试过程的详细技术细节，除非这些信息至关重要。

有些缺陷很容易重现，有些会很难。如果测试人员发现不能保证重现缺陷，例如缺陷发生的概率很低，那么就需要给开发人员提供尽可能多的有效信息。在没有验证缺陷如何重现之前不要确信缺陷是可以重现的。如果无法重现或者没有验证是否可以重现时，一定要在软件缺陷报告中进行说明。在开发人员没有重现缺陷之前，不要删除测试数据，或者至少要备份这些数据。

2) 一份软件缺陷报告只针对一个缺陷

在一份软件缺陷报告中包含多个缺陷容易产生以下问题：

- 开发人员只关注和修复其中一个主要缺陷而忽视或遗漏其他缺陷。
- 不便于分别跟踪同一软件缺陷报告中的多个缺陷。
- 不便于将多个缺陷分配给不同的开发人员进行修复。
- 不便于回归测试。测试用例通常针对单一缺陷，这样便于用例的设计和维护。回归测试时如果一个测试用例针对多个缺陷，由于各个缺陷被修复的时间不同步，会无法及时关闭某个已修复好的缺陷。

虽然有时多个缺陷的起因是一样的，但是在真正修复缺陷之前并不能保证知道导致某个缺陷的原因。因此即使单独报告缺陷显得有些烦琐，但也比延误或遗漏缺陷要好。

3) 描述准确、清晰

这一要求比较抽象，下面以缺陷标题的描述为例进行说明。

缺陷标题远比一般测试人员想象中的要重要。在很多情形下，开发人员首先关注的就是缺陷标题。项目经理通常也不会仔细去看缺陷的描述，而只是查看缺陷标题，然后就给出结论。因此，缺陷标题必须简短，而且要求描述和传达出准确的信息。可以参考以下一些方法来书写缺陷标题。

- 尽量按缺陷发生的原因与结果的方式书写，例如"执行完 A 后，发生 B"。
- 使用关键字方便搜索和查询，例如"挂起""异常终止""拼写错误"等都是比较有效的关键字。
- 为了便于他人理解，避免使术语、俚语或过分具体的测试细节。
- 表达清晰，例如应当将"功能中断、功能不正确、行为不起作用"改为具体的"功能如何中断，如何不正确或如何不起作用"。
- 如果长度允许，在缺陷标题中有必要加上诸如环境、影响等 5W1H(Why、When、Who、Where、What、How)信息。例如将"保存和恢复数据成员时出错"改为"在 Linux 环境下，系统维护功能保存和恢复数据失败，数据丢失。"
- 不要使用测试工具提供的默认标题。一些缺陷跟踪工具会自动把缺陷的第一行描述作为标题，永远不要使用这样的默认标题，标题要尽可能特殊和精确。

4) 重视附件信息

附件信息应当是缺陷重现步骤的补充信息，是对测试步骤的进一步描述。软件缺陷报告应当考虑开发人员会如何调试这个缺陷，尽可能提供对重现这个缺陷有帮助的跟踪、截图、日志等信息。另一方面，可以通过附件信息进一步证明缺陷的存在，提供可以说服开发人员的期望结果和实际结果之间的偏差信息。

附件信息可以包括以下一些内容：

- 再次描述重点的补充信息，避免开发人员将缺陷退回。
- 截取缺陷特征的图像文件。
- 软件在多个平台之间是否具有不同表现的说明。
- 说明缺陷的具体影响范围。
- 测试附加的打印机驱动程序。
- 指明缺陷是否在前一版本已经存在。
- 与缺陷相关的需求和设计文档内容。

5) 使用中性语言

使用中性语言是指客观地描述缺陷问题。用带有感情色彩的语句报告缺陷除了造成研发团队的沟通障碍和协作困难外，对修改缺陷没有任何好处。应当注意如下情况：

- 对缺陷不做主观评价，不带有个人观点，不对开发人员的业务水平进行评价，不对软件的质量优劣做任何主观性强烈的批评或嘲讽。
- 避免使用情绪化的语言和强调符号，例如黑体、全部字母大写、斜体、感叹号、问号等，只要客观地反映出缺陷的现象和完整信息即可。
- 不在软件缺陷报告中包含自认为比较幽默的内容，因为不同读者的文化和观念不同，很多幽默内容在别人看来，往往难以准确理解，甚至可能引起误解，只需要客观地描述缺陷的信息即可。

综述所述，提高软件缺陷报告的编写水平是一个不断积累经验、循序渐进的过程。测试人员在正式提交软件缺陷报告前，应当对软件缺陷报告的内容和格式进行再次检查，避免不必要的错误。总的来讲，一些需要重点检查的内容如下：

- 软件缺陷报告是否已经包含完整、准确、必要的信息。
- 软件缺陷报告中是否同时报告了多个缺陷。
- 使用者是否能容易地搜索缺陷。
- 通过步骤描述是否可以完全重现缺陷。
- 是否包含重现缺陷所需要的环境信息和测试所用的必要数据说明。
- 缺陷标题是按照原因与结果的方式书写。
- 实际结果和预期结果是否已经描述清楚。

6.2.4 分离和再现软件缺陷

为了保证再现软件缺陷，除了需要按照已经介绍过的描述规则来描述软件缺陷之外，还要遵循软件缺陷分离和再现的方法。在测试过程中，如果能够按照绝对相同的输入条件进行测试，就能够重现相同的软件缺陷。但是，获得绝对相同的输入条件有时是很困难的，涉及缺陷发生时的操作、数据、环境等诸多因素，需要很高的测试技巧和经验，而且非常耗时。分离和再现软件缺陷是充分体现测试人员测试才能的地方，需要在测试工作中不断总结经验，才能准确地找出缩小问题范围的具体步骤和方法。

下面列举一些常用的分离和再现软件缺陷的方法和技巧。

1) 确保所有的步骤都被记录

测试过程中的每一个操作步骤、每一件事情都要客观、准确地记录，遗漏任何细节步骤或者增加多余步骤都可能导致无法再现软件缺陷。对于难以重现的缺陷(例如实际使用时由难以预料的用户操作步骤引发的缺陷)，有时需要捕捉详细输入步骤，可以利用录制工具确切地记录用户实际执行步骤。测试的目标是保证导致软件缺陷的全部细节都被完整地记录下来。

2) 注意特定时间和运行条件

注意软件缺陷是否只在特定时刻出现，特定时刻出现的缺陷与这一时刻用户经常使用的软件功能密切相关。如果缺陷只在特定时刻出现，可以快速查询日志文件中的相关信息，分析缺陷产生原因。此外，还需要注意缺陷是否只在特定运行条件下出现，例如只在网络繁忙时出现、只在较差的硬件设备上出现等。

3) 注意边界条件、内存容量和数据溢出问题

一些与边界条件、内容容量和数据溢出相关的软件缺陷经常在执行一段时间或一定数量的测试后才会显露出来。例如，执行某个测试可能会导致产生缺陷的数据被覆盖，只有再次使用该数据时缺陷才会再现；重启计算机后软件缺陷消失，当执行其他测试之后又出现问题。出现这类问题后需要动态跟踪、查看之前的测试，确定是否有此类问题发生。

4) 注意事件发生次序导致的软件缺陷

在消息和事件驱动的软件系统中，软件单元(例如某个对象)在不同状态下对同一消息的反映不同，因此一些缺陷只有在特定软件状态下才会表现出来。例如，缺陷只在软件功能第一次运行之后出现，或者只在运行某一功能之后出现。这类缺陷主要与事件发生的次序相关，而与事件发生的时间无关。

5) 考虑软件与其计算环境的相互作用

一些缺陷的产生与软件系统的软硬件环境相关，需要注意软件缺陷是否只在特定配置的软硬件平台上出现，是否在某项软硬件配置变化后才出现，是否在与第三方软件交互时才出现等。

6) 不能忽视硬件

软件运行问题有时是由硬件故障造成的，需要注意硬件性能降低、CPU 过热、板卡松动、内存条损坏等硬件问题。测试人员可以设法在不同硬件上运行软件系统，验证软件缺陷是否重现，通过硬件兼容性测试判定软件缺陷是在一个系统上还是在多个系统上发生。

测试人员有时确实无法准确地给出缺陷重现步骤，此时仍然需要尽可能详细地记录和报告软件缺陷，同时有必要取得开发人员的帮助，共同探讨分离和重现缺陷的方法。由于开发人员熟悉自己的程序代码和程序逻辑结构，通过分析测试步骤和缺陷表现，经常能够更为快速地得到查找缺陷的线索。因此，软件缺陷的分离和再现有时需要项目组成员的集体智慧，通过共同协作找到解决问题的办法。

6.3　软件缺陷的生命周期与处理流程

软件缺陷的生命周期是指软件缺陷从发现到最终被确认修复的完整过程。在这一过程中，软件缺陷会经历不同的状态。典型的软件缺陷生命周期会经历如下状态改变。

- 提交→打开：测试人员提交发现的软件缺陷，开发人员确认后准备修复。
- 打开→修复：开发人员修复缺陷后通知测试人员进行修复结果验证。
- 验证→重新打开：测试人员执行回归测试，验证测试结果后认为缺陷没有完全被修复，再次打开缺陷等待开发人员重新进一步修复。
- 验证→关闭：测试人员执行回归测试，确认缺陷已经得到修复，然后将缺陷状态设为最后的关闭状态。

为了合理安排缺陷修复工作，避免遗漏任何一个缺陷，需要规划软件缺陷的处理流程。对于不同的软件企业和软件项目，缺陷处理流程不尽相同，一般根据实际情况进行灵活设置。上述典型软件缺陷生命周期的处理流程如图 6-2 所示。

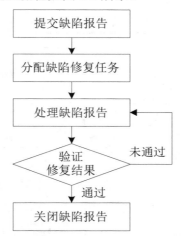

图 6-2　典型软件缺陷生命周期的处理流程

实际工作中，缺陷处理流程不可能像典型处理流程这样简单，会面临各种特殊的情况，造成软件缺陷的生命周期更为复杂。需要考虑如下一些实际情况。

- 开发人员认为测试人员提交的软件缺陷不是真正的缺陷或是微不足道。这种情况经常发生，需要测试人员、开发人员甚至项目经理共同讨论后予以确定。
- 缺陷被不同测试人员重复提交。
- 测试人员验证缺陷的修复结果后，认为缺陷仍然存在或者没有达到预期的修复效果，因而重新将缺陷设置为打开状态。
- 缺陷优先级比较低，项目研发周期有限，产品发布在即，缺陷可以推迟到下一版本中进行处理。
- 软件产品即将更新换代，而修复某一缺陷的风险过大，可能会造成更多的问题，经项目管理人员同意后可以不必修复。

● 被推迟修复的软件缺陷被证实很严重，需要立即予以修复，软件缺陷的状态被设置为重新打开。

由上述情况可见，缺陷的处理过程实际上是比较复杂的，会出现对缺陷修复与否和修复结果是否满足要求的不同意见。因此，需要事先规定好对缺陷状态的设置权限，例如规定只有项目经理才有权决定是否可以对某一缺陷推迟修复，只有测试人员才能决定是否关闭某一缺陷等。一旦发现缺陷，就需要明确后期相关人员的工作职责，跟踪软件缺陷的生命周期，直到缺陷最终得到正确处理。

图 6-3 是考虑上述特殊情况后的缺陷处理流程，可以在实际工作中予以参考。从以上说明可以理解，软件缺陷除了常见的提交、打开、修复和关闭状态外，还包括拒绝、验证、审查、推迟、保留、重新打开等附加状态。

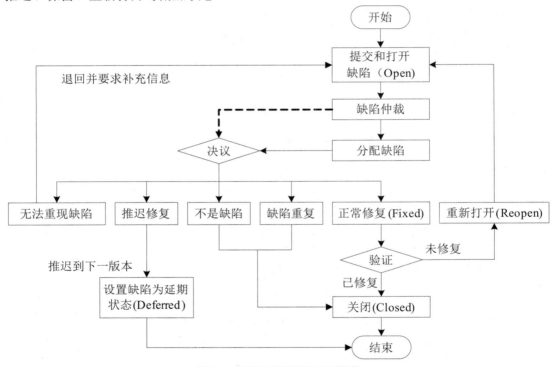

图 6-3　更新后的缺陷处理流程

在软件缺陷的整个生命周期中，测试人员、开发人员和项目管理人员都需要紧密地协同配合，将缺陷置于严格监控之中，确保每个缺陷都得到及时和有效的处理。对于缺陷数量只在几十个范围内的小型软件项目，用 Excel 制作的软件缺陷报告模板就可以应对。但是对于大型软件项目，要追踪和管理成百上千个状态不断变化的软件缺陷，必须使用合适的缺陷管理工具。

缺陷管理工具属于测试管理类工具，相比其他测试类工具，学习和使用都较为简单。一般的测试管理工具都包含基本的缺陷管理功能，常用的有 QC、禅道、Mantis、JIRA、TestLink、Bugzilla 等。使用这些缺陷管理工具的优势体现在以下一些方面。

● 强大的检索功能和安全的审核机制。由于具有后台数据库支持，缺陷的检索、增加、修改、保存都很方便，并且能够对附件进行有效管理。通过权限设置，将缺陷操作权限与缺陷状态相对应，保证修改、删除等缺陷操作的安全性。

- 支持项目组成员间的协同工作。通过友好的网络用户界面以及 E-mail 等丰富多样的配置设定，支持项目组各类成员及时了解缺陷状态的变化情况，进而根据对应状态合理地安排自己的工作，提高发现和改正缺陷的效率。
- 提高软件缺陷报告的质量。保证软件缺陷报告的完整性和一致性，正确和完整地填写软件缺陷报告中的各项内容，保证不同测试人员提交的测试报告格式统一。

6.4　软件测试的评估

在软件测试执行过程中，需要阶段性地总结和分析测试结果，确保测试过程的有效性。在软件验收和发布之前，测试管理人员需要对整个测试过程和结果做出系统性的评价，评估测试的完成度是否达到测试计划规定的目标、软件的质量是否满足用户需求和设计要求，最终决定能否将软件交付用户验收或者最终发布。测试评估贯穿整个测试过程，可以作为每个测试阶段的里程碑，也可以在某一重要的测试节点进行。

6.4.1　测试评估的目的和方法

软件测试的评估主要有以下目的：

- 对测试的进展情况进行量化分析，确定测试和缺陷修复工作的当前状态、效率和完成度，判断测试工作可以结束的时间。
- 为最后完成测试报告或软件质量分析报告提供量化分析数据，例如给出测试覆盖率和缺陷清除率等。
- 分析软件研发各阶段的不足之处，找出测试和开发工作中的薄弱环节，为过程监督、质量控制和过程改进提供定量化依据。

从以上内容可以看出，测试评估强调定量化分析，是以定量化的分析结果科学地评价测试工作和软件质量，为软件过程管理提供依据。测试评估主要包括以下两种方法。

- 覆盖率评估。评估测试的覆盖率，对测试完成程度进行评测。最常见的覆盖率评估分为需求覆盖率评估和代码覆盖率评估。
- 质量评估。测试过程中产生的软件缺陷报告提供了最佳的软件质量评估数据，通过缺陷分析可以对软件的可靠性、稳定性等进行详细分析，对软件的性能进行多方面的评测，获得反映软件质量特征的多种指标数据，在此基础上确定软件质量与需求的相符程度。

6.4.2　覆盖率评估

覆盖率是一种常见的反映测试充分性和完成度的定量化指标。测试活动已验证过的软件区域越多，软件质量得到保障的可能性越大，测试工作也越接近完成。因此，通过测试覆盖率可以间接地反映测试工作的质量和当前软件代码的质量。测试覆盖又分为需求覆盖和代码覆盖两个方面。

需要注意的是，对于测试覆盖率的评估需要在软件开发过程中持续进行。对于代码的测试覆盖主要运用于早期测试执行阶段，如单元测试和集成测试。对于需求的覆盖主要运用于后期测试执行阶段，如系统测试和验收测试。各阶段覆盖的重点不同，代码的覆盖结果又会影响到需求的覆盖结果。因此，需要及时了解测试覆盖状况，通过补充和修改测试用例以查漏补缺，保证测试的整体质量。如果只在测试结束后进行覆盖率统计分析，则很可能对软件质量产生严重影响。

1. 需求覆盖率

对需求的全面覆盖是软件测试的基本要求，需求覆盖率是测试到的功能和非功能需求占整个需求总数的百分比。评估需求覆盖率的最直观方法是首先确定需求说明中有多少功能点，需要注意的是，这里所说的功能点既包括功能需求也包括性能等非功能需求，然后确定测试用例覆盖了多少模块和多少个功能点，已测功能点和全部功能点的比值就是需求覆盖率。

由于测试计划和测试用例在设计时已经考虑了对需求的覆盖，因此一般可以通过已计划的、已实施的或成功完成的测试用例的执行率来衡量需求覆盖率，有时也可以通过测试需求的覆盖率来衡量。

测试评估中，通常使用以下三个公式来计算需求的测试覆盖率：

$$计划的测试覆盖率 = T_p/R_{ft} \tag{6-1}$$
$$已执行的测试覆盖率 = T_x/R_{ft} \tag{6-2}$$
$$成功执行的测试覆盖率 = T_s/R_{ft} \tag{6-3}$$

上述三个公式中，R_{ft} 是测试需求的总数，T_p 是用测试过程或测试用例表示的计划测试需求数，T_x 是用测试过程或测试用例表示的已执行测试需求数，T_s 是用完全成功、没有缺陷或意外结果的测试过程或测试用例表示的已执行测试需求数。通过上述三种需求覆盖率指标可以评估剩余测试的工作量，确定测试工作的完成时间。

分析测试需求的覆盖率需要借助手工分析的方法完成，要求对软件需求进行完全分类。例如，确定所有的性能需求后要求对性能需求达到95%以上的覆盖率。一种较为通用的需求覆盖标准是测试用例的执行率要达到 100%，即所有的测试用例都要执行一遍，测试用例的通过率要达到95%以上。

2. 代码覆盖率

代码覆盖率是指所测试的源代码数量占代码总数的百分比。代码覆盖率反映了测试用例对被测软件代码的覆盖程度，也是衡量测试工作进展情况的重要定量化指标。

在前面讲解白盒测试技术时就已经介绍过语句覆盖、判定覆盖、条件覆盖、路径覆盖等概念，对这些逻辑覆盖测试用例的测试结果进行量化就可以得到相应的语句覆盖率、路径覆盖率等代码覆盖率指标。因此可知，语句覆盖率虽然是最简单、常用的一种代码覆盖率，但只是许多代码覆盖率指标中的一种。一种比较通用的代码覆盖标准是，关键模块的语句覆盖率要达到100%，分支覆盖率要达到85%以上。

很明显，代码覆盖率与单元测试密切相关，是单元测试用例是否充分的重要衡量指标。任何未经测试的程序代码都可能存在潜在缺陷，因此在实际测试前就应当根据程序规格说明、具体代码、规定的代码覆盖率要求设计出合理数量的测试用例。

与手工分析需求覆盖率不同，一般需要借助相应的工具来统计代码覆盖率。代码覆盖率工具与具体的编程语言有关，下面列举一些常用编程语言的代码覆盖率分析工具。

- C/C++：CUnit、CppUnit、Google GTest 、gcc+gcov+lcov 等。
- Java：Clover、EMMA、JaCoCo、Jtest、Maven Cobertura 插件等。
- JavaScript：JSCoverage。
- Python：PyUnit + Coverage.py。
- PHP：PHPUnit + XDebug。
- Ruby：RCov。

通过代码覆盖率分析工具可以统计已完成测试和未完成测试的代码量，将覆盖率结果与源代码关联，生成全面的代码覆盖率报告，便于评估测试进度，进一步完善测试用例。

代码覆盖率在实际应用中存在着一些误区，主要反映在以下两个方面。

1）片面追求高代码覆盖率

满足具体软件项目所规定的代码覆盖率是对测试工作的基本要求，但是保证已经测试过的代码的质量更为重要。对于代码覆盖率的提升应当基于风险分析的方法，应当首先保证对关键模块代码的测试覆盖，并确保彻底修复所发现的软件缺陷。只有通过风险分析，才能确定每一次提升代码覆盖率的实际价值。例如，覆盖率从 60%提升至 70%当然很好，但是将覆盖率从 95%提升至 100%到底要付出多大的代价？从软件质量提升方面能够获得多大的收益？这些问题离开了风险分析很难获知。因此，需要以工程化的思想考虑测试进度、测试质量和测试成本的关系，评估好代码覆盖率测试工作的实际价值。

2）认为 100%的代码覆盖率就能够保证软件质量

实际上，即使测试所有的软件代码，也仍然不能保证软件完全满足用户需求和软件设计要求，也不能代表测试覆盖率很高。例如，代码遗漏了应当实现的功能或者所实现的功能与用户需求不符，这类需求问题很难通过代码覆盖率来发现。针对代码的测试可以发现代码与设计不匹配的问题，但却不能证明设计是否满足需求，而需求覆盖率却能够显示需求被满足的程度。因此，代码覆盖和需求覆盖是两种相辅相成的覆盖测试策略，在测试过程中需要综合予以应用。

综合以上说明，可以进一步理解代码覆盖率的实际意义：

- 度量测试工作的完成度，为确定何时可以结束测试提供依据。
- 确定没有被测试覆盖到的代码，从而检验前期测试设计是否充分，是否存在测试盲点。思考为什么在用例设计时没有覆盖这部分代码，是需求分析不够准确、测试设计有误，还是从工程实际情况和测试成本考虑进行了策略性放弃等，然后有针对性地补充测试用例。
- 检测出程序中的错误和无用代码，促使程序设计和开发人员理清代码逻辑关系，提升代码质量。
- 作为检验软件质量的辅助指标。代码覆盖率高并不能说明软件质量高，但是代码覆盖率低，软件质量也不可能得到有效保障。

6.4.3　质量评估

软件是否满足用户需求最终决定了软件的质量，软件缺陷反映了软件与需求的偏差，因此测试工作中一般通过分析软件缺陷来评估软件的质量。缺陷分析是软件质量评估的一种重要手段，缺陷分析指标可以看作度量软件质量的重要指标。

虽然缺陷分析本身并不能发现或清除缺陷，但是通过缺陷分析可以从软件研发全局角度把握软件质量，提高发现和清除缺陷的准确性和效率。缺陷分析本质上是对缺陷包含的各种信息进行分类、汇总和统计分析，通过分析结果不仅能够了解软件的当前质量状况、缺陷集中的区域，而且能够明确缺陷的变化趋势，评估出软件开发和测试过程中各阶段的工作质量。在一个软件企业中，通过坚持进行缺陷分析和评估，可以不断积累科学、准确的软件产品质量数据，有效地改进软件过程管理水平。

软件缺陷分析和评估有很多种方法，从简单的缺陷数量统计到复杂的基于数学模型的分析。常用的缺陷分析方法主要包括缺陷趋势分析、缺陷分布分析、缺陷注入-发现矩阵分析，下面分别对上述 3 种方法进行详细介绍。

1. 缺陷趋势分析

缺陷趋势分析是根据缺陷数量随时间变化的情况，分析和监控开发与测试的进展状况与质量，预测未来软件研发工作情况。

1）缺陷发现率与测试里程碑

单位时间内发现的缺陷数量称为缺陷发现率，图 6-4 反映了一般情况下缺陷发现率与测试成本之间的关系。测试初期，随着测试工作的展开，新发现的缺陷数量快速增加，缺陷发现率呈递增趋势。当发现的缺陷数量达到一定程度后，缺陷发现率开始呈现不断下降的趋势。随着时间的增长，发现潜在缺陷的难度越来越大，测试成本不断提高。测试后期，测试成本呈现指数级递增趋势。因此，从工程管理的角度出发，可以将上述两条趋势线的交汇点作为产品发布日期的估计点。

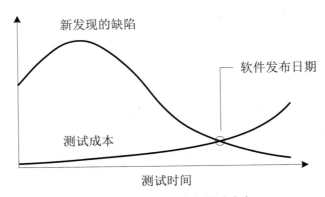

图 6-4　缺陷发现率与测试成本

从上述说明可知，缺陷发现率可以作为产品发布的重要度量。实际工作中可以设置阈值，当缺陷发现率低于阈值时就提示可以发布产品。当然，测试用例和测试资源不足也会引起缺陷发现率的降低，产品发布决策并不会单纯依赖缺陷发布率。缺陷发现率在这里更多体现的是对测试时间和成本的考虑，测试项目受时间和成本的限制不可能追求百分之百完美的软件产品，否则反而会带来不必要的商业竞争和成本控制风险。

当然，在分析缺陷发现率时，除了不加区别地统计所有缺陷数量外，还可以细化分析具有各种关键属性的软件缺陷的变化趋势，体现出对软件质量的综合考虑。例如，分析严重程度较高的或是属于关键模块的软件缺陷的变化趋势，从质量控制的角度评估和预测软件质量的变化情况。

实际工作中，缺陷发现率的变化情况并不会像图 6-4 中的那样理想，不同测试阶段的缺陷发现能力不同，程序开发和缺陷修复的效率变化情况也会对缺陷发现率产生直接影响。重要的是通过缺陷趋势分析及时掌握软件的当前状态，合理制定下一阶段的计划。图 6-5 是微软基于缺陷趋势图的里程碑定义，从缺陷趋势图可以找出"Bug 收敛点"，第一次出现新增缺陷数量为零的时间点被定义为"零 Bug 反弹点"。

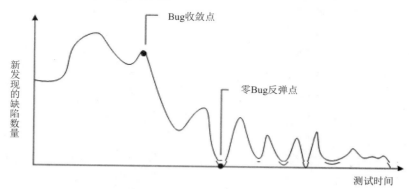

图 6-5　微软基于缺陷趋势图的里程碑定义

2）缺陷趋势与缺陷处理质量

缺陷趋势分析还可以延伸到对测试质量和缺陷修复质量的分析。通过分析和对比新增缺陷、已修复缺陷和已关闭缺陷的变化趋势，可以了解测试的效率和开发人员修复缺陷的效率，找出测试延期的原因，发现测试瓶颈。分析的周期可以是每日、每周，或是在一定的测试阶段之后进行。

为了获得稳定、规律性的趋势曲线，一般采用缺陷累积数量进行缺陷处理质量分析，图 6-6 是新增、已修复和已关闭缺陷的累计数量趋势变化对比图，趋势曲线斜率的大小反映了缺陷的处理效率。理想情况下的缺陷趋势图表现出以下特点。

- 由于缺陷处理工作的关联性，三条曲线的趋势变化情况相似。
- 因为提交缺陷之后才能进行缺陷修复工作，而且缺陷修复和验证都需要一定的时间，所以三条趋势曲线之间存在一定的延迟时间。
- 良好的缺陷趋势曲线最终都会趋于稳定，表现为曲线斜率趋近于零，曲线接近水平。当三条曲线都收敛到一个点时，意味着所有缺陷修复工作都已完成，可以发布软件产品。
- 从累计新增缺陷趋势曲线来看，70%以上的缺陷是在整个测试周期的中前期发现的。测试后期，甚至包括回归测试在内的新增缺陷数量非常少。这种情况可以说明测试效率高、测试质量好，并且说明开发人员修复缺陷的正确性很高，修复缺陷后引入新缺陷的概率很低。

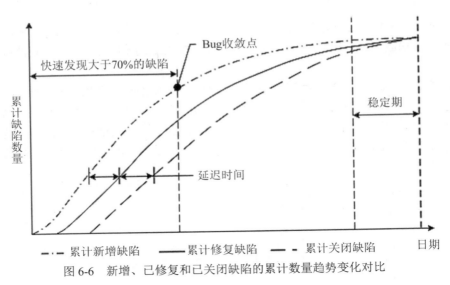

图 6-6　新增、已修复和已关闭缺陷的累计数量趋势变化对比

实际测试工作中，通过绘制、分析和对比上述趋势曲线，可以获得以下一些非常有价值的有关开发和测试质量的信息。

- 缺陷越早被发现，对软件质量的影响越小，修复的成本也越低。一般测试初期找到缺陷比较容易，越往后越难。因此，如果新增缺陷曲线开始的斜率比较大并且能够在较短的时间内趋于水平，则表明测试效率和质量都比较高。
- 缺陷打开与关闭的时间差决定了软件项目的进度，这一时间差当然越小越好。因此，如果缺陷修复曲线紧跟在新增缺陷曲线之后，说明开发人员处理缺陷的响应很快，修复缺陷效率高；如果缺陷关闭曲线紧跟在缺陷修复曲线之后，说明缺陷修复的正确性很高，绝大部分已修复缺陷被一次性验证通过。
- 如果新增缺陷曲线已趋于平缓，但缺陷修复和关闭曲线一直在新增曲线下面，说明缺陷处理效率过低，缺陷处理瓶颈在开发人员那边。
- 当新开始一个测试阶段时，如果发现新增缺陷曲线出现凸起，说明有较多的缺陷在之前的测试阶段未被发现，遗留到了本阶段，或者说明之前的缺陷修复引入了新的缺陷，需要尽快处理上述缺陷，稳定软件质量。
- 实际趋势曲线不可能都是平滑的，当发现任何与理想曲线存在显著差异的地方，都意味着测试与开发工作出现了某种问题，例如测试策略错误或是人力资源不足等，需要尽快分析问题产生的原因。同时，分析结果为今后工作中进行质量改进提供了非常有价值的经验数据。

2. 缺陷分布分析

缺陷分布分析是将缺陷数量作为一个或多个缺陷属性的函数来显示，分析不同类型的缺陷对软件质量的影响情况，寻找测试工作的薄弱环节。例如，分析不同模块中缺陷的数量、不同优先级或严重性的缺陷在整体缺陷数量中的比例、缺陷的具体产生原因等。

对缺陷进行分类统计分析，常用的缺陷属性有以下 4 种。

- 状态：新提交的、打开的、已修复的、已关闭的当前缺陷状态。

- 优先级：反映修复缺陷的优先顺序。
- 严重性：表示缺陷对软件产品和用户使用影响的恶劣程度。
- 来源：导致缺陷的原因及其来源位置。

最为简单的缺陷分布分析是统计已发现的缺陷在软件主要模块中的分布情况，如图 6-7(a) 所示。分析的结果可以直观和清晰地表明哪些模块中的缺陷较多，根据缺陷二八定律需要在后续工作中重点测试这些模块。

需要注意的是，单纯的缺陷数量并不能决定模块的质量，应当采用缺陷密度以更为准确地评估模块代码的质量，如图 6-7(b)所示。缺陷密度是用平均估算法来度量代码的质量，一般通过下面的公式进行计算，代码行通常以千行为单位。

$$软件缺陷密度 = \frac{软件缺陷数量}{代码行或功能点的数量} \tag{6-4}$$

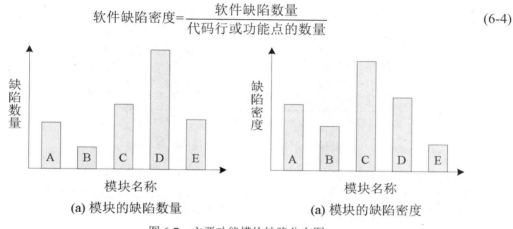

(a) 模块的缺陷数量　　　　(a) 模块的缺陷密度

图 6-7　主要功能模块缺陷分布图

但是，仅仅考虑缺陷密度对软件质量的影响仍然是很不完善的，其实质仍然是只单纯度量缺陷数量因素。每个软件缺陷的优先级不同，对修复缺陷的紧迫程度要求不同；更为重要的是，每个缺陷的严重程度不同，对软件质量的影响差异很大。因此，有必要在统计缺陷数量的基础上，对缺陷进行"分级、加权"处理，给出缺陷在各优先级和严重性级别上的分布作为补充度量，这就要求在软件缺陷报告中详细记录缺陷的优先级和严重性信息，以便于测试评估时进行充分的统计分析。

图 6-8 是缺陷优先级分布图，一般要求立即解决和高优先级的缺陷数量不应过多，否则意味着缺陷会频繁阻塞测试工作的正常进行，严重影响测试效率。

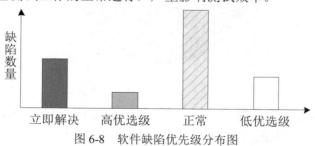

图 6-8　软件缺陷优先级分布图

对于缺陷严重性，可以采用加权的方法分析缺陷对软件质量的影响，如表 6-7 所示。进一步，可以给出更为直观的严重性加权后的模块缺陷分布图，如图6-9所示。

表6-7 软件缺陷严重等级权值与缺陷影响

缺陷严重等级	权值	缺陷数量	严重性加权数量
致命(Fatal)	4	N1	4N1
严重(Critical)	3	N2	3N2
重要(Major)	2	N3	2N3
较小(Minor)	1	N4	N4

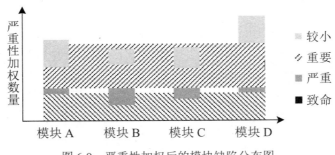

图6-9 严重性加权后的模块缺陷分布图

更为深入的，可以分析缺陷的来源，也就是统计分析不同类型缺陷的数量，找出造成软件缺陷的最主要原因。这一类型的缺陷分布分析有助于使测试人员将测试注意力集中到那些最容易产生缺陷的软件区域，也能够使开发人员在今后工作中更有针对性地提高代码质量。如图6-10所示，缺陷主要来源于需求说明、系统设计和数据库，直观提示这些软件部分需要更为深入和细致的测试。

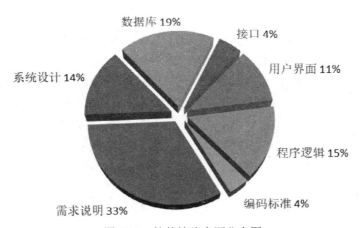

图6-10 软件缺陷来源分布图

除了上述分析方法之外，还可以分析缺陷的根源，找出导致软件缺陷的根本原因。通过原因归类能够反映出软件开发流程中需求分析、设计、编码、测试、工具、管理等哪个具体环节最为薄弱，根据分析结果评估技术团队测试能力和开发能力的成熟度，指导测试和开发过程的改进。还可以根据不同测试阶段、不同模块执行的总测试用例数以及发现的缺陷数，计算出每发现一个缺陷所需要的用例数，以此评估不同阶段和不同模块的测试质量与效率。

3. 缺陷注入-发现矩阵分析

软件缺陷有"注入阶段"和"发现阶段"两个阶段。注入阶段即缺陷的来源(Source)阶段，是指在软件开发的哪个具体阶段造成这个软件缺陷；而发现阶段是缺陷的起源(Origin)阶段，是指在开发和测试过程中第一次发现该缺陷的阶段。

表 6-8　缺陷注入-发现矩阵

发现阶段 注入阶段	需求 阶段	设计 阶段	编码与单 元测试	集成 测试	系统 测试	验收 测试	产品发 布后	发现 总计	本阶段缺 陷清除率
需求阶段	12	14	4	5	2	0	0	37	32%
设计阶段	—	20	16	6	1	2	1	46	43%
编码阶段	—	—	105	29	16	9	8	167	63%
注入总计	12	34	125	40	19	11	9	250	

根据软件缺陷报告中缺陷来源和起源属性，可以构造如表6-8所示的"缺陷注入-发现矩阵"。表 6-8 中的数字代表在某一发现阶段找到并清除的由特定注入阶段造成的软件缺陷数量，例如在系统测试阶段发现并清除 16 个编码阶段造成的缺陷。

1) 软件缺陷清除率

通过"缺陷注入-发现矩阵"，可以计算得到以下两种测试评估度量指标。

$$阶段缺陷清除率=(本阶段发现的缺陷数/本阶段注入的缺陷数)*100\% \tag{6-5}$$
$$阶段缺陷泄漏率=(下游发现的本阶段的缺陷数/本阶段注入的缺陷数)*100\% \tag{6-6}$$

阶段缺陷清除率反映的是某一软件研发阶段的缺陷清除能力，是缺陷密度度量的扩展，可以评估需求评审、设计评审、代码审查和测试的质量。例如表 6-8 中需求分析阶段的缺陷清除率是12/37≈32%，设计阶段的缺陷清除率是20/46≈43%，编码阶段的缺陷清除率是105/167≈63%。阶段缺陷泄漏率反映的是本阶段质量控制措施落实的成效，例如表 6-8 中需求分析阶段的缺陷泄漏率是(14+4+5+2)/37≈68%，因此提示研发团队需要加大需求评审力度。缺陷发现阶段和注入阶段可以根据软件项目特点进行划分，根本目的是评估出软件开发各个环节的质量，找出薄弱环节，从而有针对性地进行过程改进。

同样可以计算整体软件缺陷清除率。设 F 为描述软件规模的功能点数，D1 为软件开发过程中发现的所有缺陷数，D2 为软件发布以后发现的缺陷数，D=D1+D2 为发现的缺陷总数。可以通过以下几种度量方式来评估软件的质量。

$$软件质量(每个功能点的缺陷数)=D2/F \tag{6-7}$$
$$软件缺陷注入率=D/F*100\% \tag{6-8}$$
$$整体软件缺陷清除率=D1/D*100\% \tag{6-9}$$

例如，某个软件有 100 个功能点，开发过程中发现了 20 个软件缺陷，软件发布后又发现了 3 个缺陷，那么 F=100，D1=20，D2=3，D=23。由上述公式计算可得：

- 软件质量(每个功能点的缺陷数)=D2/F=3/100=0.03
- 软件缺陷注入率=D/F=23/100=23%

● 整体软件缺陷清除率=D1/D=20/23=86.96%

整体软件缺陷清除率一般需要达到85%以上，著名软件公司主流产品的整体软件缺陷清除率可以达到98%。

2) 缺陷潜伏期

软件缺陷被发现的时间越晚，带来的损害就越大，修复的成本也会越高。缺陷潜伏期是一种特殊类型的缺陷分布度量，也称为阶段潜伏期，通过考查缺陷潜藏在软件中的时间长短来评估测试发现缺陷的及时性和能力。

为了体现缺陷潜伏期的长短和缺陷的损害程度，首先需要给"缺陷注入-发现矩阵"中的元素赋予合适的权值，如表6-9所示。例如，在设计阶段评审过程中发现的需求缺陷，其阶段潜伏期可以设定为1；而如果这个缺陷是在编码和单元测试阶段发现的，那么其阶段潜伏期为2。其他权值设定依此类推，越靠近发现阶段后期权值越大，越靠近注入阶段后期权值越小。实际工作中需要根据具体阶段划分和项目特点对权值大小进行调整。

表6-9 缺陷潜伏期的权值

发现阶段 注入阶段	需求阶段	设计阶段	编码与单元测试	集成测试	系统测试	验收测试	产品发布后
需求阶段	0	1	2	3	4	5	6
设计阶段	—	0	1	2	3	4	5
编码阶段	—	—	0	1	2	3	4

之前表6-8所示的"缺陷注入-发现矩阵"已经明确表示了缺陷的注入时间、发现时间及数量，通过加权计算可以得到如表6-10所示的软件缺陷损耗值，表6-10中的数字是经过缺陷潜伏期加权后的已发现缺陷的数量。例如，表6-8显示在系统测试阶段发现了16个编码错误，表6-9显示对应权值为2，因此表6-10中对应矩阵元素的加权值为16×2=32，其他元素值的计算方法相同。

表6-10 软件缺陷损耗值

发现阶段 注入阶段	需求阶段	设计阶段	编码与单元测试	集成测试	系统测试	验收测试	产品发布后	损耗总计	阶段缺陷损耗
需求阶段	0	14	8	15	8	0	0	45	1.22
设计阶段	—	0	16	12	3	8	5	44	0.96
编码阶段	—	—	0	29	32	27	32	120	0.72

表6-10中显示了一种度量指标"缺陷损耗"。缺陷损耗综合了缺陷潜伏期和缺陷分布因素，用来度量缺陷发现过程的有效性和修复缺陷所耗费的成本，计算公式如下：

$$缺陷损耗=\frac{\sum 阶段缺陷数量×缺陷潜伏期权值}{缺陷总量} \tag{6-10}$$

例如，表6-10中由需求分析缺陷造成的缺陷损耗为45/37=1.22，45是加权求和后的损耗总计数值，37是表6-8中总共发现的需求分析缺陷数量。这样计算产生的实际上是阶段缺陷损耗，使用同样的原理可以计算整体软件的缺陷损耗。缺陷损耗的数值越低，说明缺陷的发现和修复过程越有效。当把发现和注入阶段相同时的缺陷权值设为 0 时，理想缺陷损耗的数值是 0，也就是把各阶段注入的缺陷全部在该阶段发现并修复了。通过积累和分析项目长期缺陷损耗的历史数值，可以度量测试有效性的改进趋势。

综上所述，质量评估通过多种方法和度量指标来评测软件的可靠性，并指导开发和测试工作改进的方向。但是，这些度量本身都有各自的局限性，在测试评估中需要结合覆盖率评估，在综合分析的基础上改进软件整体质量。

6.4.4　性能评估

通过性能测试可以获得与软件性能表现相关的各方面数据，性能评估就是基于这些数据分析、显示和报告软件的性能特征。性能评估通常与性能测试的执行过程结合进行，用于显示性能测试的进度和状态，也可以在性能测试完成后对测试结果进行统计分析。

主要的性能评估包括以下内容：

(1) 动态监测。在测试过程中实时获取和显示被测软件的性能表现、状态、用例执行进度等信息，一般以曲线图或柱状图的形式表达，用来监视和评估性能测试的执行情况。

(2) 响应时间或吞吐量。用曲线图等显示响应时间或吞吐量随系统负载变化的情况，评估被测软件对象在不同条件下的性能表现。除了显示软件的实际性能之外，还可以统计分析数据的平均值和标准差，对性能指标的稳定性做出评估。

(3) 百分比报告。百分比报告用于计算和显示各种百分比值，例如特定条件下软件对 CUP、内存、网络带宽的占用百分比。

(4) 比较报告。一种最常用的评估软件性能的形式。通过比较不同性能测试的运行结果，评估性能改进措施是否有效以及性能提升的程度，分析不同性能测试结果数据集之间的差异或趋势。

(5) 追踪和配置文件报告。追踪和配置文件报告能够显示软件运行时软件单元之间的消息、控制流、数据流、时序等关键的系统底层运行信息，通过这些信息可以更为准确地定位性能瓶颈或性能异常等情况下的缺陷位置，分析和总结缺陷产生的具体原因。

6.5　测试总结报告

在完成测试评估的基础上就可以着手编写测试总结报告。测试总结报告是为了总结和评价测试活动的结果，分析和讨论软件的风险和质量状态，发现测试工作仍然存在的不足之处，对测试计划的完成情况进行最终说明。

在 IEEE 829-2008 标准和国家标准 GB/T 9386-2008 中都给出了测试总结报告的编写标准，两者实质要求类似，都要求给出实际测试与测试计划的差异、综合评估、测试结果汇总、测试项总体评价、结论和建议等。在实际工作中可以遵从上述标准，设计符合软件企业自身特点的测试总结报告模板。

这里以 IEEE 829-2008 标准为例进行说明，如图 6-11 所示，分为阶段测试报告和主测试报告两种，Level 代表单元测试、集成测试、系统测试和验收测试中的一种。阶段测试报告根据测试结果给出对特定测试阶段的评价与建议，小型项目可能会合并一些阶段测试报告；主测试报告是对整个测试工作的最终总结报告。

阶段测试报告纲要	主测试报告纲要
Level Test Report Outline	Master Test Report Outline
1. Introduction	1. Introduction
1.1. Document identifier	1.1. Document identifier
1.2. Scope	1.2. Scope
1.3. References	1.3. References
2. Details	2. Details of MTR
2.1. Overview of test results	2.1. Overview of all aggregate test results
2.2. Detailed test results	2.2. Rationale for decisions
2.3. Rationale for decisions	2.3. Conclusions and recommendations
2.4. Conclusions and recommendations	3. General
3. General	3.1. Glossary
3.1. Glossary	3.2. Document change procedures and history
3.2. Document change procedures and history	

图 6-11　IEEE 829-2008 测试报告纲要

两类报告在介绍(Introduction)和常规(General)部分都包含如下信息。

- 文档标识符(Document identifier)
- 范围(Scope)：测试报告文档内容与结构，包括任何参考信息。
- 引用文件(References)：提供对测试计划、设计、用例等文件的引用信息。
- 词汇表(Glossary)：专业名词词汇表和缩写。
- 文档变更过程和历史记录(Document change procedures and history)。

阶段测试报告的细节内容(Details)如下。

(1) 测试结果综述(Overview of test results)。总结和评价测试结果，确定已完成了所有测试项目，说明测试项版本和修订情况，说明测试活动的环境及其影响。

(2) 测试结果详细说明(Detailed test results)。

- 总结测试结果，标识出所有已解决和未解决的软件缺陷，总结这些缺陷的解决方法，说明缺陷延迟修复的原因和处理过程。
- 总结主要测试活动和事件，说明相关度量。
- 说明实际测试与测试计划、测试规范、相关测试文档的差异，例如测试变化或测试未执行，对差异产生原因进行说明。
- 评估测试过程的全面性，例如测试覆盖率。

(3) 决策理由(Rationale for decisions)。详细说明需要做出决策的问题以及做出最终决策的原因。

(4) 结论与建议(Conclusions and recommendations)。基于测试结果和本阶段测试通过或失败标准，对每一个测试项进行全面评估，包括各测试项的局限性，可以包括对失败风险的估计。讨论和分析当前软件的可用性、稳定性、可靠性以及缺陷产生的根本原因。

主测试报告的细节内容(Details of MTR)如下。

(1) 测试总体结果综述。

- 测试活动总结。列举所有支持软件发布、软件增量、版本更新的可执行级测试活动，此部分说明应当与测试计划中描述的测试活动相一致。
- 测试任务结果总结。列举所有可执行级测试任务，任务描述应当与测试计划中的任务说明相一致。
- 缺陷及其处理情况总结。分类列举测试中发现的软件缺陷，分别对已修复和仍未修复的缺陷进行说明。
- 评估软件质量。全面评估软件产品的质量，包括评估的理由。
- 总结已完成的所有测试评估度量指标。

(2) 决策理由。给出软件测试通过、失败或有条件通过(Conditional-Pass)的结论及原因。有条件通过是指软件可以在一些限制条件下使用，例如在一定的操作条件范围内使用。

(3) 结论与建议。对软件产品进行全面评估，可以包括对失败风险的估计。分析和讨论产品的适用性，给出软件能否被验收的结论或建议。在结论中总结为确定软件产品是否可以发布做了哪些工作，在建议中给出软件可以发布、少量改动后发布或不能发布的最终建议和原因说明。说明在测试过程中得到的经验与教训，标识出完成测试计划和执行测试管理过程中的软件过程改进措施，总结缺陷产生的根源。如果一些缺陷被延迟修复，说明原因。

6.6　思考题

1. 软件缺陷都有哪些主要属性？你认为其中最重要的属性是哪些？为什么？
2. 结合缺陷跟踪管理过程说明缺陷都有哪些状态？最常见的状态有哪些？
3. 既然都是软件缺陷，为什么有些缺陷可以推迟修复？
4. 请说明缺陷起源、来源和根源的不同含义。
5. 简述软件缺陷报告中应当包含的主要信息。其中哪些信息是必不可少的？为什么？
6. 如果你是测试人员，为了保证重现缺陷，一般会采取哪些措施？
7. 简述如何完成覆盖率评估。
8. 代码覆盖率在实际应用中存在着哪些误区？
9. 简述如何完成质量评估。
10. 什么是缺陷趋势分析？什么是缺陷分布分析？分别能获得哪些主要分析结果？
11. 画出软件项目在理想情况下新增缺陷、已修复缺陷和已关闭缺陷的累计数量趋势对比图，并且说明从中一般能够获得哪些有价值的信息。
12. 缺陷分布分析一般包括哪些主要内容？
13. 什么是缺陷密度？
14. 如何构造缺陷注入-发现矩阵？通过该矩阵能够获得哪些有价值的分析结果？
15. 什么是软件缺陷清除率？什么是缺陷潜伏期？
16. 简述测试总结报告应当包含的主要内容。

第 7 章

软件测试管理

软件测试管理是整个软件项目管理的重要组成部分，与软件研发过程管理紧密相关。同时，软件测试管理又具有自身的独立性和特殊性，需要通过独立的测试组织，运用专门的测试理论、技术、方法和工具，对测试工作进行分析、计划、组织与实施，并且从测试周期、测试成本和测试质量等工程要素方面加以有效控制。

软件测试管理以保证软件质量为目标，因此本章首先对软件质量标准和管理体系进行简要介绍。然后，详细说明如何进行软件评审、制定测试计划、管理测试文档。此外，还对测试的配置管理、人员组织管理等内容进行说明。

7.1 软件质量管理

7.1.1 软件质量特性

软件测试管理的最终目的是保证和提高软件质量，因此首先就需要理解什么是软件质量。随着软硬件技术的发展，人们对软件质量的理解也不断深化，软件质量标准也处于不断变化的过程中。不同的标准化组织在不同的时期都给出过软件质量的多种定义，能够被普遍接受的观点是："软件质量是与软件系统或软件产品满足明确或隐含需求的能力有关的特征和特性的集合"。

上述定义包含软件质量的以下特性：

- 软件需求是度量软件质量的基础。软件与需求不一致的程度越大，质量就越差。
- 软件质量既要保证明确的用户需求，也要保证隐含的用户需求。软件结构良好、能合理利用计算资源、程序代码易于理解和修改、软件维护方便等往往属于隐含需求。如果不能满足，则意味着软件质量存在问题。
- 软件质量反映的是软件的综合特征与用户期望。影响软件的因素很多，软件质量是各种因素的复杂组合，需要综合考虑这些软件质量特性。

软件测试管理需要基于一种易于理解的质量模型，明确满足了哪些标准才能保证软件质量，并且基于这些标准对软件进行风险识别和质量评估。最常见的质量模型包括 McCall 模型、ISO 9000 标准系列以及软件成熟度模型 CMM/CMMI 等。由于软件质量因素很多，因此通常采用分层的方式定义模型。

McCall 模型是最早提出的一种质量模型,由 McCall 等人于 1979 年在改进更为早期的 Boehm 质量模型的基础上提出,如图 7-1 所示。McCall 模型的价值在于对影响软件质量的众多因素进行了归纳与分类,便于使用者从全局角度理解和控制软件质量。这一模型将 11 个主要质量因素分为软件运行特征、软件便于修改的能力、软件适应新环境的能力三个方面,这些质量因素可以作为评价标准用于度量软件质量。

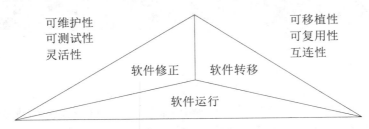

图 7-1　McCall 质量模型

除了 McCall 模型之外, ISO/IEC 9126 软件质量模型是一种评价软件质量的通用模型。ISO/IEC 9126 软件质量模型最初于 1991 年发布,主要面向软件质量特性和产品评价,1997 年之后经过修订提出了新的面向产品质量度量和质量模型的 ISO 9126 系列标准,这些标准描述了软件评估过程的模型,定义了 6 种主要质量特性。

ISO/IEC 9126 软件质量模型从以下 3 个方面来评价软件产品的质量:

(1) 内部质量。软件产品在规定条件下使用时满足明确的和隐含的需求的能力,是从开发者的角度出发来评价软件中间产品具有的质量特性,被视为软件开发过程中的质量特性。

(2) 外部质量。从软件产品外部角度出发所观察到的软件总体特性,是软件在预定的系统环境中运行时可能达到的质量水平,这些特性并不直接涉及软件内部。

(3) 使用质量。从用户的角度出发所观察到的软件在特定使用环境下满足需求的程度。这里的用户指各种类型的预期用户,包括使用软件的最终用户和软件维护人员。

ISO 9126 系列标准如下。

- ISO 9126-1:质量模型,如图 7-2 所示。
- ISO 9126-2:外部质量度量。
- ISO 9126-3:内部质量度量。
- ISO 9126-4:使用质量度量。

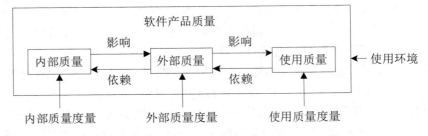

图 7-2　ISO/IEC 9126 软件质量模型

ISO 9126 软件质量模型的主要部分是外部和内部质量模型，如图 7-3 所示，由 6 个质量特性和 27 个质量子特性构成，其度量指标一般由软件企业自行决定。

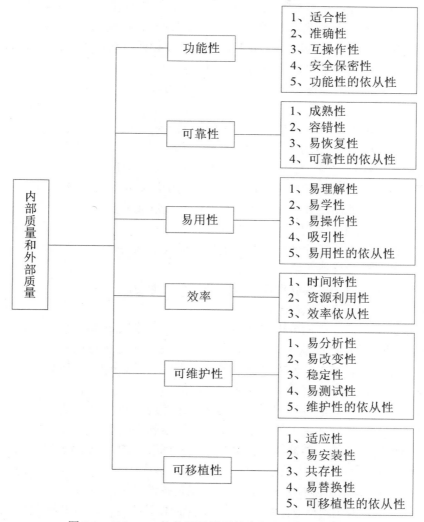

图 7-3　ISO 9126 软件质量模型的内部和外部质量模型

对这些质量特性及其子特性的简要说明如下。

(1) 功能性。软件在指定条件下使用时满足明确的和隐含的功能需求的能力。
- 适合性：为用户任务和目标提供一组合适功能的能力。
- 准确性：提供具有所需精确度的正确和相符的结果或效果的能力。
- 互操作性：软件与规定系统或接口进行交互的能力。
- 保密安全性：软件产品保护信息和数据的能力。
- 功能性的依从性：遵循与功能性相关的标准、约定或法规的能力。

(2) 可靠性。软件在指定条件下使用时维持规定的性能水平的能力。
- 成熟性：避免因软件错误而导致失效的能力。

- 容错性：在软件出现故障或违反指定接口的情况下维持规定的性能水平的能力。
- 易恢复性：软件在失效情况下重建规定的性能水平并恢复受影响的数据的能力。
- 可靠性的依从性：遵循与可靠性相关的标准、约定或法规的能力。

(3) 易用性。软件产品被理解、学习、使用和吸引用户的能力。

- 易理解性：使用户能理解软件是否合适，以及如何将软件用于特定任务的能力。
- 易学性：方便用户学习软件使用方法的能力。
- 易操作性：使用户能够操作和控制软件的能力。
- 吸引性：软件产品吸引用户的能力。
- 易用性的依从性：遵循与易用性相关的标准、约定或法规的能力。

(4) 效率。在规定条件下相对于所用资源的数量，软件产品可提供适当性能的能力。

- 时间特性：在规定条件下完成某个功能需要的响应时间。
- 资源利用性：软件执行其功能时使用合适的资源数量和类别的能力。
- 效率依从性：遵循与效率相关的标准、约定或法规的能力。

(5) 可维护性。软件产品可被修改的能力。

- 易分析性：便于诊断软件缺陷、失效原因以及识别待修改部分的能力。
- 易改变性：使软件修改易于实施的能力。
- 稳定性：避免由于修改软件而造成意外结果的能力。
- 易测试性：便于确认已修改软件的能力。
- 维护性的依从性：遵循可维护性相关标准、约定或法规的能力。

(6) 可移植性。软件产品从一种运行环境迁移到另一种运行环境的能力。

- 适应性：不需要采用其他方法就可以适应不同运行环境的能力。
- 易安装性：便于在指定环境中安装软件的能力。
- 共存性：软件与其他分享相同资源的软件在环境中共存的能力。
- 易替换性：在相同环境下替代另一个相同用途软件的能力。
- 可移植性的依从性：遵循与可移植性相关的标准、约定或法规的能力。

软件使用质量包含以下 4 个质量特性。

- 有效性：软件在特定环境下达到准确性和完备性目标的能力。
- 生产性：用户为达到有效性而消耗适当数量的资源的能力，例如完成任务的时间、工作量、材料、财务费用等。
- 安全性：软件可能造成损害的可接受的风险级别。
- 满意度：用户对软件产品的满意程度，包括对软件产品的意见。

7.1.2 软件质量标准与管理体系

1. 软件质量标准的层次

软件质量标准一般分为如下 5 个层次。

(1) 国际标准：由国际机构制定和公布的标准，例如国际标准化组织/国际电工委员会(ISO/IEC)、电子和电气工程师协会(IEEE)等。有以下一些典型的软件质量国际标准。

- ISO/IEC 12119：对软件包的质量要求和测试细则进行了定义。
- ISO/IEC 9126：以分层方式定义了软件质量特性和子特性，并根据内部质量、外部质量以及使用质量三种情况分别给出了质量特性度量指标，关注质量模型及其度量方法。
- ISO/IEC 14598：规范了对软件产品质量特性进行评价的过程，关注的是整个软件质量评价的活动。
- ISO/IEC SQuaRE 系列标准：通常也称为 25000 系列标准，以 ISO/IEC 250mn 的方式对标准进行编号。250 代表该标准属于 ISO/IEC SQuaRE 系列标准，m 是标准所属的分部，n 是该分部中具体的标准。25000 系列标准是 ISO/IEC 9126 和 ISO/IEC 14598 的改进标准，从 2005 年起陆续发布。

(2) 国家标准。由国家机构制定或批准，只适用于本国范围内的标准，例如我国标准简称为"国标 GB"。我国通过引入国际标准和自主研制发布了一系列软件质量标准，例如引入了 ISO/IEC 14598 和 ISO/IEC 9126 国际标准，研制了 GB/T 18905《软件工程产品评价》和 GB/T 16260《软件工程产品质量》国家系列标准。从 ISO/IEC SQuaRE 系列标准开始，我国国家标准统一采用国际标准号 25000，并进一步制定了相应的等同标准，如 GB/T 25000.1-2010《软件工程　软件产品质量要求与评价 SQuaRE 指南》。

(3) 行业标准。由行业协会、学术团体或国防机构制定的适用于某个业务领域的标准，例如电子和电气工程师协会(IEEE)等。需要注意的是，软件项目针对的业务领域也经常会有一些相关标准，例如医院信息化管理系统(HIS)标准。

(4) 企业规范。一些大型企业或公司单独或联合制定的规范，一些规范随着影响力的提升会转变为行业标准、国家标准甚至国际标准。

(5) 项目规范。专门为特定软件项目制定的操作规范。

2. 主要的软件质量管理体系

国内软件企业所采用的软件质量管理体系主要是 ISO 9000 和 CMM/CMMI 两种。出于承接大型软件项目资质方面的考虑，很多公司都会取得各种质量标准协会的认证，有的公司甚至会同时具有 ISO 9000 和 CMM 的认证。相比于 ISO 9000，目前国内软件企业更为认可的质量管理体系是 CMM，尤其是承接欧美外包项目的软件公司。因为很多欧美公司都认可 CMM 认证，通过 CMM3 或 CMM4 认证的软件企业往往具备承接国际项目的能力。常见的质量管理体系如表 7-1 所示。

ISO 9000 是质量管理系列标准，发布之初面向产品制造业，还不能适用于软件过程管理。ISO 9001 是 ISO 9000 系列标准之一，规定了设计、开发、生成、安装和服务的质量保证模式，该标准适用于所有的工程行业。为了应用于软件开发行业，ISO 专门制定出 ISO 9000-3 标准，全称为"质量管理与质量保证标准第三部分：在软件开发、供应、安装和维护中的使用指南"，也就是将 ISO 9000-3 作为软件企业实施 ISO 9001 的指南。ISO 的核心内容主要包括合同评审、需求规格说明、开发计划、质量计划、设计和实现、测试和确认、验收、复制、交付与安装以及维护的相关标准。

表 7-1　常见的质量管理体系

名称	制定者	适用领域	简要说明
ISO 9000	国际标准，ISO/TC	所有行业	其中 ISO 9000-3 是针对软件开发行业的标准实施指南
CMM	软件行业标准，卡内基梅隆大学制定并管理	软件行业	分为 5 个等级，CMMI 是 CMM 的新版本，选择 CMM/CMMI 认证的美国软件企业较多
ISO 15504 (SPICE)	国际标准，ISO/TC	所有行业	软件过程评估标准，起源于软件过程改进和能力测定(SPICE, Software Process Improvement and Capability Determination)项目
六西格玛 (Six Sigma)	行业标准，最早由摩托罗拉公司提出	所有行业	不只关注质量，还关注成本、进度等，面向全面管理。以质量为主线，以客户需求为中心，利用对事实和数据的分析改进业务流程
TickIT	软件行业标准，由英国工贸部 DTI 发起	软件行业	目的是推动 IT 企业通过 ISO 9000 质量认证，TickIT 基于 ISO 9001，选择 ISO 9001/TickIT 认证的欧洲软件企业较多

CMM(Capability Maturity Mode)能力成熟度模型是卡内基梅隆大学软件研究所(SEI)提出的模型，能够有效地帮助软件企业完善和改进软件开发过程。CMM 的实用性在于将软件过程改进步骤划分为逐步成熟的、阶梯式的 5 个等级(如图 7-4 所示)，以便于软件企业根据阶段目标不断对软件开发和维护进行过程监控和研究，使其更加科学化、标准化。

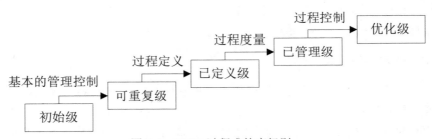

图 7-4　CMM 过程成熟度级别

CMM 的 5 个等级的基本特征如下。

(1) 初始级(Initial)。开发过程无序，只有少量过程经过严格定义。过于依赖个人的业务能力、经验和努力，过程随着人员变动而改变。缺乏健全的管理制度，开发项目成效不稳定，软件质量决定于个人能力而不是软件企业的过程能力，因此难以预测。

(2) 可重复级(Repeatable)。已经建立了基本的管理制度和规程，初步实现了标准化，开发工作能够比较好地按标准实施。软件变更可以依法进行，实现了基线化，稳定可跟踪。相似项目的计划和管理基于过去的实践经验，可以重用以前成功的部分。

(3) 已定义级(Defined)。开发过程以及技术工作和管理工作均已实现标准化、文档化，建立了完善的培训制度和评审制度，开发成本、进度、质量均可控制，对已定义的过程模型的活动、人员岗位和职责均有共同的理解。

(4) 已管理级(Managed)。产品和过程已经建立了定量的质量目标，开发活动中的生产率和质量是可度量的。已实现对软件产品质量和开发过程的控制，可预测过程和产品质量趋势，如果发生偏差能够及时纠正。软件产品在达到确定的质量指标后才予以发布。

(5) 优化级(Optimizing)。可以取得过程有效性的统计数据，并根据定量化的分析结果得出最佳过程改进方法，采用新技术、新方法来优化开发过程。拥有防止出现缺陷、识别薄弱环节并加以改进的手段。具备持续不断地改进软件开发过程的能力。

表 7-2 反映了 CMM 的 5 个等级与软件产品潜在缺陷密度和缺陷清除率的关系，缺陷密度按每个功能点的缺陷数来表示。从表 7-2 中可以看出，软件过程的成熟度越高，缺陷的清除率也越高。

表 7-2　CMM 级别、潜在缺陷密度与缺陷清除率

CMM 等级	潜在缺陷密度	缺陷清除率(%)	被交付的缺陷
1	5.00	85	0.75
2	4.00	89	0.44
3	3.00	91	0.27
4	2.00	93	0.14
5	1.00	95	0.05

从 CMM 的具体实施层面来看，除了 CMM1 之外，CMM 其他的每一个等级都给出了实现这一等级目标的若干关键过程域(KPA，Key Process Area)。这些 KPA 明确规定了一个软件企业需要关注和改进的软件过程环节以及具体问题。每一个 KPA 都明确列出了一个或多个改进目标，并且给出了一组相关的关键实践(Key Practices)。软件企业只要实施这些关键实践，就可以达到相应的过程改进目标。各等级主要的 KPA 内容如下。

- CMM2 的 KPA：软件质量保证(SQA，Software Quality Assurance)方法。通过监控软件的开发过程、保证软件及其开发过程符合标准与规范、对不符合项进行跟踪处理等措施来提高软件质量。
- CMM3 的 KPA：同行评审(PR，Peer Reviews)方法。通过加强同行评审可以及时和高效地识别与消除软件产品中的缺陷。
- CMM4 的 KPA：软件质量管理(SQM，Software Quality Management)方法。强调建立对软件产品质量的定量度量，以便于实现对质量的定量管理。CMM4 级软件企业的过程能力是定量的，是可以预测的过程。
- CMM5 的 KPA：缺陷预防(DP，Defect Prevention)方法。分析缺陷产生原因，基于缺陷类型、来源、出现概率、影响范围等数据建立管理数据库，分析结果供软件企业所有项目组共享以支持过程优化改进。统计过程控制的理论和技术是 CMM5 的基础。

CMMI 是由美国软件工程学会(SEI，Software Engineering Institute)于 2000 年发布的 CMM 的新版本，全称是"Capability Maturity Model Integration"，中文为"能力成熟度模型集成"。2001 年 12 月发布的 CMMI 1.1 版本标志着 CMMI 的正式使用。CMMI 将各种能力成熟度模型整合到同一框架中，其内容不仅包括软件过程改进，还包括系统集成、项目采购等方面的过程改进内容。CMMI 沿用了 CMM 的等级方式，但是纠正了原有模型之间的不一致性和重复性等问题，使其更适用于软件企业的过程改进。

3. 主要软件质量管理体系的区别与联系

软件质量标准体系之间具有一定的区别和联系。首先来看一下 ISO 9001 与 CMM 的关系，两者具有以下一些相同之处。

- 都以全面质量管理为理论基础，以提高软件质量管理水平为目标，强调管理过程的规范化和文档化。
- 都强调"该说的要说到，说到就要做到"，即对每个重要过程都要形成文件，并检查交付物的质量水平。

但是 ISO 9001 和 CMM 也具有如下一些不同之处。

- 基础不同。ISO 9001 确定了合格质量管理体系的最低可接受水平，而 CMM 更为强调持续过程改进。虽然 ISO 9001 也会解决持续过程改进的问题，但 CMM 更明确地致力于解决过程改进的问题。
- 范围有所区别。ISO 9001 的范围包括软硬件、流程性材料和服务，CMM 严格聚焦于软件，是描述软件过程能力的"专有"模型。CMM 虽然没有完全满足 ISO 9001 的一些特定要求，但已经包括大部分的要求。
- 不能简单替代。一些 ISO 9001 质量要求在 CMM 中不存在，反之亦然，另外一些要求是分散对应的。满足 ISO 9001 并不意味着完全满足 CMM 某个等级的要求，取得 CMM2 或 CMM3 也不能说就一定满足 ISO 9001 的要求。
- 层次不同。ISO 9000 认证的结果只有"通过"和"不通过"两种，而 CMM 的评价分为 5 级，更多体现了软件过程动态和持续改进的特征。

CMM 和 CMMI 之间也存在着如下一些主要不同之处。

- CMMI 整合了系统工程、软件采购、人力资源管理、产品集成、开发过程等多个能力成熟度模型。因此，对于工作面众多、业务不仅有软件开发还包括硬件开发、系统集成的大型软件企业来说更为适用。对于规模不大、业务集中于软件开发的企业来讲 CMM 比较适用。
- CMMI 具有和 CMM 一样的阶段式表现方法，将软件过程分为不同的成熟度级别。同时，CMMI 还有连续式的表现方法，将软件过程分为过程管理、项目管理、工程和支持四种类型，每一类型又分为基本和高级两种。软件企业如果按连续方式实施 CMMI，可以单方面选择将某一类实践做到最好，而暂时不考虑其他类型。
- CMMI 对原有 CMM 的关键过程区域(KPA)进行了更为详细的拆分和扩充，并结合常见的软件生命周期模型进行了映射。例如，在第 3 级增加了需求开发、决策分析、焦点定义、集成团队等。
- CMM 在软件方面的要求比 CMMI 略低，实施难度和过程改进的费用也要小一些。因此，软件企业可以根据实际情况，采用 CMM 的实施和评估方法，在过程改进中参考 CMMI 的要求，降低实施难度和成本。

7.2 软件评审

1. 软件评审的重要性

软件评审是为了验证软件开发和软件测试各个阶段的工作是否已经阶段性地达到规定的技术和质量要求，然后决定能否转入下一阶段的工作。因此，通过软件评审可以建立软件项目管理过程中的重要里程碑，是软件质量控制和保障的重要手段之一。

根据软件开发和测试阶段的划分，评审阶段可以分为软件需求评审、设计评审、测试计划评审、编码和单元测试评审、集成测试评审、系统测试评审、验收测试评审等。根据评审的对象不同，又可以分为管理评审、技术评审、文档评审和流程评审。简单来说，只要是开发和测试中的重要环节都应当进行评审。

软件评审和软件测试具有紧密关系。随着对软件测试理解的深入，人们认识到软件缺陷更多地起源于软件早期阶段，因此将需求和设计文档检查、代码审查等内容作为必须完成的静态测试内容，并且强调从软件项目一开始测试活动就必须跟进。因此，软件评审和软件静态测试在对软件技术方案进行验证方面的工作是一致的，而管理评审和流程评审属于质量保障工作的范畴，测试更多的是针对软件程序。

软件评审与程序测试应当配合使用才能取得最佳的质量保障效果，并且软件评审相比于单纯的软件测试具有更为显著的作用。据统计，基于测试用例的程序测试只能发现大约 1/5 的软件缺陷，而软件评审可以找出 4/5 的软件缺陷。因此，通过软件评审能够尽早发现软件缺陷，避免将大量软件缺陷遗留到测试执行阶段才去发现与修复。图 7-5 反映了加强软件评审前后软件缺陷分布的变化情况。

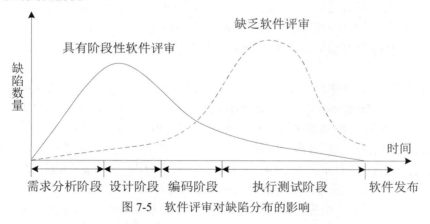

图 7-5 软件评审对缺陷分布的影响

尽早发现软件缺陷有如下两个明显的作用。

1) 减少软件缺陷的数量

软件缺陷具有"弥漫和放大"效应。软件研发由一系列阶段组成，前期阶段的某一软件缺陷会造成后期阶段更多数量的缺陷，如果不能及时清除会使得缺陷的影响范围越来越大。严格的软件评审可以及时发现和纠正阶段性的软件问题，将缺陷的数量尽可能控制在最小范围之内，避免后期阶段缺陷数量的膨胀。编码只是对需求和设计的反映，因此尤其需要重视软件需求和设计方面的评审。这两个阶段的缺陷对整体软件质量的影响非常显著，必须在实际编程和测试前，在最大程度上清除其中的软件缺陷。

2) 降低修复软件缺陷的成本

如图 7-6 所示，不同软件研发阶段修复软件缺陷的成本差异很大。平均来讲，如果修复一个需求缺陷的成本是 1，那么在设计阶段发现和改正该缺陷的成本是 3~6 倍，在程序编码阶段变为 10 倍，在测试阶段变为 15~50 倍，到软件发布后才发现并进行修正的成本会高达 40~1000 倍。阶段修复成本再叠加缺陷数量的放大效应会使得修正缺陷的成本呈现指数级增长，由此可以体会到通过软件评审及早发现和修复缺陷的极端重要性。

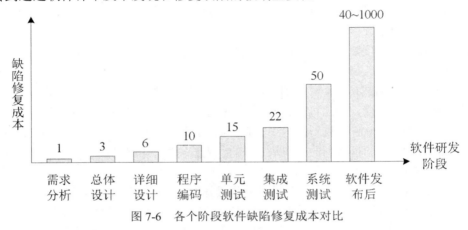

图 7-6 各个阶段软件缺陷修复成本对比

2. 软件评审的方法

软件评审的对象通常是软件开发过程中产生的各种技术产品或技术文档，如软件需求规格说明书、软件设计文档、源程序、测试计划等，重点评审阶段性技术产品在需求、设计、逻辑实现以及测试整体规划方面是否正确、合理、有效和可行，相关技术文档内容是否规范、完整、一致。

软件评审在各个软件企业的形式不同，也存在着一些不同的相关名称，例如审查(Inspection)、走查(Walkthrough)、同伴评审(Buddy Review)、同行评审(Peer-to-Peer Review)等。不同的形式之间并没有本质的区别，只存在以下正式和非正式的差别。

- 正式的软件评审。以评审会议的形式进行，由评审组长和相关开发与测试人员组成，通过会议准备、设定评审原则、召开会议、评审分析、给出过程改进意见、形成正式的问题总结与记录等环节完成软件评审。
- 非正式软件评审。相关的评审人员通过邮件接收评审内容，分散阅读并提出书面意见，或者以非正式会议的形式对评审对象进行检查。非正式评审仍然需要形成评审记录，由评审人员签字以体现各自责任。

实际工作中可以根据不同的阶段选择合适的评审形式，例如在正式评审前采用非正式评审的方式充分分析评审内容，然后通过正式评审形成最终决议。对于重要的开发和测试阶段一定要采用正式的软件评审，最为重要的阶段一般包括：需求评审、设计评审、核心代码评审、测试计划评审。通过软件评审，可以形成功能基线、设计基线、产品基线等一系列软件阶段状态基准，以便于应对、跟踪和管理各种软件变更。

软件评审中经常采用如下两种评审技术。

1) 缺陷检查表

缺陷检查表是最为常用的评审工具，根据经验列出了最有可能发生的软件缺陷。通过缺陷检查表驱动评审过程可以更为准确地确定评审范围，提高评审的质量和效率。

2) 场景分析

场景分析多在需求评审时应用，可以使评审人员从不同类型的用户角度出发，设定这些用户使用软件的各种典型场景，根据各类用户的关注程度划分场景优先级，分析各场景下的主要软件功能和性能要求，确定其重要性和相关技术风险。

在评审过程中一般采用分层评审、分类评审和分阶段评审的方法。

- 分层评审。从评审对象的高层内容向低层细节内容逐步推进，进行评审。例如，在需要评审时，首先检查软件高层主要功能和非功能特性是否已经满足用户的主要软件使用要求，然后再对低层细节需求展开评审。
- 分类评审。对评审对象的各类主要内容分别进行评审，适用于对大多数软件开发阶段的评审。例如，对测试计划中的测试范围、优先级、策略、进度安排等内容分别进行评审。还可以结合分层评审的方法，进一步对测试策略中的单元测试、集成测试、系统测试、性能测试、安全性测试等细节测试策略进行详细评审。
- 分阶段评审。对于规模和复杂度很高的评审对象，一般需要进行多次评审，以降低评审的难度，提高评审的质量。

7.3　测试计划

制定测试计划是软件测试过程中的第一个环节，测试计划是测试管理活动的主要依据，也是测试管理思想和措施的具体体现，缺乏测试计划必将造成测试过程的混乱和失败。

7.3.1　对于测试计划的基本认识

1. 测试计划的目的与作用

软件测试项目管理一般从制定测试计划开始，测试计划是测试管理工作必须完成的重要任务之一。首先需要明确什么是计划，一般来说计划是为了识别任务、分析风险、规划资源和确定进度。从上述计划的定义可知，计划并不是一张单纯的时间进度表，而是包含丰富的内容。制定计划是一个动态的过程，最终要以系列文档的形式确定下来。

测试计划是为了确定各个测试阶段的目标和策略，明确需要完成的测试活动，合理安排测试所需要的时间和资源，说明完成测试的组织结构和岗位职责，确定对测试过程及其结果进行控制和测量所需要的方法和活动，识别测试风险。

制定测试计划需要测试管理人员的积极参与，测试计划确定了整个测试项目的时间框架，测试工作必须服从时间和资源上的约定。简单来说，测试计划的目的是对测试过程进行整体规划与说明，指导测试过程的执行，跟踪和控制测试进度。测试用例的设计是基于测试计划的，测试计划给出了测试范围、策略和资源配置方面的宏观规划，而测试用例用于完成测试计划所规定的测试任务。

制定测试计划主要有以下作用：

- 体现软件测试管理的主要目标。通过测试计划合理估计测试资源、成本和进度，在软件产品质量、测试时间和测试成本之间做出最佳平衡，预先识别软件测试的风险并给出应对措施。
- 便于进行测试管理。测试计划将整体测试工作细化，分解为便于执行的测试任务，方便测试人员进行任务分配，同时也方便对测试过程进行监督与控制。对测试任务进行优先级设定，合理安排有限的测试资源和测试任务的处理顺序，降低测试的风险，使软件测试管理工作更加顺利。
- 建立对测试结果的客观评价标准。通过在测试计划中明确对测试结果的度量标准、某一测试任务可以通过的标准、阶段或整体测试工作的结束标准等，使测试人员明确测试工作的客观标准，减少任务错误，也使管理人员能够有章可循地、更为准确地控制测试进程。
- 有利于及早发现软件需求方面的问题。编写测试计划需要参照软件需求规格说明书，因此可能会发现一些需求分析方面的问题。需求问题严重影响后续软件研发质量，其影响范围会不断扩大。因此，对制定测试计划时发现的需求问题进行及时修正可以避免造成较大的软件质量偏差。
- 便于软件项目人员的沟通与理解。测试计划是纲要性文件，明确了测试人员的工作职责划分和工作进度，在测试目标和策略等方面达成了人员共识，因此可以避免测试过程中测试人员之间沟通与理解上的偏差。

2. 编写测试计划的注意事项

1) 单独编写测试计划还是为每个测试阶段分别编写测试计划

这取决于软件项目的规模与特点。对于一般的中小型软件项目来讲，编制整体的测试计划即可。对于大型软件项目来讲，可以分别为单元测试、集成测试、系统测试和验收测试制定单独的测试计划，实现更为细致的计划与控制。可能会形成测试风险分析报告、测试任务计划、测试实施计划、质量保证计划等一系列相关计划。

另外，根据软件项目特点，也可以为性能测试、安全测试等不同类型的测试任务编制专门的测试计划。例如，对于涉及信号采集分析与处理、过程实时控制、高可靠性与安全性的系统来讲，一般需要编制全面的性能测试和安全性测试计划，制定明确的质量控制指标，保证系统满足需求。

2) 做好测试需求分析

制定测试计划首先需要明确测试需求，确定要测试哪些内容和测试到什么程度，在此基础上才能进一步确定测试的策略、测试环境、测试所需人员、测试工具、测试风险等。测试计划是与软件开发活动同步进行的，完成软件需求分析的同时应当同步制定系统测试计划和验收测试计划；完成软件概要设计和详细设计后，应当同步制定出集成测试计划和单元测试计划。因此可以看出，测试计划的制定是逐步完成的，不可能一步到位，需要深刻理解软件项目需求和设计的内容。

测试需求主要通过以下途径来收集：

- 与测试有关的文档，主要包括项目计划书、项目可行性分析报告、软件需求规格说明书、各类软件设计文档以及前期项目的测试计划。
- 业务背景资料，例如软件业务领域的知识等。
- 原有系统功能与性能特性。当以全新的体系结构方式设计和完善软件时，对原有系统的特性分析是测试需求的主要来源。
- 当前企业资源状况。这里的资源包括人力资源、软硬件资源等。

测试需求分析主要包括以下内容：

- 明确需求的范围，如功能点的数量、性能要求等。
- 理解每一个软件功能的处理流程和业务规则。
- 区分软件业务的侧重点，划分测试需求的优先级。
- 挖掘显式需求背后的隐含需求。测试必须具有可操作性，因此需要明确测试需求，例如明确软件可靠性、易用性、性能等方面的指标。

3) 增强测试计划的实用性

编写测试计划要从实际出发，避免流于形式。测试计划包含的内容很多，为了能够真正指导测试过程，并且从管理角度具有可操作性，需要通过以下一些方面增强其实用性。

根据对具体软件项目的测试需求分析，明确测试目的、范围和软件质量要求，给出可量化和可度量的测试目标，避免宏观和非具体化的描述。

- 尽早制定测试计划，不断细化测试任务，保证测试计划的灵活性，争取多渠道评审测试计划以保证其完整性、正确性和可行性。
- 软件开发是一个渐进的过程，测试计划需要根据需求变更做出及时调整。
- 考虑实际测试资源、测试时间和成本，确定切实可行的测试策略和测试方法，选择实用性高的测试工具。

4) 在测试计划中体现"5W1H"规则

- What：明确测试的范围和内容。
- Why：明确测试的目的。
- When：确定测试的周期以及开始与结束时间。
- Where：给出测试文档和软件的存放位置。
- Who：明确测试人员的任务分配。
- How：给出测试的方法和工具。

7.3.2　测试计划的主要内容

实际工作中，一般按照软件测试计划模板起草测试计划。由于软件企业和软件项目的差异，测试计划的内容会有所不同，应当按照测试项目实际情况对模板内容进行合理的裁剪与灵活的修改。可以参考附录C"软件测试计划模板"，也可以按照图 7-7 所示的由 IEEE 829-2008 标准规定的软件测试计划大纲来制定测试计划。

主测试计划纲要	阶段测试计划纲要
Master Test Plan Outline	Level Test Plan Outline
1. Introduction	1. Introduction
1.1. Document identifier	1.1. Document identifier
1.2. Scope	1.2. Scope
1.3. References	1.3. References
1.4. System overview and key features	1.4. Level in the overall sequence
1.5. Test overview	1.5. Test classes and overall test conditions
1.5.1 Organization	2. Details for this level of test plan
1.5.2 Master test schedule	2.1 Test items and their identifiers
1.5.3 Integrity level schema	2.2 Test Traceability Matrix
1.5.4 Resources summary	2.3 Features to be tested
1.5.5 Responsibilities	2.4 Features not to be tested
1.5.6 Tools，techniques，methods，and metrics	2.5 Approach
2. Details of the Master Test Plan	2.6 Item pass/fail criteria
2.1. Test processes including definition of test levels	2.7 Suspension criteria and resumption requirements
2.1.1 Process: Management	2.8 Test deliverables
2.1.1.1 Activity: Management of test effort	3. Test management
2.1.2 Process: Acquisition	3.1 Planned activities and tasks；test progression
2.1.2.1 Activity: Acquisition support test	3.2 Environment/infrastructure
2.1.3 Process: Supply	3.3 Responsibilities and authority
2.1.3.1 Activity: Planning test	3.4 Interfaces among the parties involved
2.1.4 Process: Development	3.5 Resources and their allocation
2.1.4.1 Activity: Concept	3.6 Training
2.1.4.2 Activity: Requirements	3.7 Schedules, estimates, and costs
2.1.4.3 Activity: Design	3.8 Risk(s) and contingency(s)
2.1.4.4 Activity: Implementation	4. General
2.1.4.5 Activity: Test	4.1 Quality assurance procedures
2.1.4.6 Activity: Installation/checkout	4.2 Metrics
2.1.5 Process: Operation	4.3 Test coverage
2.1.5.1 Activity: Operational test	4.4 Glossary
2.1.6 Process: Maintenance	4.5 Document change procedures and history
2.1.6.1 Activity: Maintenance test	
2.2. Test documentation requirements	
2.3. Test administration requirements	
2.4. Test reporting requirements	
3. General	
3.1. Glossary	
3.2. Document change procedures and history	

图 7-7　IEEE 829-2008 标准规定的软件测试计划大纲

无论按照哪种方式撰写测试计划，都需要界定测试范围、确定具体的测试策略、分析测试风险、规划测试资源、制定测试进度，上述内容是一份完整的测试计划的主要内容。下面对如何制定测试计划进行详细说明。

1) 测试计划概要

概况性地描述被测软件的基本情况。介绍软件的应用领域、特点、主要功能和性能、运行平台、版本号等基本情况，列举相关参考文档和测试依据文件。

2) 测试目标

对整体测试目标、各阶段的测试目标、测试对象以及约束进行简要说明，有了测试目标才能有针对性地制定测试计划。

软件测试计划的基本目标都是在有限的测试时间和测试成本的条件下尽早和尽量多地发现软件缺陷，满足用户的需求。因此，需要从用户需求出发，针对不同软件系统的特点制定测试目标。例如，对于电子商务类网站的支付功能，需要制定安全性测试目标；对于产品类软件，需要制定易用性和性能等方面的测试目标。

测试目标又可以分为整体测试目标、各阶段测试目标和特定任务目标。整体测试目标用来确定被测软件功能、性能、测试覆盖率等方面的期望目标，阶段测试目标对单元测试、集成测试等测试执行阶段的测试目标进行细化，特定任务目标明确了安全性测试、易用性测试等特定测试项目的测试目标。确定上述目标时需要分析具体业务功能和流程，考虑测试资源和测试成本的限制。

3) 测试范围

说明软件的哪些功能和性能需要被测试到，重点列出需要测试的主要功能和软件关键特性，与测试用例的设计相对应并互相检查。

测试计划的这一部分主要是纲要性地描述对哪些内容进行测试，形成包括所有测试项的一览表，内容可以按照功能或模块进行组织。此外还需要说明不需要测试、无法测试或推迟测试的对象，并且说明理由。有时会对软件的一些部分不进行测试，它们可能是以前发布过的或是已经被测试过的软件部分。当实际测试进度远远落后于计划进度时，会将一些低风险的附属功能测试项标记为推迟测试。

实际工作中，为了及时发布软件，开发和测试的时间一般都有严格的限制，软件的质量目标是必须达到的，在这种约束情况下能够调整的只有测试范围。例如，在测试时间紧迫的情况下，通常优先完成重要功能的测试就属于测试范围的调整。因此，在制定测试计划时，需要根据软件项目整体开发计划的时间来确定测试范围。如果确定的测试范围不合理，会给测试计划的执行带来消极影响，例如频繁加班或者软件延迟发布。

确定测试范围前需要测试管理人员进行测试任务分解。划分任务有两个主要目的，一是识别子任务，二是方便估算这些子任务所需要的测试时间和资源。理想意义上的完全测试是不存在的，因此一般在测试计划中需要对测试范围做出合理的、有策略的妥协。

4) 测试策略

测试策略是测试计划中最为核心的内容，规定了对测试对象进行测试的推荐方法。对于每一种测试任务、每个阶段的测试都应当提供相应的测试说明，解释采用特定测试方法和技术的原因以及判断测试何时可以完成的标准，并且说明对测试成功与否起到决定作用的所有相关问题。因此，这部分内容被标记为"策略"而不是单独的"方法"。

测试策略是测试计划的内容之一，与测试计划的关系就像"战略"与"战术"的关系一样。

测试计划从全局角度说明了测试项目的需求、测试任务、测试方法和进度安排，而测试策略是从局部角度说明针对具体测试任务应当如何实施测试。因此，这一部分的内容通常会较为细致，会涉及测试的可操作性细节，篇幅往往较大，对于大型测试项目来讲可以单独编写。

测试策略的作用主要反映在以下几个方面：

- 任何穷举测试都是不现实的，必须根据测试任务的特点选择合适的测试方法和手段，例如具体的黑盒测试或白盒测试技术。
- 实际测试项目的时间、成本和测试资源都是有限的，需要在不同的测试方案中找到一个最佳平衡点。在保证软件质量的前提下考虑测试约束条件，用最少的测试工作量去发现尽可能多的软件缺陷。通过充分估计测试的工作量、测试时间、测试难度、测试资源等因素，决定测试资源的合理利用方式。
- 测试任务数量众多，需要划分轻重缓急。在分析软件主要功能、性能对用户的影响程度的基础上，确定测试的重点任务和优先顺序，满足软件的主要质量需求。
- 测试工作虽然不能保证发现所有的缺陷，但是也不能遗漏过多的缺陷。测试策略规定了判定测试有效性的准则，例如测试覆盖率、各种性能测试指标等，保证了测试的有效性。
- 测试策略考虑了何时采用手工测试、何时采用自动化测试以及采用什么测试工具，因此可以提高测试的效率。
- 通过制定测试策略可以使项目组成员对如何完成测试达成一致意见。

那么，具体应当如何制定测试策略呢？首先应当明确的是，测试策略的制定是以测试目标为驱动的，在整个策略制定过程中都应当考虑测试项目的实际约束。这里的约束包括软件规模、软件结构、软硬件资源、测试时间、测试人员的能力等。可以针对不同测试阶段(单元测试、集成测试、系统测试、验收测试)或测试任务(界面测试、性能测试、安全性测试、兼容性测试等)的测试目标制定具体的测试策略，例如借助测试工具完成高频集成测试，通过完备的性能指标保证性能测试的有效性。

测试策略的制定通常包括以下一些主要步骤：

- 分析测试输入。测试输入包括功能需求和非功能需求、用户特点、测试目标、测试资源、原有测试项目的测试结果与经验、测试方法和标准对测试的影响等。
- 确定测试需求。明确测试的总体内容以及具体测试任务。
- 评估测试风险。对各项测试内容可能遇到的测试风险进行分析与评估，在有限的测试资源和测试风险之间做出平衡。例如，性能测试可能会耗费过多的测试时间，影响测试按时完成，因此可以将性能测试划分为不同的层次，重点测试用户最为关注的软件部分，对用户不太关注的部分仅做功能测试。
- 确定测试优先级。对不同的测试内容或测试任务设定不同的优先级，突出测试重点，按照优先级安排测试的先后顺序，保证测试效率和测试进度。
- 制定具体策略。根据测试类型、测试目标、测试阶段采用相应的测试技术，选择合适的测试工具，制定评估测试结果的方法和标准，分析具体策略对测试的影响。

常见的测试策略有基于测试技术的测试策略、基于测试方案的测试策略和基于缺陷分析的测试策略等。

- 基于测试技术的测试策略。各种黑盒与白盒测试技术都是针对具体测试内容特点，力求以最少的测试用例达到最大的测试效果。因此，可以制定各种测试技术的综合使用策略。例如 Myers 给出的黑盒测试综合策略：在任何情况下都必须使用边界值分析法，必要时用等价类划分法补充测试用例，用错误推测法追加和完善测试用例，检查测试用例数量以达到覆盖率要求，当遇到程序输入条件组合情况时一开始就选用因果图法。

- 基于测试方案的测试策略。从测试内容的重要性、对用户使用软件的影响程度方面出发，确定测试重点和优先级。从测试成本、测试有效性方面出发，得到对以上两点的最佳平衡策略。
- 基于缺陷分析的测试策略。根据历史测试项目的缺陷分析结果，指导当前测试策略的制定，针对测试薄弱环节进行加强和改进。也可以规定对当前测试项目的缺陷分析内容和阶段分析监测点，以便于及时监控测试过程的完成情况。

5) 测试阶段的定义与完成标准

描述测试的各个阶段，例如单元测试、集成测试和系统测试，并说明测试计划中针对的测试类型，例如功能测试或性能测试，描述测试通过或失败的标准，确定中断测试或恢复测试的判断准则。

测试通过或失败的标准一般是由成功或失败的测试用例数量、测试覆盖率、缺陷数量、缺陷严重性以及软件可靠性和稳定性等来描述的。针对不同软件企业和软件项目，测试通过或失败的标准会有所不同。可以参考以下一些标准：

- 测试覆盖率，例如 100%的单元测试代码覆盖率。
- 软件缺陷在数量、严重性上的分布情况。
- 成功执行测试用例的百分比。
- 某些性能测试标准，例如事务成功处理率大于 98%，响应时间小于 5 秒。
- 阶段性测试文档的完整性。

通常有以下一些中断测试的标准：

- 达到某一预定数量的缺陷总数。
- 出现某一严重程度的缺陷。
- 被测软件未实现主要功能。
- 测试环境不满足要求或必需的测试资源短缺。

一般在修复软件缺陷、重新设计和开发软件的某个部分后恢复测试。

6) 测试完成后提交的材料

规定的提交物包括测试过程中所涉及的所有测试文档以及自定义测试工具,例如测试计划、测试设计说明书、测试用例、软件缺陷报告、测试总结报告等

7) 测试配置

在测试之前，制定出完成测试目标所必需的软硬件资源、必备的测试工具以及相关的技术资源和培训需求。在这部分内容中，任何测试所需资源都需要考虑到，具体需求取决于软件企业、特定项目和具体测试目标。需要做好成本预算，避免测试后期发现资源短缺时，难以甚至无法获得所需测试资源。

8) 人员组织与职责

说明测试项目中的人力资源安排情况，确定测试人员的工作职责划分及其管理权限。测试项目中的测试任务类型很多，涉及测试计划、设计、执行、评估等众多环节，某些任务会有多

个执行者或者由多个测试人员共同负责。因此，必须明确规定测试任务的负责人、执行人和参与人员，避免因职责不清导致工作效率低下的情况发生。

9) 测试进度

进度控制是测试计划的主要内容之一，需要分析主要测试阶段和测试任务所需要的时间，给出相应的时间进度表。不仅要考虑执行测试的时间，还需要将测试计划、用例设计、搭建测试环境、编写测试报告的时间考虑在内。

从本质上讲，测试进度是对测试任务、测试风险、所需人力和物力资源的综合反映，缺乏对上述问题的考虑而制定的测试进度是毫无意义的。制定测试进度计划时一般需要考虑以下一些问题：

- 软件项目的整体研发周期限制。
- 已有的软件开发阶段进度计划。
- 测试内容和测试任务的特点。例如，对具有复杂业务流程或高技术复杂性的关键模块进行测试，以及稳定性、可靠性、安全性和性能等方面的测试需要更多的时间。如果软件需要支持多种平台，相应的兼容性测试也需要大量的测试时间。
- 测试风险的严重程度、数量、原因及应对难度。
- 测试人员状况。可供调配的测试人员数量及其个人测试能力。
- 搭建测试平台所需要的软硬件资源状况。
- 被测软件部分的测试用例数量。

在实际测试工作中，测试进度会受到不同情况的影响，经常会发生测试不能按进度完成的情况。因此，进度计划应当着眼于整体进度控制并且保持一定的灵活性。例如，对难以准确估计测试时间的测试任务给出最早完成时间和最晚完成时间，留出必要的缓冲时间以防止临时的测试任务变更。避免规定具体的测试任务启动和停止时间，采用相对日期表示测试任务之间的依赖关系，例如将一项任务的进度规定为："在 A 项测试任务完成后若干天内完成 B 项测试任务"。目前主要的测试管理工具中都包含测试进度管理功能，例如可以采用 Microsoft 的测试管理器 Team Foundation Server(TFS)来制定测试进度管理计划。

10) 风险分析

列出所有可能会影响测试设计、开发或实施的风险或意外事件，并且给出避免和应对措施。某些测试风险并不一定会实际发生，但是尽早明确指出可以避免在测试晚期发现时无法应对。同时，列出可能的测试风险有助于测试人员将主要精力集中于最有可能发生失效的软件部分。以下是一些常见的测试风险及其预防和处理措施，在实际制定测试计划时可以予以参考。

- 缺乏详细的需求与设计文档。软件需求不明确、设计内容不够详细会造成无法准确地确定测试需求和测试范围。这就要求测试人员在软件开发初期就全面参与软件需求和设计工作，与开发人员及时沟通，对主要模块功能进行分类，理解主要业务流程和实现逻辑。
- 软件质量标准不清晰。质量标准决定了相关问题是否可以判断为软件缺陷，例如缺乏统一的界面设计规范，性能指标不够具体。缺乏质量标准时需要项目管理人员确认测试标准。
- 项目计划频繁变更。项目计划及其变更一定要形成文档，以便于测试人员及时理解变更情况及其影响，制定出合理有效的应对策略。

- 不现实的软件交付日期或交付日期变更。与用户和项目管理人员充分沟通，及时调整测试范围、测试策略和测试资源等。
- 测试资源不足或不能及时到位。例如设备或网络等资源原因造成测试不全面，需要在测试计划中详细列出所需软硬件资源。
- 人力资源风险。测试人员数量、能力、行为规范方面的问题，需要使测试人员尽早介入测试项目、加强培训、严格人员管理。
- 现场定制开发。这种情况下的软件上线时间压力一般很大，会造成留给测试的时间紧迫、测试不充分，一般需要建立统一管理下的测试与开发小组以便于及时沟通，灵活地安排测试活动。
- 复杂度很高或经历过频繁修改和变更的模块。重点对此类模块的功能、性能和逻辑结构进行分析，设计测试深度合理的测试用例。
- 与第三方系统的接口。检查与第三方系统连接的接口是否符合标准规范。
- 涉及软件安全性、可靠性和性能的一些难以测试的问题。例如，对于分布式、消息驱动、时序关系复杂的软件系统来讲，一些缺陷难以捕捉，需要确认系统具有详细的日志记录功能。

除了上述列出的测试风险之外，实际测试工作中还会遇到很多其他的风险因素。因此，风险分析是一项十分艰巨的工作，非常考验测试管理人员对于软件产品的理解和测试经验，尤其在第一次尝试时更是如此。

在实际执行测试计划时，也可以通过一些方式来控制风险，一般是通过避免、转移或降低风险三种策略来有效控制测试风险。

不清晰的测试需求和质量标准等问题是可以避免的，通过提高软件过程成熟度、彻底改变测试项目的管理方式才能够从根本上避免风险。对于可能产生严重后果的风险要尽量将其转换为一些不会引起严重后果的低风险，例如在软件发布前暂时去掉某个不是很重要的新功能，对该功能中发现的严重缺陷转移到下一版本中进行修改。对于不可避免的风险，可以通过提高测试用例的覆盖率来降低这种风险，将难以控制的风险因素列入风险管理计划，对所有测试工作加强测试人员之间的互相审查，对所有测试过程进行日常跟踪以及时发现风险出现的征兆。

7.4　测试文档管理

测试文档的编写与管理是整个测试管理工作的重要组成部分之一。测试文档不是在测试执行阶段才开始考虑的，在软件开发初期的需求分析阶段就已经开始编写。对测试的需求、计划、具体测试过程、测试结果及其分析与评价都是以正式的文档形式给出的，测试文档对于整个测试工作起着非常明显的指导和评价作用，因此是测试管理的重要环节之一。测试文档管理包括对测试文档的分类管理、格式和模板管理、一致性管理和存储管理等内容。

首先需要清楚测试文档的主要类型。IEEE 829-2008 "IEEE Standard for Software and System Test Documentation" 给出了一个测试项目所应当编写的测试文档及其相互关系，如图 7-8 和图 7-9 所示。

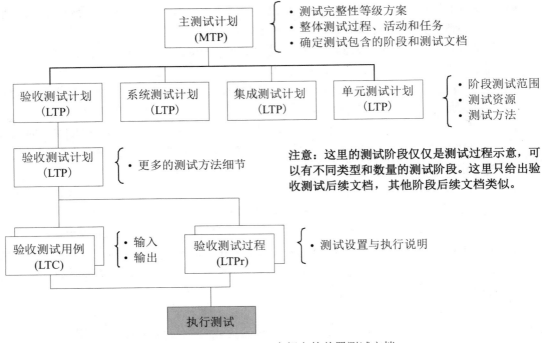

图 7-8　IEEE 829-2008 中规定的前置测试文档

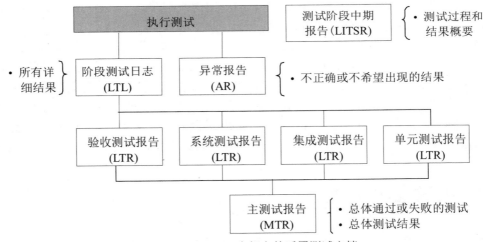

图 7-9　IEEE 829-2008 中规定的后置测试文档

测试文档主要分为前置测试文档和后置测试文档两种类型，以执行测试前后进行划分。测试计划、测试设计和测试用例属于前置测试文档，阶段测试日志、异常报告、测试阶段中期状态报告、各测试阶段报告和最后的主测试报告都属于后置测试文档。

由于测试过程中包含不同的执行阶段，一些文档又被明确标注为属于主(Master)测试文档或阶段(Level)测试文档，例如测试计划分为主测试计划(MTP，Master Test Plan)和阶段测试计划(LTP，Level Test Plan)。

IEEE 829-2008 中规定了如下测试文档:

- 主测试计划(MTP,Master Test Plan)。MTR 是总体测试计划和测试管理文档,是针对软件需求和项目质量保障的计划,包括选择测试对象、制定测试目标、分配测试资源、分析测试风险、定义测试控制措施、确定测试完整性等级计划等内容。

- 阶段测试计划(LTP,Level Test Plan)。说明特定测试阶段的测试范围、方法、资源和测试活动进度安排,识别和说明测试项、测试特性、所需执行的测试任务、针对每项任务的人员职责和相关风险。对于大多数测试项目来讲,不同测试阶段需要不同的测试资源、方法和环境,因此每个阶段最好用单独的计划来描述。

- 阶段测试设计(LTD,Level Test Design)。说明需要测试的软件特性及其测试通过或失败的度量指标,进一步详细说明测试计划中给出的测试方法,规定测试的可交付成果。

- 阶段测试用例(LTC,Level Test Case)。给出本阶段的所有测试用例。

- 阶段测试过程(LTPr,Level Test Procedure)。说明测试用例的执行步骤,或是为了评估软件产品或基于软件的系统的一系列特性所需执行的操作步骤。

- 阶段测试日志(LTL,Level Test Log)。有关测试执行情况的细节记录。

- 异常报告(AR,Anomaly Report)。说明在测试过程中发生的任何需要调查研究的异常或错误事件。

- 测试阶段中期状态报告(LITSR,Level Interim Test Status Report)。这一报告的目的是总结特定测试活动的结果,根据结果有选择性地给出测试评价和建议,说明测试计划的变化情况。

- 阶段测试报告(LTR,Level Test Report)。每一个测试阶段都有相应的阶段测试报告,用于对阶段测试活动进行总结,根据测试结果给出评价与建议。规模很小的软件项目可以对多个测试阶段报告进行合并。阶段测试报告的内容细节会有很大不同,例如单元测试报告可能只是简单陈述测试通过或失败的情况,而验收测试报告可能包含更多的细节内容。

- 主测试报告(MTR,Master Test Report)。主测试报告与主测试计划相对应,只要制定和实施了主测试计划,就必须编写对应的主测试报告来描述计划的实施结果,对整个测试活动的结果进行总结和评价。

针对测试项目的实际情况,可以对上述一些测试文档进行合并或者去掉一些重复和不必要的文档。例如,可以将一个测试过程及其包含的多个测试用例合并为独立的文档,并且去掉原有文档中重复的部分。根据测试计划中规定的测试完整性等级方案(Integrity Level Scheme),可以决定哪些测试文档可以被去掉。

测试完整性等级用于区别测试的重要程度,决定了测试的广度和深度。可以基于功能、性能、安全性或其他软件特性,对需求、单个功能、一组功能、软件单元和子系统的完整性等级进行设置。例如,可以制定如表 7-3 所示的四级完整性等级计划。每一个等级所需要的测试文档如表 7-4 所示。

表 7-3　测试完整性等级计划

测试完整性等级	说明
4(极端重要)	必须能够正确执行，否则会造成系统崩溃、系统无法正常使用、重要数据遭到破坏并且无法修复等严重问题
3(重要)	必须能够正确执行，否则会造成系统部分主要功能无法使用、部分系统功能缺失，可能会引起系统崩溃，引发严重的安全性问题
2(一般)	测试结果的正确与否影响到用户能否有效地使用软件系统，该测试部分出现缺陷会造成系统功能不正确、性能低下、系统不稳定等问题
1(可以忽略)	软件中可能存在一些微小的造成用户使用不便的问题，但并不影响用户的最终使用

表 7-4　测试完整性等级所对应的测试文档

测试完整性等级	选择的测试文档
4(极端重要)	MTP、LTP、LTD、LTC、LTPr、LTL、AR、LITSR、LTR、MTR
3(重要)	MTP、LTP、LTD、LTC、LTPr、LTL、AR、LITSR、LTR、MTR
2(一般)	LTP、LTD、LTC、LTPr、LTR、LTL、AR、LITSR、LTR
1(可以忽略)	LTP、LTD、LTC、LTPr、LTL、AR、LTR

从以上测试文档的类型可以看出，针对一个测试项目会产生很多测试文档，并且绝大多数都是电子文档，需要采用专门的文档管理工具对其进行分类管理，以便于进行查阅、修改和权限控制。

为了方便编制文档，应当为每一类测试文档分别建立统一的文档模板。这样可以提高编制效率，同时增强文档的规范性与质量。模板的制作可以参考相关标准，但不必完全拘泥于形式。应当根据本软件企业和软件项目的具体情况，对标准模板的内容进行合理裁剪，不断改进模板内容以增强实用性。

测试文档是前后依赖的，例如测试设计依赖于测试计划。因此对编制好的测试文档一定要进行必要的审核，做好文档的一致性检查，避免测试对象、测试度量指标等内容在多个文档中不一致的情况发生。

7.5　软件配置管理

7.5.1　软件配置管理的作用

软件配置管理(Software Configuration Management，SCM)是一种标识、组织和控制软件变更的技术。软件配置管理与软件开发过程紧密相关，目的是建立和维护软件产品的完整性和一致性。

实际软件测试工作中经常会碰到如下一些由于缺乏软件配置管理而产生的问题：

- 缺陷只在测试环境中出现，但是在开发环境中无法重现。
- 已经修复的缺陷在进行新版本软件测试时又再次出现。
- 程序发布前已经通过内部测试，但是发布时却出现软件运行失效的问题。

产生上述问题的主要原因是软件开发过程中涉及众多的研发阶段、软件组成部分、人员、工具、环境等因素，软件不断地被开发、测试、修改和升级。如果不能及时识别和控制软件变更并且向所有人员统一展示软件的当前状态，会造成软件开发过程的混乱。

软件配置管理的作用主要体现在以下一些方面：

- 支持并行开发。能够实现开发人员同时对同一个程序进行开发和修改，即使是跨地域的分布式开发也能互不干扰和协同工作，解决多个用户对同一程序进行开发和修改所引起的版本不一致问题。
- 资源共享。提供良好的软件资源存储和访问机制，开发人员可以共享开发资源，解决多个用户对同一文件同时修改所引起的资源冲突问题。
- 变更请求管理。跟踪和管理开发过程中出现的缺陷、功能变更请求或任务，加强软件研发人员之间的沟通和协作，使他们能够及时了解变更的状态。
- 版本控制。跟踪每一个软件版本变更的创造者、时间和原因，从而提高发现软件缺陷的效率。能够重现软件的任何一个历史版本。
- 软件发布管理。软件项目经理能够及时和清晰地了解项目的当前状态，管理和计划软件的变更，与软件的发布计划和质量保证计划保持一致。
- 软件构建管理。通过配置管理系统实现自动化的软件构建过程。
- 软件过程控制。贯彻实施正规化的开发规范，避免过程混乱。

7.5.2　软件配置管理的重点工作

一般来说，软件配置管理包括以下 5 项最为重要的活动。

1) 配置项识别

配置项识别就是将软件配置项按规定统一编号，将配置项划分为基线配置项和非基线配置项，并且将其存储在配置库中以便于所有人员了解每个配置项的内容和状态，为不同人员设定配置项使用权限。所有基线配置项只向开发和测试人员开放读取权限，不能随意改变；而非基线配置项向项目管理人员和相关人员开放。

软件配置管理中涉及两个重要的概念，分别是"配置项"和"基线"，含义如下：

- 配置项就是配置管理的对象。软件开发过程所产生的所有程序、数据、文档等都是软件的组成部分，都需要作为配置项进行管理。此外，配置项还包括操作系统、开发工具、数据库等软件环境和工具。软件特定版本的配置项之间需要相互匹配以保持软件整体的一致性。
- 基线是已经正式通过审核批准的一个配置项或一组配置项的集合，因此可以作为进一步开发的基础，并且只能通过正式的变化控制过程来改变。基线通常与项目开发过程中的里程碑相对应，经过评审批准的阶段性成果的统一标识就标志着项目的不同基线。常见的基线有需求规格说明、设计说明、特定版本的源程序、测试计划等。根据使用对象的不同，基线又可以分为对内使用的软件构建基线和面向用户使用的软件发布基线。

2) 变更控制

软件开发过程中，需求、设计、程序代码、开发资源及环境等都会发生变更，变更控制就是对这些变更进行跟踪和规划，便于变更的管理和追溯，避免开发过程的混乱。变更控制使得对配置项的任何修改都处于软件配置管理系统的控制之下，并且保障配置项在任何情况下都能恢复到任一历史状态。图 7-10 说明了典型情况下的变更控制流程。

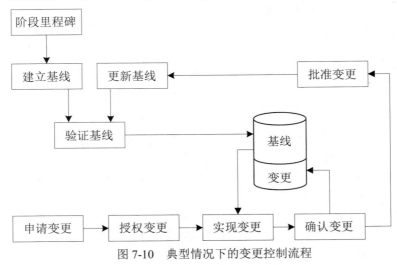

图 7-10　典型情况下的变更控制流程

3) 版本管理

版本管理包括对文档、程序等配置项的各种版本进行的存储、登记、索引、权限分配等一系列管理活动，目的是按照一定的命名规则保存配置项的所有版本，避免发生版本丢失或混乱，并且确保能快速和准确地查找到特定版本下的配置项。版本管理通过加锁等方法控制对软件资源的存取，保证多人同时开发软件时资源内容的一致性。

对于软件测试而言，需要在报告缺陷的时候提供发现缺陷的具体版本，在缺陷分析时，利用版本号来区别缺陷和判断缺陷的发展趋势。软件版本说明是开发人员和测试人员之间交流的有效形式，测试人员可以通过版本说明确定当前的测试版本相对于上一版本有哪些显著变化，从而有针对性地进行测试。

测试人员是软件产品整体质量的把关人员，软件版本的更新和发布经常被纳入测试人员的控制之下。同时，测试人员控制软件版本也可以提高测试效率，避免不必要的版本更新以及由此造成的频繁回归测试。

4) 配置状态报告

根据配置库中的记录，通过 CASE 工具可以生成不同的配置状态报告，例如配置项的状态、基线之间的差别描述、变更日志、变更结果记录等。配置状态报告着重反映了当前基线配置项的状态，同时也反映了变更对软件项目进展的影响，可以作为项目进度管理的参考依据。

5) 配置审计

配置审计是变更控制的补充手段，用来保证变更已被正确实现，包括以下内容：

- 评估基线的完整性，确认所有配置项已入库保存。
- 检查配置记录是否正确反映了配置项的配置情况。
- 审核配置项的结构完整性。
- 对配置项进行技术评审，防止不完善的软件实现。

- 验证配置项的正确性、完备性和一致性。
- 验证软件是否符合配置管理标准和规范。
- 确认记录和文档保持可追溯性。

7.5.3　软件配置管理的流程

软件配置管理的流程如图 7-11 所示。

1) 制定配置管理计划

软件项目开始时首先需要制定整个项目的开发计划，用来规划整体软件研发的具体工作。项目开发计划完成之后，紧接着就需要制定配置管理计划。

如果没有在项目开发之初就制定配置管理计划，那么就无法及时和有序地完成软件配置的许多关键活动，必然导致软件开发过程的混乱。因此，及时制定配置管理计划是整个软件项目成功的重要保证。配置管理计划的主要内容是制定配置管理策略、确定变更控制策略并对计划内容进行评审。

制定配置管理计划的主要工作流程如下：

- 配置控制委员会(Configuration Control Board，CCB)根据项目开发计划确定软件各阶段里程碑和开发策略。
- 配置管理员(Configuration Management officer，CMO)根据 CCB 的规划，制定详细的配置管理计划，递交 CCB 审核。
- 配置管理计划经 CCB 审核通过后，交项目经理批准和发布实施。

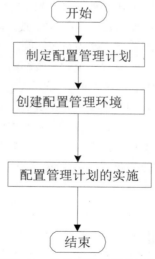

图 7-11　软件配置管理的流程

2) 创建配置管理系统

创建配置管理系统的主要工作包括确定软件和硬件环境、安装配置管理工具、建立配置管理库、存储在配置管理计划中已经定义好的配置项、设定配置项的使用权限。

3) 配置管理计划的实施

配置管理计划的实施由软件项目相关人员完成，主要包括标识配置项、建立基线、生成配置状态报告、配置审计和变更控制管理。

执行阶段的配置管理活动主要分为以下三个方面：

- 由配置管理员完成配置库的日常管理和维护工作。
- 由开发和测试人员具体执行配置管理策略。
- 软件项目人员按照规定完成变更控制。

上述三个方面的工作既相互独立又互相联系，执行流程如下：

- 配置控制委员会负责设定研发活动的初始基线。
- 配置管理员根据配置计划设立配置库和工作空间，为执行软件配置管理做好准备。
- 开发和测试人员按照统一的配置管理策略，对授权的软件资源进行开发和测试。
- 配置控制委员会在软件开发过程中审核各种变更请求，并适时地设立新的基线，保证开发、测试和维护工作的有序进行。

7.5.4 软件配置管理的误区

误区一：软件配置管理就是解决软件版本控制的问题

版本控制只是软件配置管理中最基本的内容，软件配置管理能够更为全面和系统地控制变更和保证软件一致性。当然只有做好了版本控制，其他的配置管理能力才会逐渐提升。产生这一认识误区的根本原因在于一些软件企业对软件开发流程的管理不重视，另一个原因是由于开发资源不足，例如缺乏必要的软件配置管理软硬件环境，缺乏专业的配置管理员，因此难以实施系统化的软件配置管理。

误区二：由开发水平最差的人员担任配置管理员

软件配置管理的计划、流程和制度只是软件配置管理实施的基础，而配置管理员是软件配置管理的具体实施者，决定了软件配置管理能否有效实施。配置管理员的职责非常重大，软件项目的所有代码和文档都由其负责。国外软件企业一般都由具备丰富开发经验的人员担任配置管理员，部分软件配置管理工作甚至直接由开发经理担任。

误区三：采用先进的软件配置管理工具就能完成有效的软件配置管理

软件配置管理工具的作用十分重要，如果没有工具的支持将难以实施正规和有效的软件配置管理。但是不能盲目迷信和依赖工具，认为只要部署了专业的软件配置管理工具就自然建立了软件配置管理体系。工具不能代替管理，工具的成功使用依赖于规范的软件配置管理流程以及合格的配置管理员。

7.6 测试结束的原则

软件测试受到软件项目交付时间以及测试成本的约束，最终需要停止，那么何时可以结束测试就是测试管理需要面对的问题。结束测试的时间点需要根据具体软件项目和测试任务的特点来判断，可以参考以下一些原则。

1) 基于"测试阶段"的原则

测试一般都要经过单元测试、集成测试和系统测试这几个阶段，可以分别针对各个测试阶段制定详细的测试结束标准。每个测试阶段符合结束标准后，再进行下一个阶段的测试。例如对于单元测试，可以设定以下一些结束标准。

- 核心代码、测试用例都 100%经过评审。
- 按单元测试计划完成所有规定的测试任务。
- 功能覆盖率达到 100%，代码覆盖率不低于 85%。
- 发现的软件缺陷都已修复，各级缺陷修复率达到标准。

集成测试和系统测试也一样需要制定相应的测试结束标准。

2) 基于"验收测试"的原则

对于项目类软件，当内部测试达到或接近测试指定的标准后，就将软件递交给用户做最后的验收测试。如果验收测试通过，就可以停止测试；如果发现一些缺陷，在有针对性地修复并经过用户认可后就可以结束测试。

3) 基于"测试用例"的原则

测试用例设计完成并且评审通过后，其执行情况可以作为测试结束的参考标准。如果测试过程中发现测试用例通过率太低，可以暂停测试，待开发人员全面改进软件后再继续测试。当功能测试用例通过率达到 100%、非功能测试用例通过率达到 95%以上时，可以结束测试。但是使用该原则作为测试结束标准时，需要严格控制好测试用例的质量。

4) 基于"缺陷收敛趋势"的原则

通过缺陷分析得到缺陷数量变化的趋势图，当趋势曲线逐渐收敛并且趋近于零时代表很难再发现缺陷，以此作为判定测试结束的标准。

5) 基于"缺陷修复率"的原则

软件缺陷的严重性等级可以分为致命、严重、重要和较小。在决定测试结束时间时，可以设定致命和严重级别缺陷的修复率必须达到 100%；重要缺陷的修复率必须达到 95%以上，但不允许存在功能性的错误；较小问题的缺陷可以暂时不做修复。

6) 基于"覆盖率"的原则

当需求覆盖率达到 100%，代码覆盖率达到测试计划要求的比例后，基本上就可以结束测试。可以通过"抽样测试"和"随机测试"进行补充性检查。

7) 基于"缺陷度量"的原则

通过缺陷分析技术和缺陷分析工具对缺陷进行度量，将缺陷主要属性的分布情况、缺陷密度、缺陷清除率等作为判断测试结束的依据。

8) 基于"项目计划"的原则

项目计划规定了主要测试活动及其进度安排，如果完成所有规定的测试内容和回归测试，就可以作为结束测试的参考标准。但是，此项原则不能机械使用，因为开发环节的延迟会压缩测试时间，需要结合整体软件质量标准来判断是否可以结束测试。

9) 基于"质量成本"的原则

软件项目都需要对质量、成本和进度这三个因素进行平衡，"太少的测试是犯罪，而太多的测试是浪费"。当发现缺陷的测试费用超过缺陷给系统造成的损失费用时，可以终止测试。

10) 基于"测试和行业经验"的原则

测试人员的测试能力和对目标用户业务的熟悉程度会影响到测试效率和测试质量，因此测试人员的经验也应当作为判断何时结束测试的依据。

7.7 思考题

1. 什么是软件质量？
2. 简述软件质量标准的 5 个层次。
3. 简述你所了解的主要软件质量管理体系，分别说明它们的特点。
4. 什么是 CCM？什么是 CMMI？两者有什么不同？
5. 简述软件评审的重要性。
6. 软件评审都有哪些方法？
7. 什么是测试策略？它与测试计划有什么不同？
8. 一个测试项目中都包含哪些测试文档？它们之间的关系是什么？
9. 什么是软件配置管理？
10. 什么是软件配置项？
11. 什么是基线？为什么要建立基线？
12. 软件配置管理都包含哪些主要活动？
13. 简述对于软件配置管理经常存在的认识误区。

第 8 章

软件测试自动化

软件测试一般分为手工测试和自动化测试。自动化测试是通过软件工具、程序来代替或辅助手工测试的过程，目的是减少手工测试的工作量，提高测试的效率与质量。通过合理地实施自动化测试，能够有效地应对大量重复性的测试工作，自动生成各种测试结果的统计分析报告，完成很多手工测试难以完成或无法完成的测试任务。

8.1 自动化测试的作用与优势

8.1.1 自动化测试的作用

随着软件规模和复杂度的提高，为了确保软件质量，软件测试的工作量在软件总体开发工作量中的比例越来越高，这一比例有时会达到40%~50%甚至更高。自动化测试是在手工测试的基础上发展而来的，可以有效弥补手工测试在以下一些方面的不足。

- 手工测试执行时间长，测试效率低。
- 由于手工测试的工作量很大，在测试人员不足或测试周期很短的情况下，难以达到测试的充分性要求，例如难以覆盖所有的代码路径，同时也难以及时评估测试的覆盖率。
- 修改软件之后，经常难以及时完成有效的回归测试。同时，回归测试是典型的重复性测试工作，会使测试人员感到单调枯燥。
- 当测试过程包含大量测试用例和测试数据时，测试执行和管理的细节会很烦琐，容易出错。
- 难以便捷和全面地对测试进程及其结果进行统计分析并生成规范性的测试报告。
- 性能测试时无法模拟大规模软件系统负载。
- 难以完成系统可靠性测试，无法模拟验证系统连续运行几个月甚至几年后是否仍然能够稳定运行。

完全的手工测试已经不能适应软件测试行业的发展要求，对于很多操作重复、创造性要求不高、需要定量化统计分析的测试工作都转而采用自动化测试的方式进行，以提高整体测试的质量、减少测试成本、缩短测试周期，也使得测试人员能够不再去处理很多繁杂的测试工作，充分利用其经验和时间去解决测试设计等更为深层次的测试问题。

测试工具的广泛使用大大提高了软件测试的自动化程度。通过测试工具可以模拟手工测试的步骤，控制被测软件的运行，自动完成测试用例执行结果的判断，实现半自动或全自动的测试过程。半自动测试需要测试人员与测试工具的交互，选择测试对象和测试数据，控制测试工具的执行；而全自动测试可以做到无须人工干预，由测试工具自动完成测试的全过程。例如，可以实现无人状态下的所谓"夜间测试"，开发人员在每天工作结束后向源程序版本控制服务器提交代码开发成果，集成测试工具在夜间自动执行软件版本构建任务，并且将测试结果以邮件方式通知给相关人员。

需要注意的是，自动化测试不可能完全替代手工测试，诸如文档测试、测试用例设计、测试执行过程控制、全面和深入的测试结果分析还必须依靠手工测试完成。自动化测试和手工测试在实际工作中应当取长补短、综合使用。引入自动化测试的前期投入很大，需要评估投入成本是否能产生令人满意的回报。此外，自动化测试并不只是单纯使用测试工具，还包括应用自动化测试的思想和方法，建立适应自动化测试的策略与工作流程。测试工具的使用必须服务于节约成本、提高效率和提升产品质量的总体目标。

8.1.2　自动化测试的优势

自动化测试具有快速、准确、可靠等明显特点，应用自动化测试可以提高测试效率和质量、节省人力资源。从应用角度看，目前自动化测试的优势主要体现在自动化的性能测试和回归测试。

1) 自动化的性能测试

全面的性能测试是手工测试无法完成的，一般必须借助性能测试工具。性能测试需要模拟大量的负载，最常见的是模拟成百上千的并发用户来测试系统的性能瓶颈、验证各种性能指标，离开测试工具是根本无法完成的。因此，类似性能测试这种需要模拟大量用户和并发任务的测试活动非常适合采用自动化测试。

2) 自动化的回归测试

回归测试是重复已执行过的测试，避免修改程序对原有正常功能产生影响。回归测试用例是已经完全设计好的，即使有些改动，一般也不会太多，而且测试的预期结果也是完全可以确定的。

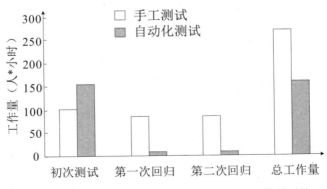

图 8-1　回归测试中自动化测试与手工测试工作量对比

如图 8-1 所示，自动化测试在初次测试时因为要开发自动化测试用例，工作量会大于手工测试。但是随着回归测试的增多，初期产生的工作量被均摊，总工作量明显小于手工测试，并且回归测试的次数越多，效果越明显。因此，对于回归测试应当尽可能采用自动化测试的方法，充分发挥测试工具善于完成机械重复性工作的优势，大幅提高测试效率，缩短测试时间。

除了上述两个主要优势之外，自动化测试还具有以下一些优势：

- 通过应用测试管理工具可以规范整个测试流程，改进研发过程，方便地进行软件缺陷跟踪和管理。
- 在单元测试中通过白盒测试工具可以完成全自动的代码扫描，对代码规范性、程序结构、函数调用关系等进行静态测试，测试的全面性明显优于手工测试。自动化的动态单元测试工具(如 JUnit)可以简化测试的编写，将测试代码和程序代码分开，极大地方便进行增量开发、版本构建和测试用例管理。
- 自动化的集成测试可以更好地支持敏捷开发，可以实现每日集成构建、完全自动化的冒烟测试，及时发现和定位集成问题，更好地保证程序代码、测试用例和相关文档记录的版本一致性。
- 提高功能测试基本操作和数据验证的质量和效率。功能测试主要测试基本操作下软件的逻辑功能是否正确，具有明确的测试输入和输出，便于输入数据后对输出进行验证，因此适合自动化测试。功能测试的工作量很大，因此能从自动化中取得较大的效果。当软件界面变动不大时，功能测试用例的复用率会很高。但是对于界面测试这类主观性比较强的测试工作，应当用手工测试来完成。
- 便于捕捉偶然发生的软件缺陷。测试人员最头疼的一个问题是捕捉偶然发生的软件缺陷，这些软件缺陷的产生经常与程序的多进程或多线程并行运行、消息驱动的复杂程序运行时序以及死锁和资源冲突等问题有关。因为测试工具可以重复和持久地运行测试用例，所以便于捕捉此类软件缺陷。
- 能更好地利用人力资源。将烦琐、单调和重复的工作交由自动化测试来做，测试人员可以专注于测试计划、设计以及必须由手工测试完成的测试内容。

8.2　自动化测试的原理

传统的手工测试需要设计测试用例、执行被测软件、输入测试数据、记录输出结果并且与预期结果进行对比，以此发现可能存在的软件缺陷。因此，为了替代手工测试，自动化测试必须能够模拟测试人员或用户对软件的操作，自动输入测试数据，并且验证软件的执行结果与预期结果是否存在差异。那么，测试工具是如何做到这些的呢？自动化测试用例与手工设计的测试用例有什么不同？这就需要理解自动化测试的原理，进而更好地了解和掌握各种自动化测试技术，合理选择测试工具。

8.2.1　测试用例的录制与回放

自动化测试在回归测试和功能测试中的应用比较广泛，为了实现测试用例的重用和自动执行，首先需要录制对软件的操作过程，生成初步的测试脚本作为可自动执行的测试用例。很多软件或专门的软件工具都提供了录制特定软件操作的功能，最常见的是 Microsoft Word 中的宏。

在 Word 中单击"视图"→"宏"→"录制宏",即可出现如图 8-2 所示的"录制宏"对话框。单击"确定"开始录制后,对 Word 文档的所有键盘输入或按钮操作都会被记录到宏中,直到单击"宏"→"停止录制"为止。

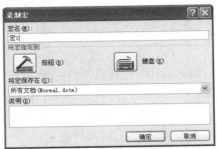

图 8-2 Microsoft Word 中录制宏的窗口

对于 Word 中需要反复执行的某些任务,可以录制为宏,通过运行录制后的宏来自动执行这些任务。例如,插入具有指定尺寸、边框、行数和列数的表格,或是将手工去除空格、文字查找与替换、格式修改等个性化排版操作录制为宏,方便之后进行一次性操作。录制好的 Word 宏实际上是 VBA(Visual Basic for Applications)脚本,单击"宏"→"查看宏"→"编辑"之后,就能够查看和编辑宏代码。例如,将"在 Word 中插入一个 2×2 的表格、选择表格样式、在每个单元格中输入数据"录制为宏,脚本代码如下所示。

```
Sub 宏 1()
注释
ActiveDocument.Tables.Add Range:=Selection.Range, NumRows:=2, NumColumns:= _
        2, DefaultTableBehavior:=wdWord9TableBehavior, AutoFitBehavior:= _
        wdAutoFitFixed
    With Selection.Tables(1)
        If .Style <> "网格型" Then
            .Style = "网格型"
        End If
        .ApplyStyleHeadingRows = True
        .ApplyStyleLastRow = False
        .ApplyStyleFirstColumn = True
        .ApplyStyleLastColumn = False
        .ApplyStyleRowBands = True
        .ApplyStyleColumnBands = False
    End With
    Selection.Tables(1).Style = "浅色底纹 - 强调文字颜色 5"
    Selection.TypeText Text:="数据 1"
    Selection.MoveRight Unit:=wdCell
    Selection.TypeText Text:="数据 2"
    Selection.MoveRight Unit:=wdCell
    Selection.TypeText Text:="数据 3"
    Selection.MoveRight Unit:=wdCell
    Selection.TypeText Text:="数据 4"
End Sub
```

从上面的例子可知,通过工具可以将软件操作和数据输入录制为相应的脚本(当然也可以不通过录制直接进行脚本编码),脚本本身就是可执行的程序,因此可以通过运行脚本重复之前的所有操作。

那么将测试步骤录制为脚本是否就完成了测试用例呢?答案是否定的。因为测试用例还包括对测试结果和预期结果的对比和验证。自动化测试用例必须有验证点和预期结果,这样才能根据软件运行结果进行自动对比,决定测试用例是否通过。因此需要通过专门的软件测试工具来完成脚本录制和验证点添加工作,生成基本的测试用例,然后对脚本进行修改,最终生成满足要求的测试用例。

下面通过开源测试工具 Katalon Recorder 来说明 Web 功能测试用例的录制过程。可以在 www.katalon.com 网站上注册下载自己需要的版本,也可以从谷歌应用商店或者通过火狐浏览器插件下载和安装 Katalon Recorder IDE。例如,首先安装火狐浏览器 Firefox,打开右上方的浏览器菜单,单击"附加组件",在搜索框内输入"Katalon Recorder",找到 Katalon Recorder 插件。单击该插件后,在出现的页面中单击"添加到 Firefox"即可完成 Katalon Recorder IDE 的安装工作。安装完成后,在火狐浏览器的右上角出现 Katalon Recorder 的快捷图标,单击后即可启动如图 8-3 所示的 Katalon Recorder IDE 界面。

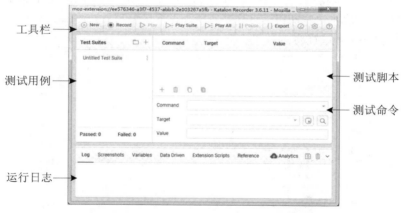

图 8-3 Katalon Recorder IDE 界面

让我们用 Katalon Recorder IDE 录制一个简单的自动化测试脚本。首先新建一个测试用例"Test Case Demo",然后单击"Record"按钮开始录制。在 Firefox 浏览器中输入网址"bjtime.cn",在打开的页面中选择出现的文字"XXXX 年 XX 月 XX 日 星期 X ……",单击鼠标右键后,从弹出的菜单中选择"Katalon Recorder"→"verifyText"。这样就增加了一个验证点,用来验证测试页面中是否出现了预期的文字。采用相同的方法,选择北京时间"XX:XX:XX",增加另外一个验证点。最后单击"Stop"按钮停止录制。

完成脚本录制后可以看到,测试脚本由一个"open"和两个"verifyText"命令组成,前者记录输入和打开网址的操作,后者是两个测试验证点。单击"Play"按钮运行测试脚本,测试结果如图 8-4 所示。第一个验证点通过,相应的命令变为绿色;第二个验证点失败,命令窗口中的命令变为红色,测试日志窗口中也以红色文字提示"[error] did not match"。原因很简单,第二个验证点的秒时间数字在不断变化,与最初记录的预期结果不同,因此验证失败,由此也说明测试工具可以自动发现非常微小的结果偏差。

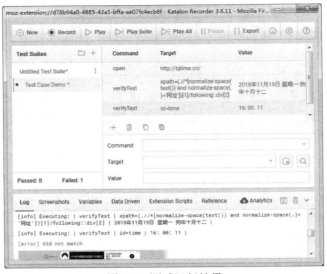

图 8-4   测试运行结果

如图 8-5 所示，可以将测试用例导出为各种常用语言的脚本。单击 "{}Export" 按钮，在下拉列表中选择希望的脚本语言即可。这样节省了测试人员编写复杂测试脚本的工作量，只需要在录制好的脚本基础上进行修改即可。

图 8-5   测试脚本的输出

从以上内容可知，自动化测试的一般过程是：首先启动被测软件和相应的测试工具，通过测试工具录制软件操作过程并且插入验证点，对录制好的脚本进行必要的调试，然后保存脚本作为测试用例。执行测试时，调用自动化测试脚本，通过脚本操纵被测软件执行，验证测试结果，根据测试工具的执行日志生成软件缺陷报告。

8.2.2   代码分析

自动化测试不仅包括动态测试，也包括静态测试。静态测试主要基于代码分析技术。例如，通过白盒测试工具对程序代码进行静态分析，根据特定语言的代码规则对代码进行扫描，生成系统的调用关系图，对代码复杂度等质量特征进行综合评价等。

　　例如，通过静态分析工具 FindBugs 可以检查和分析 Java 代码类或 Jar 文件，在不实际运行程序的情况下对 Java 源程序进行静态测试。将程序代码与定义的代码规则或缺陷模式进行对比，可以发现很多种软件缺陷。例如未关闭的数据库连接、缺少或多余的 Null Check、冗余的 If 后置条件、相同的条件分支、重复的代码块、"=="的错误使用等。代码分析的关键是建立各种代码规则。FindBugs 提供了超过 200 种规则，其中常用的规则主要可以分为以下几类。

- Correctness(正确性)。代码可能在某些方面不正确。例如，代码有无限递归，NULL 值产生并被引用，方法没有检查参数是否为空等。
- Bad practice(不良实践)。源程序明确违反规定的编码规范。例如，未关闭文件或者没有关闭数据库连接，程序异常未被处理或报告等。
- Performance(性能)。可能导致软件性能不佳的代码。例如，属性从没有被使用过时应当考虑从类中去掉，代码创建了不需要的对象，在循环中使用字符串连接而不是使用 StringBuffer。
- Multithreaded correctness(多线程的正确性)。多线程编程时可能导致错误的代码。例如，空的同步块导致多线程同步不正确，使用 notify()而不是 notifyAll()只唤醒一个线程而不是所有等待的线程。
- Dodgy(不可靠)。具有潜在危险的代码。例如，未使用的本地变量或是未检查的类型转换。

　　通过上述规则，FindBugs 能够帮助开发人员发现源程序中存在的代码缺陷或隐患，并且提供修改意见供开发人员参考，大大提高了代码评审的效率与质量。FindBugs 可以独立运行，也可以作为插件安装在 Eclipse 中，安装之后单击 Eclipse 的菜单"Window"→"Preferences"，可以打开如图 8-6 所示的 FindBugs 的规则配置页面。然后根据软件开发的要求，选择和配置代码分析需要用到的规则。

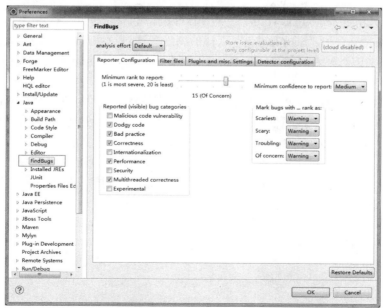

图 8-6　Eclipse 中 FindBugs 的规则配置页面

8.2.3 对象识别

在进行自动化的软件功能测试时,测试工具需要模拟人工操作,记录测试人员对软件图形用户界面(GUI,Graphical User Interface)的操作过程,通过回放重复执行这一过程。最简单的方式是记录鼠标和键盘的操作序列,回放后驱动软件运行。例如,可以通过"按键精灵"来模拟用户物理按键操作和鼠标在屏幕上任意位置的单击操作。这种方法有着明显的局限性,当屏幕的分辨率改变时测试脚本不再适用。因此,主流的功能测试工具采用的都是对象识别的方法,自动识别软件 GUI 上所展现出来的各种控件,例如 Text Box、Button、Data Grid 等,获取对象的类别、名称、属性值等信息,在脚本中记录操作了哪些对象以及操作顺序。对于一些较高级的控件,通过一些扩展插件,也可以完成对这些控件的识别。在自动化测试中,对象的识别是成功完成测试的前提条件。

接下来,我们通过功能测试工具 UFT(Unified Functional Testing)来了解一下基于对象识别的软件测试原理。UFT 是著名的 QTP(Quick Test Professional)的新版本,由惠普(HP)公司开发。QTP 11 之后,UFT 11.5 将面向 GUI 功能测试的 QTP 和面向 API 功能测试的 HP Service Test 整合在一起,重新命名为 UFT。UFT 可以完成对 Web 程序和基于 Windows 的客户端程序的功能测试,通过 Java、Web、ActiveX、.NET 等自带或扩展插件为所有主流的应用软件提供适用的自动化测试环境。

1. 类、对象、属性和方法

我们先来看一下什么是 UFT 中的类、对象、属性和方法。打开网页 http://www.newtours.demoaut.com 后可以看到如图 8-7 所示的页面部分,图中包含以下一些典型的 GUI 对象。

- 链接 SIGN-ON、REGISTER、SUPPORT 和 CONTACT 是 LINK 类的对象,对象 SIGN-ON 具有诸如"href"和"text"这样的属性,通过这些属性用户可以进入特定的网页。
- "User Name"和"Password"是 WebEdit 编辑框类的对象。对象"User Name"具有诸如"name"和"max-length"这样的属性,通过这些属性可以在给定 Web 页面中唯一识别该对象。对象"User Name"具有方法集合,通过方法实现在编辑框中输入文本。

基本上,你所看到的应用程序的所有 GUI 元素都是特定类的对象,对于 Web 应用程序来讲,类可以是链接、按钮、编辑框、图像、下拉列表等。当具体到某一 GUI 元素时,该 GUI 元素是对象。例如,在图 8-7 中,"Sign-In"是 WebButton 按钮类的一个对象。由于类与具体的应用程序类型有关,根据 UFT 所加载的插件的不同,可以识别的类与对象也不同。UFT 有如下一些默认的插件,可以增加更多的扩展插件以支持不同类型的应用程序。

- ActiveX
- Mobile
- UI Automation
- Visual Basic
- Web

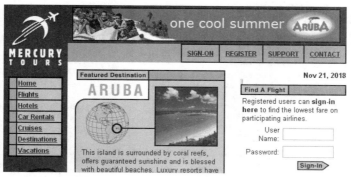

图 8-7　Web 页面示例

单击 UFT 中的"Tools"→"Object Identification"可以打开如图 8-8 所示的对象识别对话框，该对话框中显示了当前插件(例如 Web)情况下所有可以识别的类。

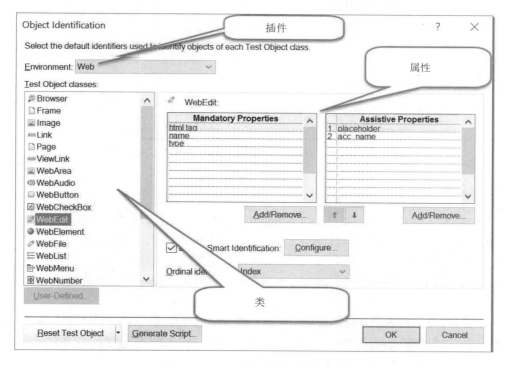

图 8-8　UFT 中的对象识别对话框

使用 UFT 中的软件单元"Object Spy"能够具体识别特定对象的属性、属性值和方法。图 8-9 是例子中"SIGN-ON"对象的属性和操作，这里的操作(Operations)也就是对象的方法(Methods)。

图 8-9 通过 Object Spy 识别对象的属性与方法

2. 对象库

UFT 最强大的功能就是对象库(Object Repository)，对象库具有对象识别机制。让我们通过图 8-10 所示的测试流程图来理解对象库在对象识别和功能测试中的作用，测试流程分为"测试设计"和"测试执行"两个阶段。在测试设计阶段，GUI 对象被记录和存储到对象库中。在测试执行阶段，UFT 回放测试脚本，对运行时对象和测试对象进行对比，上述两种测试对象的含义如下。

- 运行时对象是被测软件的实际对象，在执行测试时与测试对象的属性进行对比匹配。
- 测试对象存储在对象库中，包含一系列的对象属性。UFT 通过学习 GUI 对象的属性以及属性值来产生测试对象。

基于对象库的测试原理是：运行脚本时，UFT 会根据对象库中测试对象的特征属性描述来查找运行时对象，然后对比对象属性。如果一致，进行后续操作；如果不一致，提示对象无法识别。利用 UFT 建立对象库的方法有很多种，录制被测软件是其中之一，也就是根据软件手工操作步骤捕捉应用程序的各个控件，产生与各个控件相对应的对象，然后保存到对象库中。图 8-11 是 UFT 对象库的管理界面。

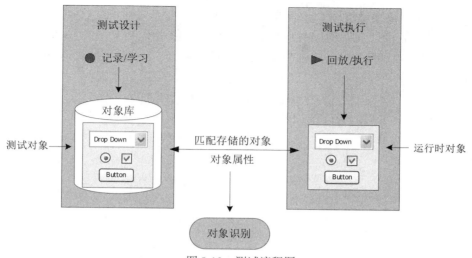

图 8-10　测试流程图

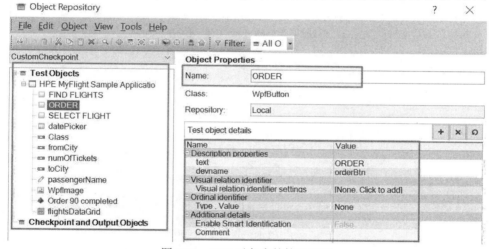

图 8-11　UFT 对象库的管理界面

需要注意的是，当软件升级后，应当修改对象库中相应对象的属性值以保持对象库的完整性和一致性。当 GUI 元素发生改变造成回放过程找不到对象时，或是对于有些无法捕捉到的对象，可以使用描述性编程的方式手工编写脚本，但是可能会造成测试成本上升和脚本不易维护的问题。

3. UFT 对象识别的完整过程

UFT 对象识别的完整过程包括如图 8-12 所示的四个连续阶段。如果在任意一个阶段能够唯一识别一个对象，那么识别过程就不再执行剩下的阶段。四个阶段分别采用的识别方法如下。

1) 描述属性(Description Properties)

在第一个阶段，UFT 组合使用强制(Mandatory)属性和辅助(Assistive)属性完成对象识别，上述两种属性的组合被称为已学习描述(Learned Description)，有时也称为描述属性(Description

Properties)或测试对象描述(Test Object Description)。

- 强制属性是 UFT 学习对象时总是需要记录的对象属性。
- 辅助属性是当 UFT 只使用强制属性无法描述唯一对象时的其他可选属性。

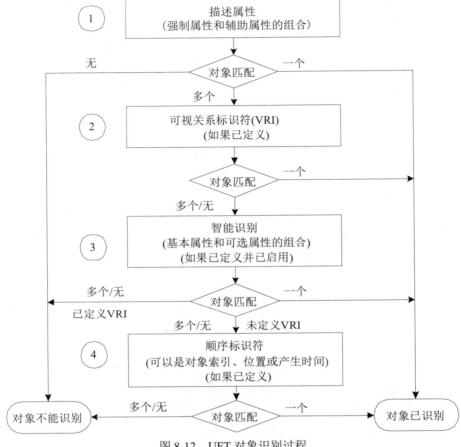

图 8-12　UFT 对象识别过程

在这一阶段识别对象时,如果发现唯一的对象与已记录的对象描述属性相匹配,那么意味着对象识别成功;如果没有发现任何匹配对象,那么对象识别失败;但是,如果发现有多个匹配对象,识别过程进入下面第二个阶段进行处理。

2) 可视关系标识符(Visual Relation Identifiers,VRI)

在这一阶段,UFT 利用可视关系标识符(VRI)完成对象识别,VRI 定义了对象与其邻居对象的相对位置。VRI 是 UFT 中新增的对象识别机制。

例如,如图 8-13(a)所示,一个 Web 页面上有两个"Submit"按钮,第一个"Submit"按钮在"OK"按钮之后,第二个"Submit"按钮在"Cancel"按钮之后。因为不管以后这些按钮出现在网页的什么位置,"OK"按钮总是会出现在第一个"Submit"按钮的左边;所以,即使在以后的测试过程中,这些按钮在网页中的位置相反(如图 8-13(b)所示),UFT 也仍然能够识别出第一个"Submit"按钮。

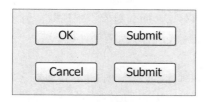
(a) 测试设计时的按钮位置

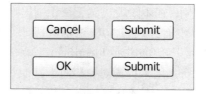
(b) 测试执行时的按钮位置

图 8-13 基于可视关系标识符的对象识别

如果通过这一阶段识别出唯一的对象，识别过程结束；如果 VRI 没有被定义或者通过 VRI 没有识别出唯一的对象，识别过程进入第三个阶段。

3) 智能识别(Smart Identification)

在这一阶段，UFT 组合使用测试对象类的基本属性和一些可选属性来完成对象识别。

- 基本属性是特定测试对象类的最基本属性。只要原始对象本质上没有发生变化，基本属性的值就不会改变。
- 可选属性是除了对象基本属性之外能够帮助识别特定类对象的一些属性，这些属性变化的可能性不大，但是在对象识别过程中不适用时可以被忽略。

UFT 利用基本属性产生候选匹配对象的列表，然后通过逐项对比可选属性，缩小候选匹配对象的范围，直到识别出唯一的对象。

智能识别需要在 UFT 中进行配置。打开如图 8-8 所示的对象识别对话框，在左上角的下拉列表中选择合适的"Environment"，然后选择需要配置的测试对象类，勾选"Enable Smart Identification"，单击右侧的"Configure…"按钮即可进入智能识别属性配置对话框。通过单击配置对话框中的"Add/Remove…"按钮可以打开如图 8-14 所示的基本属性和可选属性列表，选择属性后完成智能识别配置。需要注意的是，在基本属性和可选属性列表中不能选择同样的属性。

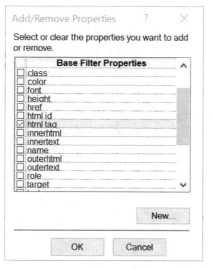

图 8-14 智能识别中基本属性和可选属性的配置

在这一阶段如果识别出唯一的对象，识别过程结束。否则，分为两种情况：一种是已利用

VRI 进行过识别，在本阶段仍然无法识别出唯一的对象，那么对象识别失败；另一种是 VRI 没有被定义过，没有经历过 VRI 识别阶段，那么识别过程进入第四个阶段。

4) 顺序标识符(Ordinal Identifier)

顺序标识符是用来标识对象相对于其他对象的顺序的数字。当 UFT 发现有多个对象具有相同的属性值而无法对它们进行唯一识别时，可以通过顺序标识符将它们区别开来。例如在图 8-13(a)中，可以设定第一个 "Submit" 按钮的索引值为 1，第二个 "Submit" 按钮的索引值为 2。只要这些按钮在 Web 页面中以同样的相对顺序出现，UFT 就能唯一地识别这些对象。

由于顺序标识符是相对值，任何页面变化都有可能导致这些值发生改变；因此，只有在利用测试对象的主要属性无法唯一识别对象的情况下才会使用顺序标识符。在录制脚本时，UFT 如果通过测试对象的属性已经能够唯一识别对象，那么就不再记录对象的顺序标识符。可以在脚本录制完成后通过手工方式添加特定对象的顺序标识符。

顺序标识符的 "顺序" 都是相对于其他具有相同属性的对象而言的，可以在 "Object Identification" 窗口中通过 "Ordinal identifier" 下拉框选择以下三种类型的顺序标识符。

- Index 。识别对象时，UFT 可以将值分配给测试对象的 Index 属性以唯一地标识对象。该值基于对象出现在源代码中的顺序。
- Location 。识别对象时，UFT 可以将值分配给测试对象的 Location 属性以唯一地标识对象。该值基于对象相对于具有相同属性的其他对象出现在窗口、框架或对话框中的顺序。值在列中的分配顺序是从上到下，从左到右。
- CreationTime。仅适用于浏览器对象。识别浏览器对象时，UFT 将值分配给 CreationTime 标识属性。该值指示浏览器相对于其他打开浏览器的打开顺序。

8.2.4 自动化测试框架

1. 自动化测试框架的基本含义

在进行软件开发时会用到各种框架，例如 SSH(Struts+Spring+Hibernate)框架。框架提供了软件系统整体或部分的可重用设计，是可以被开发者直接使用和扩展定制的应用骨架。软件重用从模块和对象重用发展到构件和框架重用，重用粒度不断增大。

自动化测试框架是一种特殊类型的框架，用于解决特定的自动化测试问题。从广义上讲，自动化测试框架是一组自动化测试的规范和测试脚本的基础代码，以及测试思想、方法和惯例的集合；从狭义上讲，自动化测试框架是由一个或多个自动化测试基础模块、自动化测试管理模块、自动化测试统计模块等组成的工具集合，以便于设计、维护和重用测试用例以及有效地完成测试执行和测试报告工作。

典型的自动化测试框架一般包括如图 8-15 所示的测试用例管理模块、自动化执行控制器、报表生成模块和测试日志模块等，这些模块之间相互联系、相互配合。

图 8-15　自动化测试框架的基本模块

- 测试用例管理模块包括用例的添加、修改、删除等基本功能，也包括用例编写模式、测试数据管理、可复用的测试用例库管理等功能。
- 自动运行控制器主要负责以什么方式执行用例，比较典型的控制器有 GUI 和"命令行+文件"两种。
- 报表生成模块主要负责用例执行以后生成报表，报表一般为 HTML 格式，主要包括用例的执行情况以及相应的总结报告。
- 测试日志模块主要用来记录用例的执行情况，以便于高效地追踪用例执行情况和分析用例失败信息。

2．自动化测试脚本类型

为了理解自动化测试框架，首先需要了解自动化测试脚本的类型。在自动化测试中，虽然测试脚本在功能测试中应用最多，但是同样可以应用于集成测试、性能测试等方面。脚本本身是一种计算机程序，测试脚本不仅包含操作指令和数据，也包含比较、控制和数据存取等信息。根据发展阶段，测试脚本的类型从低到高经历了如下 5 个发展层次。

1) 线性脚本

线性脚本是由测试工具录制并记录软件操作过程和输入数据后形成的脚本，通过回放来重复人工操作的过程，一般用于简单测试或者作为基本脚本供修改后进一步使用。线性脚本中可以包括一些比较、等待等简单指令，但总的来讲仍然是一种"流水账"式的指令序列。线性脚本的数据和脚本指令混合在一起，一般一个测试用例对应一个脚本，因此维护成本很高。即使是界面的简单变化也会造成脚本需要重新录制，脚本难以重用。下面的线性脚本示例用于测试计算器的加法功能。

```
Sub Main
  Window Set Context, "Caption=Calculator", ""    '5
  PushButton Click, "ObjectIndex=10"    '+
  PushButton Click, "ObjectIndex=20"    '6
  PushButton Click, "ObjectIndex=14"    '=
  PushButton Click, "ObjectIndex=21"    '11
  Result = LabelUP (CompareProperties, "Text=11.", "UP=Object Properties")
End Sub
```

2) 结构化脚本

结构化脚本类似于结构化程序，具有顺序、分支、循环等逻辑结构。例如下面的脚本通过 UFT 检查 Mercury Tours 站点(http://www.newtours.demoaut.com)中是否存在 User Name 编辑框，如果存在编辑框，则输入用户名，否则将消息发送到"运行结果"界面。

```
If Browser("Welcome:Mercury").Page("Welcome:Mercury").WebEdit("userName").Exist
Then
Browser("Welcome:Mercury").Page("Welcome:Mercury").WebEdit("userName").
Set DataTable ("p_UserName", dtGlobalSheet)
Else
Reporter.ReportEvent micFail, "UserName Check", " UserName field does not exist."
End If
```

结构化脚本能够体现模块化与库函数的思想。模块化后的脚本可以支持分层的脚本结构，实现脚本之间的相互调用。可以被多个测试用例使用的脚本有时也称为共享脚本。进一步，可以将模块化后的脚本构造为库函数，通过函数调用供上层脚本使用。因此，结构化脚本具有较好的可读性、可重用性和易维护性。

3）数据驱动脚本

数据驱动脚本将测试数据和具体测试执行过程分离，将测试输入数据存储在独立的数据文件或数据库中。测试执行时，通过变量引用数据，将测试数据传入测试脚本来驱动测试流程。简单来说，就是执行相同的测试步骤，使用不同的测试数据。不同的测试数据对应不同的测试用例，避免了测试脚本的大量重复，提高了脚本的利用率和可维护性。但是，数据驱动脚本受软件界面变化的影响仍然很大。

```
String filepath="./src/main/resources/Test.csv";
Reader file=new FileReader(filepath);
CSVFormat format=CSVFormat.DEFAULT.withHeader(filepath).withSkipHeaderRecord();
Iterable<CSVRecord> records=format.parse(file);
For (CSVRecord record:records){
String username=record.get(0);
String password=record.get(1);
System.out.println(username+password);
    publicModels.login(driver,username,password);
```

例如，测试软件登录功能时，基本操作相同。如果需要验证大量用户账号的有效性，可以把这些账号的数据放到一个外部文件中，脚本执行时循环从这个外部文件中读取数据完成验证工作。这里的示例是一个数据驱动测试脚本的部分片段，用户名和密码存储在 Test.csv 文件中，每次循环读取后完成用户账号的有效性测试。

4）关键字驱动脚本

关键字驱动脚本用一系列关键字指定要执行的测试任务。关键字对应封装的业务逻辑，各种基本操作由关键字代表的函数完成，开发脚本时无须关注函数的实现细节，因此大大降低了测试脚本的开发难度，增强了脚本的可维护性。关键字驱动脚本的特点是看起来更像是直观的手工测试用例，非常易于阅读理解。通过测试工具能够方便地将关键字驱动脚本转换为各种编程语言脚本，支持跨平台的测试用例共享。图 8-16 是一个通过 Katalon Recorder 生成的关键字驱动脚本，用于测试 Mercury Tours 站点的登录功能。

Command	Target	Value
open	http://www.newtours.demoaut.com/	
click	name=userName	
type	name=userName	MyUserName
click	name=password	
type	name=password	MyPassword
click	name=login	
verifyText	xpath=(.//*[normalize-space(text()) an d normalize-space(.)='CONTACT'])[1]/f ollowing::b[1]	Welcome back to Mercury Tours!
close	win_ser_local	

图 8-16 关键字驱动脚本示例

从上述内容可以看出，自动化测试脚本的发展与软件开发的发展非常类似。软件开发中的模块化、层次化、松耦合以及从具体到抽象、复用粒度从细到粗的开发思想也同样体现在测试脚本的发展过程中。

3. 自动化测试框架的类型

自动化测试框架面对的核心问题是如何有效地设计测试脚本、处理测试数据、简化脚本维护的复杂性、在最大程度上减少脚本维护的工作量。因此，自动化测试工作在启动之初就需要考虑如何选择合适的自动化测试框架，而不是仅仅依赖于简单的测试录制与回放工具。同时，了解不同的自动化测试框架也有助于测试团队根据具体需求和经验设计满足自身要求的自动化测试框架。基本的自动化测试框架主要分为以下几种类型。

1) 测试脚本模块化框架(Test Script Modularity Framework)

测试脚本模块化框架的特点是将被测程序分解为多个逻辑模块，对每个逻辑模块都创建一个小而独立的测试脚本，测试脚本中包含各功能点的控件识别和业务逻辑操作。这些独立脚本组合在一起最终构成更大的、能用于特定测试用例的脚本，通过主脚本调用各个模块化后的脚本来实现所需的测试场景。由于每个脚本模块具有独立性，因此任何部分的更改都不会影响其他脚本模块，提高了自动化测试的可维护性和可升级性。

这种框架的使用要求测试工程师必须了解自动化编程和业务逻辑，并且负责完成测试脚本和测试数据的维护工作。这种框架的优点是容易掌握和使用，并且当控件和业务逻辑发生变化时，需要修改和维护的只是底层的脚本模块，因此优于没有任何抽象封装的自动化测试程序。这种框架的缺点是几乎所有大的变更所导致的修改和维护工作都要由自动化测试工程师完成，并且控件识别和业务逻辑混合在一起，没有很好地进行抽象封装。

2) 测试库架构框架(Test Library Architecture Framework)

这种框架与脚本模块化框架类似，同样能够产生高度模块化的测试用例。不同的是，被测程序被分解为过程和函数，而不是测试脚本。所有测试用例中的常用功能可以作为函数被存储在公共测试库中(例如 SQABasic Libraries、API、DLL 等)。例如，将所有控件识别操作封装在测试库中，测试脚本能够根据需要调用这些库函数。

测试库架构框架的优点是，当界面控件改变时只需要修改库函数，调用该控件的测试用例就会随即更新。此外，编写和维护测试库的测试开发工程师不必一定熟悉用户业务；脚本的编写交给熟悉用户业务的测试开发工程师完成，并且负责业务逻辑变更后的脚本维护；测试数据的维护可以交给不懂自动化开发的测试人员负责。因此，无论系统界面、业务逻辑或数据在哪一层发生变化，只需要相应的人员进行变更维护即可，从根本上实现了控件识别操作和业务逻辑的抽象分离。这种框架的缺点是：由变更引起的工作主要还是由自动化测试开发工程师完成，这类高级测试人员在测试团队中往往数量有限。

3）数据驱动测试框架(Data-Driven Testing Framework)

当使用不同的输入数据集多次测试相同功能时，不应当以硬编码的形式在测试脚本中大量嵌入这些测试数据，而是应当将其保存在 XML 文件、CSV 文件、数据库等外部数据源中。测试执行时，通过脚本代码将测试数据载入到脚本变量中。脚本变量可以存储测试输入值，也可以存储预期结果验证值。

数据驱动测试框架的优点是通过分离测试脚本和测试数据，显著减少了覆盖测试场景所需的测试脚本数量，并且测试数据可以单独进行维护。这种框架的缺点是初次开发测试用例的开销较大，因被测程序变化导致的测试用例修改和维护工作量在所有框架中是最多的，因此维护成本很高。

4）关键字驱动或表驱动测试框架(Keyword-Driven or Table-Driven Testing Framework)

关键字驱动测试框架源于数据驱动测试框架。在数据驱动测试框架中，数据文件中只包含测试数据；而在关键字驱动框架中，数据文件中存储的是关键字和测试数据。这些数据和关键字独立于执行它们的测试工具与测试脚本代码，并且可以用来"驱动"测试脚本运行，因此基于关键字驱动的测试用例看上去与手工测试用例类似。由于数据文件一般以表格形式出现，记录了与被测程序功能和测试步骤有关的对象、操作和测试数据，因此这种框架也称为表驱动测试框架。表中的数据还可以进一步分离出形成单独的测试数据文件，框架本身所要做的就是识别表中的对象以及操作。

关键字驱动框架的特点是测试脚本与数据分离、软件界面元素名与测试内部对象名分离、测试描述与具体实现细节分离。关键字驱动测试框架具有与数据驱动测试框架相同的优点，除此之外还具有以下一些优点。

● 测试人员可以独立于脚本语言开发测试用例，在数据表中就可以实现测试步骤、测试数据以及验证结果的编写。因此，普通的测试工程师在不了解测试工具和框架本身知识的情况下就能维护控件对象、业务逻辑和测试数据，不再依赖自动化开发工程师。

● 允许测试人员创建多个关键字，为每个关键字关联唯一的操作或功能。还可以帮助测试人员创建操作或函数库，在函数库中包含读取关键字并调用相关操作的逻辑功能。

● 测试用例的编写与正在使用的测试工具无关，因此测试人员选择测试方法时更多考虑的是自身需要而不是为了适应测试工具。

这种框架的缺点是抽象程度比较高，因此对自动化开发工程师的要求较高。

5）混合测试自动化框架(Hybrid Test Automation Framework)

自动化测试框架的主要目的是对不同层次的对象和逻辑进行抽象、分离与封装，以便于把程序变更引起的测试用例修改和维护工作量减少到最小。因此，实际工作中一般用到的自动化测试框架是混合框架(如图 8-17 所示)，这种框架结合了上述多种框架的优点并且弥补了单一框架的不足。混合测试自动化框架允许数据驱动的脚本以基于关键字的方式利用功能强大的库函数，发挥了所有相关框架的优势。

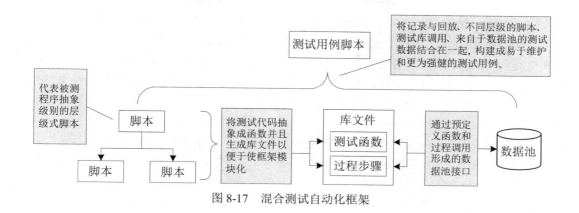

图 8-17　混合测试自动化框架

8.3　测试工具的分类与选择

测试工具对于软件测试工程师的重要性不言而喻。使用合适的测试工具可以使测试工作事半功倍，取得令人满意的测试效果。但是，测试工具相比软件开发工具而言有着明显的不同。主流的软件开发工具一般根据程序语言进行分类，数量相对有限，比较容易选择；而测试工具可以根据测试技术、测试对象、测试阶段和测试目的等进行分类，又包括免费的开源测试工具和付费的商业测试工具，并且数量众多，全新的或新版本的测试工具层出不穷。测试工具的上述特点给测试工具的选择造成了一定困难。为了合理地选择测试工具，首先需要了解测试工具的分类以及主流测试工具的功能与特点。

8.3.1　测试工具的分类

根据测试工具的应用领域可以将它们划分为白盒测试工具、黑盒测试工具和测试管理工具三种类型。白盒测试工具用于测试软件的源代码，可以实现对程序代码的静态分析和动态测试，一般用于单元测试；黑盒测试工具主要包括功能测试工具和性能测试工具，通常用于系统测试和验收测试；测试管理工具主要面向整个测试流程的管理，包括测试计划和测试用例管理、缺陷跟踪和测试报告管理等功能。

1. 商业测试工具

专业开发测试工具的公司有很多，其中以 MI(Mercury Interactive)、IBM Rational 和 Micro Focus 最为著名。MI 被惠普收购后公司名称经常被称为 HP Mercury，类似于 Rational 被 IBM 收购后改名为 IBM Rational 一样。由于同一家公司开发的多种测试工具往往能比较好地集成在一起，因此建立测试系统时经常会根据工具生产商来考查测试工具的适用性。商业测试工具的特点通常是功能丰富、强大、适用面广，但是深入学习和掌握具有一定难度，一些工具购买费用较高。

1) MI 的主要测试工具

MI 开发的测试工具中最著名的是 LoadRunner、UFT\QTP\WinRunner 和 Quality Center\ Test Director。

LoadRunner 是测试人员都熟知的性能测试工具，能够满足企业级应用，实现对 C/S 和 B/S 结构的软件系统的性能测试。LoadRunner 通过模拟大量的虚拟并发用户形成系统负载，实时记录和检测系统在不同负载下的性能表现，预测和评估整个软件架构的各种性能特征，发现系统性能问题与性能瓶颈，以此为基础进行系统性能优化。LoadRunner 能够在 Windows、UNIX、Linux 等多种操作系统平台上安装运行，支持广泛的协议和技术，因此能够根据软件特定运行环境提供个性化的性能测试方案。

UFT\QTP\WinRunner 三者都是 MI 开发的功能测试工具。WinRunner 是 MI 的早期产品，基于 Windows 操作系统。HP 已停止对 WinRunner 所有版本的支持，因此 WinRunner 已逐步退出市场。由于 WinRunner 使用类似 C 语言的 TSL 脚本语言，拥有丰富的 C 语言函数库，在系统底层和嵌入式领域具有一定便利性，因此国内一些企业仍然在使用。QTP(Quick Test Professional)是 MI 在 WinRunner 之后主推的功能测试工具。QTP 具备与 WinRunner 几乎相同的功能，同时还包含一些独有的特性，使用更简单、更易扩展和维护，能够更好地用于测试基于 J2EE 和.NET 架构的应用程序。QTP 使用 VBScript 语言，比较容易学习，并且通过关键字驱动测试使得测试人员能更好地设计测试脚本。MI 将 2012 年 12 月发布的 QTP 新版本更名为 HP UFT 11.5，在 UFT 中整合了原有的 QTP 和面向 Web 服务测试的 HP Service Test，使 UFT 成为针对网络、移动、API 和应用程序的统一功能测试软件。

Quality Center\Test Director 是 MI 开发的测试管理工具。Test Director(简称 TD)是基于 Web 的测试管理系统，在服务器端安装后就可以通过客户端浏览器进行访问，便于测试人员在测试过程中进行沟通与协作，能够完成需求管理、测试计划管理、测试用例管理和缺陷跟踪管理。HP 收购 MI 后将 TD 升级为 Quality Center(简称 QC)，将软件迁移到 J2EE 平台。QC 能够与 MI 的其他测试工具以及 Office 和 IBM Rational 等产品很好地集成。

2) IBM Rational 的主要测试工具

IBM Rational 公司的产品是涵盖需求管理、软件建模、配置管理等的全方位软件工程 CASE(Computer Assisted Software Engineering)工具，典型优势是几乎所有的工具都支持跨平台安装。IBM Rational 主要有以下一些测试工具。

- Rational 功能测试工具可分为手动测试工具 Rational Manual Tester 和自动化测试工具 Rational Functional Tester、Rational Robot。
- Rational 性能测试工具包括 Rational Performance Tester 和 Rational Robot。Rational Robot 包括功能测试和性能测试。
- Rational 白盒测试工具包括 Rational PurifyPlus 和 Rational Test RealTime。
- Rational 测试管理工具包括 Rational TestManager 和 Rational ClearQuest。

3) Micro Focus 的主要测试工具

英国 Micro Focus 公司的测试工具很多源自于著名的 Compuware 公司和 Segue 公司。2009 年 Micro Focus 收购了 Compuware 全部的质量保证解决方案与产品，2006 年 4 月 Borland 公司收购了 Segue 公司，2009 年 Borland 公司又被 Micro Focus 全部收购。Compuware 公司的黑盒测试工具集 QACenter 里包括功能测试工具 QARun、性能测试工具 QALoad 和测试管理工具 QADirector，同时 Compuware 公司还有缺陷管理工具 TrackRecord、强大的白盒测试工具 DevPartner。但是，2009 年 Compuware 的产品被 Micro Focus 收购之后，QARun 在 Micro Focus 产品中找不到位置，取而代之的是 QARun 的升级版 Micro Focus TestPartner，侧重于应用软件的业务逻辑测试，让非技术的测试人员能够进行偏向业务流层面的自动化功能测试。Segue 公司是一家专业开发测试工具的厂商，其产品 SilkTest、SilkPerformer 完全可以和 Mercury QTP、LoadRunner 媲美，在国际市场上占有的份额也相当大。

除了上述三个公司的测试工具之外，市场上还有众多其他公司开发的测试工具。表 8-1 总结了一些主要公司的商业测试工具。

表 8-1　主要的商业测试工具

	功能测试	性能测试	白盒测试	测试管理
HP Mercury	UFT\QTP	LoadRunner		Test Director Quality Center
IBM Rational	Rational Manual Tester、Rational Functional Tester、Rational Robot	Rational Performance Tester、Rational Robot	Rational PurifyPlus/ PureCoverage、Rational Test RealTime	Rational TestManager Rational ClearQuest
Micro Focus (Compuware、Segue)	QARun、Micro Focus TestPartner、Micro Focus SilkTest	QALoad、Micro Focus SilkPerformer	BoundsChecker TrueCoverage DevPartner	QADirector, TrackRecord
Telelogic			Logiscope	
Parasoft	WebKing		C++Test、JTest、SOA Test	
Programming Research			QA•C/C++/J	
Radview	WebFT	WebLoad		TestView Manager
Microsoft		ACT(Application Center Test)	IntelliTest	

2. 开源测试工具

商业测试工具虽然功能完善，但也价格不菲。对于中小型软件企业来讲，可以首先考查开源测试工具是否能满足要求，不满足要求时再购买商业测试工具以节省测试投入。目前开源测试工具的发展非常迅猛，从白盒测试、功能测试、性能测试以及测试管理等方面都可以找到大量优秀的开源测试工具。接下来简要介绍一些主要的开源测试工具。

1) 白盒测试工具

由于白盒测试涉及程序源代码，因此一般针对不同的程序语言有着不同的白盒测试工具，最著名的是 xUnit 系列框架中针对不同语言的测试工具，例如 JUnit(Java)、CppUnit(C++)、DotUnit(.Net)、HtmlUnit(HTML)、JsUnit(JavaScript)、PHPUnit(PHP)、PerlUnit(Pear)等。其中以 JUnit 最为著名，多数 Java 开发环境都已经集成了 JUnit 作为单元测试工具。此外，还有大量的白盒开源测试工具，下面列出几种以供参考选用。

- JsTestDriver 是一个 JavaScript 单元测试工具，能很好地与持续构建系统集成。
- Google Test 是 Google 的开源 C++ 单元测试框架，简称 GTest，支持跨平台。
- CppTest 是一个简单、轻便的C++ 单元测试框架，有着良好的实用性与可扩展性，支持多种输出格式。CppTest 最大的优点是容易理解、便于掌握和使用。

- Robolectric 是一款 Android 程序单元测试工具，与需要运行在 Android 环境中的 AndroidTest 相比，Robolectric 可以直接运行在 JVM 上，因此可以脱离 Android 环境进行测试，速度也更快，可以直接由 Jenkins 周期性地执行。

2) 功能测试工具

- AutoIT 是一个使用类似于 VBScript 脚本语言的免费软件，用于测试基于 Windows GUI 操作的软件。
- Ruby+Watir 组合是近年非常流行的全免费自动化测试框架，它通过 Ruby 脚本的强大编程能力，基于 Watir 的强大接口，可以实现对 Web 应用程序的自动化测试。
- Selenium 是一款全免费的自动化测试框架，由 ThoughtWorks 公司开发，支持 Ruby、Java、Perl、Python 等脚本语言，目前在国内外日益流行。

3) 性能测试工具

- JMeter 是目前业内使用最广泛的性能测试工具，最初只是测试 Web 应用，目前已经能够支持 HTTP/HTTPS、SOAP、JDBC、LDAP、JMS 等，在国内非常普及。
- TestMaker 是 PushToTest 公司的免费产品，功能相比商业工具有过之而无不及，可以和 Seleinium、SoapUI 集成，充分利用 Selenium 和 SoapUI 的测试能力，而 TestMarker 只是更好地调度、监控和管理测试的过程，监控系统的性能指标，获得测试结果。
- ApacheBench 能同时模拟多个并发请求，专门用于 Web 服务器的基准测试。
- Grinder 是一个负载测试框架，被誉为 J2EE 上的 LoadRunner，支持多种协议的 Web 服务和应用服务器，基于 HTTP 的测试可以由浏览器记录整个测试过程。
- Siege 是一个压力测试和评测工具，用于 Web 开发。

4) 测试管理工具

测试管理工具开发难度较小，因此开源免费的产品很多，下面是一些常见工具。

- Bugzilla 是目前业内最成熟的开源免费缺陷管理工具，可与 CVS 进行无缝集成。
- Mantis 是一款 Web 缺陷管理工具，国内使用较多。
- BugFree 与 Mantis 功能类似，是一款轻量级的 Web 缺陷管理工具。
- TestLink 可对测试需求、测试计划、测试用例、测试执行、软件缺陷报告等进行完整管理。

8.3.2　当前最好的自动化测试工具

一些世界顶级的咨询公司在 2017-2018 世界质量报告中给出了世界排名前 10 的自动化测试工具，其中既包含免费工具也包含商业工具。

1) Selenium(开源，http://www.seleniumhq.org)

Selenium 是 Web 应用程序功能测试中最受欢迎的开源测试自动化框架，支持多种系统环境(如 Windows、Linux、iOS、Android 等)和浏览器。它的脚本可以用各种编程语言编写，例如 Java、Python、C#、PHP、Ruby 和 Perl。

2) Katalon Studio(免费，https://www.katalon.com)

Katalon Studio 是一款 Web 应用程序、移动应用和 Web 服务测试自动化解决方案，建立在 Selenium 和 Appium 框架的基础之上。非程序员可以很容易地使用 Object Spy 记录测试脚本，而程序员和高级自动化测试人员可以节省构建新对象库和维护脚本的时间。

3) UFT(商业，https://software.microfocus.com/fr-ca/software/uft)

UFT 为跨平台的桌面、Web 和移动应用程序提供全面的 API、Web 服务和 GUI 测试功能集，能够很好地与 Mercury Business Process Testing 和 Mercury Quality Center 集成。

4) Watir(开源，http://watir.com)

Watir 是基于 Ruby 库的 Web 自动化开源测试工具，支持包括 Firefox、Opera 和 IE 在内的跨浏览器测试，同时支持数据驱动的测试。

5) IBM RFT(商业，https://www.ibm.com)

IBM RFT 是功能和回归测试的数据驱动测试平台，支持广泛的应用程序，如.NET、Java、SAP、Flex 和 Ajax。RFT 使用 VB.NET 和 Java 作为脚本语言，具有称为 Storyboard 测试的独特功能，能够与 Rational Team Concert 和 Rational Quality Manager 很好地集成。

6) TestComplete(商业，https://smartbear.com)

SmartBear 公司的 TestComplete 用于 Web、移动和桌面测试，支持各种脚本语言，支持关键字驱动和数据驱动的测试。TestComplete 的 GUI 对象识别功能可以自动检测和更新 UI 对象，能够有效地减少维护测试脚本的工作量。

7) TestPlant eggPlant(商业，https://www.testplant.com)

TestPlant eggPlant 是基于图像的自动化功能测试工具，支持 Web、移动和 POS 等各种平台。与传统测试工具完全不同的是，TestPlant eggPlant 从用户的角度建模，而不是测试人员常用的测试脚本视图，因此使编程技能较弱的测试人员能够直观地学习和应用该工具。

8) Tricentis Tosca(商业，https://www.tricentis.com)

Tricentis Tosca 是基于模型的自动化测试工具，为持续测试提供了相当广泛的功能集，支持敏捷和 DevOps 方法，支持各种技术和应用程序，如 Web、移动和 API，同时还具有集成管理、风险分析和分布式执行的功能。

9) Ranorex(商业，https://www.ranorex.com)

Ranorex 用于 Web、移动和桌面测试，支持与 Selenium 集成以进行 Web 程序测试。测试人员可以使用 Selenium Grid 跨平台和浏览器分发他们的测试执行情况。

10) Robot Framework(开源，http://www.robotframework.org)

Robot Framework 实现了验收测试驱动开发(ATDD)的关键字驱动方法，不仅可以用于 Web 测试，还可以用于 Android 和 iOS 自动化测试。通过使用 Python 和 Java 实现附加测试库，可以进一步扩展其测试功能。

8.3.3 如何选择测试工具

选择测试工具并没有一定规则，但是以下因素应当予以考虑。

(1) 根据具体测试需求比较工具的功能、价格和服务。首先确定使用测试工具要完成白盒测试、功能测试、性能测试还是测试管理；然后比较测试工具的功能是否适用，避免在功能上贪多求全，能够解决问题和适用才是根本；同时需要考虑产品的服务质量，尤其是技术支持是否全面；价格方面可以先考虑免费开源的测试工具是否满足要求，然后再考虑商业测试工具。

(2) 考虑引入测试工具的连续性和一致性。要构建完整的自动化测试体系需要多种测试工具的配合使用，并且需要考虑测试工具与软件过程管理工具、软件开发工具和软件集成工具的配合程度。因此，测试工具的选择要通盘考虑，从易到难分阶段逐步引入与实施。可以先使用免费的缺陷管理工具(如 Bugzilla)对软件缺陷进行跟踪与控制，使开发和测试人员熟悉和适应测试管理流程；然后选择 LoadRunner 或 JMeter 进行性能测试；之后再选择 Selenium 或 UFT 尝试进行功能测试；最后选择 JUnit、Logiscope 等加强白盒测试，并且通过 Hudson、Jenkins、SVN 等建立持续集成和版本控制平台。

(3) 分析测试工具对各种操作系统平台的兼容性。根据软件企业具体情况，考查测试工具对不同开发平台和操作系统的兼容性，尽可能满足兼容性方面的要求。

(4) 评估测试工具与其他相关软件产品的集成能力。这里的集成能力包括测试工具之间、测试工具与开发工具之间，以及与软件研发过程中涉及的其他工具之间的集成能力。

(5) 考查测试工具是否有强大的报表统计功能。测试工具的一大优势就是能够对纷繁复杂的测试结果数据进行统计分析，并且以专业的图表形式给出统计分析结果。因此，应当尽可能选择具备丰富报表统计功能的测试工具。

8.4 自动化测试的引入

一家软件企业在从无到有逐步引入自动化测试技术的过程中会面临许多问题，单纯使用测试工具并不意味着就能够成功实施软件的自动化测试。自动化测试需要软件开发过程、测试流程、配置管理等方面相互配合，涉及组织结构上的调整与改进。在引入自动化测试前，需要根据企业具体情况做出合理性和必要性评估。

8.4.1 引入过程中存在的问题

自动化测试的引入不仅是测试工具和相关测试技术的问题，还涉及整个软件开发和测试过程的重新整合，从根本上讲是软件企业组织和文化的问题。遗憾的是，真正能把自动化测试融合进软件研发体系里的软件企业并不是太多，很多企业在实施自动化测试的过程中存在许多误区，面临诸多问题，导致实施效果不佳甚至失败。

1) 盲目迷信自动化测试

认为只要采用先进的测试工具就可以自然而然地提高测试效率与质量，解决测试工作中的一切问题。产生这一误区的主要原因是缺乏正确的软件测试自动化观念。虽然自动化测试能够带来非常明显的收益，但是也具有以下局限性。

- 自动化测试只是测试工作的一部分，不可能完全替代手工测试。自动化测试只能发现 15%~30%的软件缺陷，而 70%~85%的缺陷都是通过手工测试发现的。
- 自动化测试和手工测试都有适用的测试对象和范围，需要相互配合才能完成好测试工作，目前诸如文档测试、界面测试等测试任务还主要依赖手工测试。
- 测试工具本身并不具有创造性，无法像测试人员那样主动和深入地探寻软件缺陷，使用目的更多的是替代重复性的测试执行工作。
- 手工测试便于处理很多异常情况。虽然测试工具也能处理部分异常事件，但是对于真正的突发事件和不能由软件解决的问题就显得无能为力了。

- 测试工具的使用并不能发现大量的新缺陷，第一次运行之后发现新缺陷的可能性就小多了。手工测试比自动化测试发现的缺陷更多。
- 如果通过自动化测试没有发现任何缺陷，并不意味着软件就没有缺陷，可能是测试设计本身出现问题，例如测试覆盖率没有达到规定的百分比。
- 商业化的软件测试工具是通用的，而软件企业面对的测试问题千差万别，并且一个软件测试项目往往需要混合使用多种测试工具。因此，采用自动化测试会面临测试工具、被测软件和测试环境的互操作性问题。开发和测试技术环境的不断更新变化会进一步加剧应用自动化测试的复杂性，影响到推广自动化测试的实际效果。
- 自动化测试会带来开发和维护成本的提高，尤其是在软件企业初次引入自动化测试时更为明显。

因此，测试效率和质量的提升是一项系统工程。缺乏手工测试的配合，没有全面和系统的测试计划与测试用例设计作为保障，即使软件中存在缺陷测试工具也难以发现。

2) 片面追求全面的自动化测试

自动化测试主要关注的是通过测试工具自动地执行测试任务，而测试的全面自动化意味着所有可以自动完成的测试任务都通过测试工具或程序来自动执行。事实上，全面的测试自动化目前还仅仅是理想目标，100%的测试自动化不仅需要高昂的成本，而且在现阶段还难以实现。在软件企业中能达到 40%～60% 的自动化测试就已经是很高的比例了，如果过于追求全面的自动化测试反而会增加不必要的成本。

3) 盲目引入测试工具

软件企业各有特点，测试工具自身的特点和适用性也各不相同，所以并不是任何测试工具都能适应所有企业的要求。软件测试自动化并不是简单的测试工具录制与回放过程，测试工具之间以及测试工具与开发环境之间存在着如何有机配合的问题。因此，软件测试自动化的引入与成功实施存在着一定的条件限制，必须在综合考量与评估之后才能合理选择测试工具。同时，真正发挥测试工具的功效还依赖于良好的应用环境，需要改进测试流程和管理机制以适应新的测试工具的应用。

4) 忽视测试脚本的质量问题

测试工具主要通过测试脚本完成自动化测试，测试脚本本身就是程序，因此需要首先保证测试脚本本身的质量。实际工作中通常不会对测试脚本再做大规模的测试，所以测试脚本的质量往往依赖于自动化测试工程师的业务水平、经验和工作态度。如果测试工程师不能根据测试计划生成高质量的测试脚本，测试工具也不具备有效的机制来保证测试脚本的质量，那么自动化测试结果的正确性和有效性就无法得到保障。

5) 缺乏专业的测试人员

专业的测试工具和软硬件测试环境配置固然是成功完成自动化测试的必要条件，但是掌握良好测试技术、具有丰富测试经验的测试人员才是决定性因素。软件测试自动化并不只是简单地使用测试工具，关键在于测试流程的建立、测试用例的设计、测试脚本的编写，这就要求测试人员既要熟悉软件产品的特性、应用领域、测试流程，又要具备良好的测试技术和编程技术。

为了适应自动化测试，必须长期、有计划地加强测试人员的业务培训，使测试人员在深度和广度上真正掌握测试工具，提高测试工具的使用效果，只有这样才能在实际应用中体现自动化测试的优势。

6) 没有考虑自动化测试的开发和维护成本

自动化测试在提高测试效率的同时也会造成测试开发和维护成本的提高。

在软件企业第一次引入自动化测试时,需要大量的人力资源和时间来开发自动化测试脚本,开发阶段的成本相比于手工测试反而会增加。由于推行自动化测试的前期工作相当庞杂,因此将自动化测试应用到测试项目之前要评估适用性,避免测试项目被大量的自动化测试准备和实施工作拖垮。

如果在单元测试中采用自动化测试方法,开发人员经常会比较抗拒。因为单元测试脚本的编写主要由开发人员完成,无形中加大开发人员的工作量,在开发周期紧张的情况下这一矛盾会更加突出。软件企业管理者在初次引入自动化测试时必须考虑上述情况,在开发和测试流程中明确要求使用特定的测试工具,例如明确要求通过 Logiscope 生成代码质量分析报告,通过 DevPartner 生成代码覆盖率报告。开发功能和性能测试脚本也同样需要成本,因此引入自动化测试前一定要进行成本分析,准备好必需的开发与测试资源。

软件测试自动化所需要的测试脚本维护工作量很大,当修改软件后,相应的测试脚本通常也需要进行一致性修改。也就是说,测试自动化和软件产品本身是不能分离的,需要保证测试脚本可以重复使用。脚本本身也是代码,同样需要通过 CVS、SVN 等进行版本管理和变更控制,会带来一定的维护成本。因此,在实施自动化测试时,要防止自动化测试的效率和准确性优势被测试开发和维护成本所淹没。

8.4.2 自动化测试的引入风险分析

软件企业在引入自动化测试前,需要根据自身情况进行充分的风险分析并制定相应的对策,保证自动化测试的成功实施。可以参考以下几个方面进行引入风险分析。

1) 成本风险

自动化测试的成本包括测试人员、测试工具、硬件设备以及测试准备、开发、执行和维护费用等。即使软件企业已经具备实施自动化测试的条件,也不要盲目地进行自动化测试,需要合理规划成本费用,制定成本预算,并且在自动化测试的过程中进行及时调整与控制。

软件自动化测试的前期投入相比手工测试要大得多,需要购买非常昂贵的软件测试工具,扩充硬件测试设备,进行系统性的人员培训。除了上述准备成本之外,还要估算测试脚本开发与维护的成本。需要招聘或抽调专门的测试人员完成测试脚本的开发与维护,并且要保证完成正常手工测试所需要的人力资源不受到影响。

2) 切入点的风险

自动化测试的引入应当由简到难、由点到面,需要根据软件企业自身产品的特点找准实施自动化测试的切入点,否则会造成自动化测试的作用无法体现,严重时甚至造成引入自动化测试的尝试失败,使得实施自动化测试的信心受到严重打击。

从点上讲,可以先从验证简单模块功能开始。从面上讲,可以从白盒测试、功能测试或性能测试中的某一种开始尝试进行自动化测试。例如,对于普通的单机版软件,应当从自动化的功能测试开始,不必先考虑自动化的性能测试;对于界面简单但用户众多的网络软件(如搜索引擎),应当从自动化的性能测试开始;对于频繁升级和在线自动更新的软件,应当从自动化的集成测试开始。

3) 切入方式的风险

在引入自动化测试时不能贪多求全，需要综合应用自动化测试与手工测试，对自动化测试在整个测试活动中的比例进行合理规划。自动化测试的应用率在初期引入时不应当超过20%，当实施成功后，再逐步提高应用率。初期引入自动化测试时，测试项目需要已经制定出完备的测试计划，尤其要已经制定出详细的测试策略，根据测试策略决定哪些测试内容可以通过自动化测试完成。对于测试目标仍然不清晰、被测软件复杂度较高的情况，建议仍然采用传统的手工测试方式以充分发挥测试人员的经验。

4) 时间风险

测试项目需要预留较为宽松的测试时间以应对首次实施自动化测试所带来的冲击。需要合理估计实施自动化测试所需要的时间，避免仓促实施影响测试效果。虽然通过自动化测试可以提高测试效率，节约重复回归测试的时间，但是在自动化测试步入正轨之前，往往需要较大的时间投入。因此，必须正视引入自动化测试所带来的时间风险，明确具体实施计划，估算自动化测试准备、开发、实施和维护所需时间。同时，还需要考虑将自动化测试纳入整个软件开发体系后，测试和开发各个环节所需要的磨合时间。

5) 开发和测试流程以及设计变更的风险

在实施自动化测试后，测试团队甚至整个开发组织为了适应测试工具的应用，原有开发和测试工作流程或多或少会发生改变，测试用例设计方法乃至软件设计也会有相应的变化。因此，需要分析流程和设计变更的程度，尽可能克服变更中可能存在的困难。

8.4.3　适合引入自动化测试的软件项目

当软件项目具有以下特征时，比较适合引入自动化测试。

1) 程序已经基本稳定，不会再发生频繁变动

自动化测试的主要局限性是测试脚本的维护成本很高，尤其是当软件版本频繁变化的时候。频繁的需求变更、设计变更以及缺乏明确的测试任务都会造成测试脚本维护成本的大幅提高。脚本维护本身就是代码开发过程，如果成本过高，就失去了自动化测试的意义。适当的做法是先对稳定的功能或模块进行自动化测试，对仍然处于频繁变化中的功能和模块暂时维持手工测试的方式。

2) 用户界面稳定

自动化的功能测试主要采用录制用户界面操作、生成脚本、修改脚本、生成测试用例、自动回放和运行脚本的方式进行自动化测试，频繁更新的用户界面会造成已有测试用例被大量修改甚至废弃。

3) 项目的进度压力不大

前面已经对引入自动化测试的时间风险分析进行了说明。自动化测试框架的选择与设计、测试脚本的开发与调试都需要大量时间，本身就是软件开发过程。较为宽松的项目时间进度有利于保证初期引入自动化测试所需要的时间，消化由此带来的一系列问题。

4) 测试脚本的可重用性比较高

自动化测试需要很大的投入，测试脚本的重用性高才能使得这种投入有价值。需要考虑后续软件项目与当前项目是否存在较大的差异，例如当前项目是 C/S 架构而后续项目是 B/S 架构，

那么两者的差异就很大，测试脚本就无法重用。此外，还需要考虑测试工具是否能够适应可能出现的项目差异。

5) 回归测试的频率高、数量多

自动化测试最为突出的优势是便于处理回归测试，将测试人员从重复性的回归测试中解放出来。当回归测试的频率较高时，自动化测试可以有效提高测试效率。同理，当软件的维护周期比较长时，回归测试的总体数量比较多，自动化测试的前期开发投入能有效降低维护成本。

6) 软件产品有较高的性能要求

一些互联网类的软件产品经常需要模拟大量的并发用户来测试软件的性能，这种情况下必须借助性能测试工具进行自动化测试，并且生成定量化的测试与分析结果。

7) 组合遍历型的测试

多种测试输入条件组合后的数量经常会比较庞大，有时需要按照一定的规则遍历程序的主要执行路径。测试工具擅长处理此类情况，可以通过开发相应的测试脚本或程序完成自动测试，也便于对上述情况进行重复测试。

8) 持续集成测试

基于敏捷开发的软件项目经常要求持续集成，每天都及时构建新的软件版本并进行测试以尽早发现设计或集成缺陷。这种高频率的集成测试工作必须采用测试工具自动完成。

9) 测试流程和测试用例设计规范

不论是手工测试还是自动化测试，规范的测试流程和高质量的测试用例(测试脚本)都是最基本的保障，向混乱的测试流程中引入自动化测试只能更增加混乱度。

10) 资源充足

这里的资源包括具有较强编程能力的测试人员以及必备的软硬件资源。

8.5 思考题

1. 什么是自动化测试？自动化测试主要有哪些优势？
2. 自动化测试是否能够完全代替手工测试？
3. 将测试步骤录制为脚本是否就完成了自动化测试用例呢？
4. 测试工具是否都需要运行程序才能完成测试？
5. 利用测试工具进行代码分析时一般会用到哪些常用规则？
6. 都有哪些自动化测试脚本类型？每一种脚本类型的特点是什么？
7. 简述数据驱动脚本和关键字驱动脚本的优点。
8. 分类说明你所了解的几种主流商业测试工具和开源测试工具。
9. 软件企业引入测试工具时需要注意哪些问题？

附录 A

常用软件测试术语中英文对照

A

Acceptance Testing 验收测试

Acceptance Criteria 验收准则

Active or Open 激活状态

Alpha Testing α测试

Anomaly 异常

Assertion Checking 断言检查

Audit 审核

Automated Testing 自动化测试

Availability 可用性

B

Baseline 基线

Benchmark 基准指标

Beta Testing β测试

Black-Box Testing 黑盒测试

Bottom-up Integration 自底向上集成

Boundry Value Analysis 边界值分析法

Branch Coverage 分支覆盖

Breadth Testing 广度测试

Bug 软件缺陷

Bug Fix 缺陷修正

Bug Report 缺陷报告

Bug Tracking 缺陷跟踪

Build Verification Test 版本验证测试

C

Cause-effect Graph　因果图

Capacity Test　容量测试

Certification　验证

Close or Inactive　关闭或非激活状态

Code Coverage　代码覆盖

Code Review　代码评审

Code Walkthrough　代码走读

Compatibility Testing　兼容性测试

Component Testing　组件测试

Condition Coverage　条件覆盖

Condition Combination Coverage　条件组合覆盖

Configuration Testing　配置测试

Conformance Testing　一致性测试

Control Flow Graph　控制流图

Continual Improvement　持续改进

COTS(Commercial Off-The-Shelf software)　现货软件

Crash　崩溃

Critical Bug　严重缺陷

Cyclomatic Complexity　环路复杂度

D

Data Flow Testing　数据流测试

Data Driven Testing　数据驱动测试

Decision Condition Coverage　判定条件覆盖

Decision Coverage　判定覆盖

Decision Table　判定表

Defect Density　缺陷密度

Defect Tracking　缺陷跟踪

Delivery　交付

Deployment　部署

Depth Testing　深度测试

Dirty Testing　负面测试

Disaster Recovery　灾难恢复

Documentation Testing　文档测试

Driver　驱动模块

Dynamic Testing　动态测试

E

Equivalence Class 等价类

Equivalence Partitioning 等价类划分法

Error Guessing 错误推测

Exception 异常/例外

Exhaustive Testing 穷尽测试

Expected Outcome 预期结果

F

Failure 失效

Fatal Bug 致命的缺陷

Fault 故障

Fault Injection 错误注入

Feasible Path 可达路径

Feature Testing 产品特性测试

Field Testing 现场测试

Fix or Resolved 已修正状态

Function Testing 功能测试

G

Glass-Box Testing 白盒测试

Gray-Box Testing 灰盒测试

I

Incremental Testing 渐增测试

Infeasible Path 不可达路径

Inspection 代码检查

Installation Testing 安装测试

Integration Testing 集成测试

Interface Testing 接口测试

Interoperability Testing 互联测试

Invalid Equivalence Class 无效等价类

Isolation Testing 隔离测试

K

Keyword Driven Script 关键字驱动脚本

L

Load Testing 负载测试
Localization Testing 本地化测试
Logic-Coverage Testing 逻辑覆盖测试

M

Maintainability Testing 可维护性测试
Major Bug 一般的缺陷
Migration Testing 迁移测试
Minor Bug 微小的缺陷
Module Testing 模块测试
Monkey Testing 跳跃式测试

N

N/A(Not Applicable) 不适用的
Negative Testing 负面测试
Non-functional Requirement 非功能需求

O

Operational Testing 可操作性测试
Orthogonal Testing 正交测试

P

Path Coverage 路径覆盖
Peer Review 同行评审
Performance Indicator 性能指标
Performance Testing 性能测试
Pilot Testing 引导测试
Portability Testing 可移植性测试
Positive Testing 正面测试
Priority 优先级
Pseudo Code 伪码

Q

QA(Quality Assurance) 质量保证
QC(Quality Control) 质量控制
Quality Characteristic 质量特性
Quality Metric 质量度量

R

Random Testing　随机测试

Recovery Testing　恢复测试

Regression Testing　回归测试

Reliability Testing　可靠性测试

Reliability Assessment　可靠性评估

Review　技术评审

Risk Assessment　风险评估

Robustness　强健性

Return of Investment　投资回报率

Root Cause Analysis　根本原因分析

S

Sanity Testing　健全测试

Scenario Testing　场景测试

Security Testing　安全性测试

Service Ability Testing　服务能力测试

Severity　严重性

SLA(Service Level Agreement)　服务级约定

Smoke Testing　冒烟测试

Software Life Cycle　软件生命周期

Software Specification　软件规格说明书

State Transition Testing　状态转换测试

Statement Coverage　语句覆盖

Static Analysis　静态分析

Static Testing　静态测试

Stress Testing　压力测试

Structural Testing　结构化测试

Stub　桩模块

System Testing　系统测试

T

TBD(To Be Determined)　待定

Test Automation　测试自动化

Test Case　测试用例

Test Completion Criterion　测试完成标准

Test Coverage　测试覆盖率

Test Environment　测试环境

Test Metrics　测试度量
Test Plan　测试计划
Test Procedure　测试规程
Test Records　测试记录
Test Report　测试报告
Test Scenario　测试场景
Test Script　测试脚本
Test Specification　测试规格说明书
Test Strategy　测试策略
Test Suite　测试套件
Test Target　测试目标
Testability　可测试性
Testing Bed　测试平台
Tolerance Test　容错测试
Top-down Integration　自顶向下集成
Traceability　可跟踪性
Trade-off　平衡

U

UI Testing　界面测试
Unit Testing　单元测试
Usability Testing　易用性测试
User Profile　用户信息
User Scenario　用户场景

V

Valid Equivalence Class　有效等价类
V&V(Verification & Validation)　验证和确认

W

White-Box Testing　白盒测试

附录 B

软件工程国家标准目录

序号	国家标准编号	年代	标准名称
1	GB/T9385	2008	计算机软件需求规格说明规范
2	GB/T9386	2008	计算机软件测试文档编制规范
3	GB/T15532	2008	计算机软件测试规范
4	GB/T8566	2007	信息技术　软件生命周期过程
5	GB/T20917	2007	软件工程　测量过程
6	GB/T20918	2007	信息技术　软件生命周期过程　风险管理
7	GB/T8567	2006	计算机软件文档编制规范
8	GB/T11457	2006	软件工程术语
9	GB/T16260.1	2006	软件工程　产品质量　第 1 部分：质量模型
10	GB/T16260.2	2006	软件工程　产品质量　第 2 部分：外部度量
11	GB/T16260.3	2006	软件工程　产品质量　第 3 部分：内部度量
12	GB/T16260.4	2006	软件工程　产品质量　第 4 部分：使用质量的度量
13	GB/Z20156	2006	软件工程　软件生命周期过程　用于项目管理的指南
14	GB/T20157	2006	软件工程　软件维护
15	GB/T20158	2006	信息技术　软件生命周期过程　配置管理
16	GB/T18905.1	2002	软件工程　产品评价　第 1 部分：概述
17	GB/T18905.2	2002	软件工程　产品评价　第 2 部分：策划和管理
18	GB/T18905.3	2002	软件工程　产品评价　第 3 部分：开发者用的过程
19	GB/T18905.4	2002	软件工程　产品评价　第 4 部分：需方用的过程
20	GB/T18905.5	2002	软件工程　产品评价　第 5 部分：评价者用的过程
21	GB/T18905.6	2002	软件工程　产品评价　第 6 部分：评价模块的文档编制
22	GB/Z18914	2002	信息技术　软件工程　CASE 工具的采用指南
23	GB/T18491.1	2001	信息技术　软件测量　功能规模测量　第 1 部分：概念定义
24	GB/T18492	2001	信息技术　系统及软件完整性级别
25	GB/Z18493	2001	信息技术　软件生命周期过程指南
26	GB/T18234	2000	信息技术　CASE 工具的评价与选择指南
27	GB/T17544	1998	信息技术　软件包　质量要求和测试
28	GB/T16680	1996	软件文档管理指南
29	GB/T15535	1995	信息处理　单命中判定表规范

(续表)

序号	国家标准编号	年代	标准名称
30	GB/T14085	1993	信息处理系统　计算机系统配置图符号及其约定
31	GB/T14394	1993	计算机软件可靠性和维护性管理
32	GB/T 13502	1992	信息处理　程序构造及其表示约定
33	GB/T1526	1989	信息处理 数据流程图、程序流程图、系统流程图、程序网络图和系统资源图的文件编制符号及约定

附录 C

软件测试计划模板

在表 C-1 中填写文档修订历史记录。A-添加，M-修改，D-删除。

表 C-1　修订历史记录

版本	日期	AMD	修订者	说明
1.0	××××年××月××日			

C.1　简介

C.1.1　目的

<项目名称>的"测试计划"文档有助于实现以下目标：
确定现有项目的信息和应测试的软件构件。
列出推荐的测试需求(高级需求)。
推荐可采用的测试策略，并对这些策略加以说明。
确定所需的资源，并对测试的工作量进行估计。
列出测试项目的可交付元素。

C.1.2　背景

对测试对象(构件、应用程序、系统等)及其目标进行简要说明。需要包括的信息有：主要的功能和性能、测试对象的构架以及项目的简史。

C.1.3　范围

描述测试的各个阶段(例如，单元测试、集成测试或系统测试)，并说明本测试计划所针对的测试类型(如功能测试或性能测试)。简要地列出测试对象中将接受测试或将不接受测试的那些性能和功能。如果在编写此文档的过程中做出的某些假设可能会影响测试的设计、开发或实施，则列出所有这些假设。列出可能会影响测试的设计、开发或实施的所有风险、意外事件和所有约束。

C.2　测试参考文档和测试提交文档

C.2.1　测试参考文档

在表 C-2 中列出制定测试计划时使用的文档，并标明各文档的可用性。

表 C-2　测试参考文档

文档(版本/日期)	已创建或可用		已被接收或已经过复审		作者或来源	备注
可行性分析报告	是□	否□	是□	否□		
软件需求定义	是□	否□	是□	否□		
软件系统分析	是□	否□	是□	否□		
软件概要设计	是□	否□	是□	否□		
软件详细设计	是□	否□	是□	否□		
软件测试需求	是□	否□	是□	否□		
硬件可行性分析报告	是□	否□	是□	否□		
硬件需求定义	是□	否□	是□	否□		
硬件概要设计	是□	否□	是□	否□		
硬件原理图设计	是□	否□	是□	否□		
硬件结构设计(包含 PCB)	是□	否□	是□	否□		
FPGA 设计	是□	否□	是□	否□		
硬件测试需求	是□	否□	是□	否□		
PCB 设计	是□	否□	是□	否□		
USB 驱动设计	是□	否□	是□	否□		
Tuner BSP 设计	是□	否□	是□	否□		
MCU 设计	是□	否□	是□	否□		
模块开发手册	是□	否□	是□	否□		
测试时间表及人员安排	是□	否□	是□	否□		
测试计划	是□	否□	是□	否□		
测试方案	是□	否□	是□	否□		
测试报告	是□	否□	是□	否□		
测试分析报告	是□	否□	是□	否□		
用户操作手册	是□	否□	是□	否□		
安装指南	是□	否□	是□	否□		

注：可适当地删除或添加文档项。

C.2.2　测试提交文档

下面应当列出在测试阶段结束后，所有可提交的文档。

C.3 测试进度

在表 C-3 中列出主要测试活动的测试进度。

表 C-3 测试进度

测试活动	计划开始日期	实际开始日期	结束日期
制定测试计划			
设计测试			
集成测试			
系统测试			
性能测试			
安装测试			
用户验收测试			
对测试进行评估			
产品发布			

C.4 测试资源

C.4.1 人力资源

在表 C-4 中列出在项目的人员配备方面所做的各种假定。

表 C-4 测试人力资源

角色	所推荐的最少资源(所分配的专职角色数量)	具体职责或注释

注:可适当地删除或添加角色项。

C.4.2 测试环境

在表 C-5 中列出测试的系统环境。

表 C-5 测试的系统环境

软件环境(相关软件、操作系统等)
硬件环境(网络、设备等)

C.4.3　测试工具

在表 C-6 中列出测试使用的工具。

表 C-6　测试工具

用途	工具	生产厂商/自产	版本

C.5　系统风险、优先级

简要描述测试阶段的风险和处理的优先级。

C.6　测试策略

测试策略提供对测试对象进行测试的推荐方法。对于每种测试，都应提供测试说明，并解释实施原因。制定测试策略时要考虑的主要事项有：将要使用的技术以及判断测试何时完成的标准。下面列出在进行每项测试时需考虑的事项，除此之外，测试还只应在安全的环境中使用已知的、有控制的数据库来执行。

注意：如果不实施某种测试，则应该用一句话加以说明，并陈述这样做的理由。例如，"将不实施该测试。本项目不适用该测试"。

C.6.1　数据和数据库完整性测试

在<项目名称>中，数据库和数据库进程应作为子系统进行测试。在测试这些子系统时，不应将测试对象的用户界面用作数据的接口。对于数据库管理系统(DBMS)，还需要进行深入的研究，以确定表 C-7 中可以支持的测试工具和技术。

表 C-7　支持数据库测试的工具和技术

测试目标：	确保数据库访问方法和进程正常运行，数据不会遭到损坏
测试范围：	
技术：	调用各个数据库访问方法和进程，并在其中填充有效的和无效的数据(或对数据的请求)检查数据库，确保数据已按预期方式填充，并且所有的数据库事件已正常发生；或者检查所返回的数据，确保以正当的理由检索到正确的数据
开始标准：	
完成标准：	所有的数据库访问方法和进程都按照设计的方式运行，数据没有遭到损坏
测试重点和优先级：	
需要考虑的特殊事项：	测试可能需要 DBMS 开发环境或驱动程序在数据库中直接输入或修改数据 进程应该以手工方式调用 应使用小型或最小的数据库(记录的数量有限)来使所有无法接受的事件具有更大的可视度

C.6.2   接口测试

在表 C-8 中列出与接口测试有关的主要事项。

表 C-8   接口测试主要事项

测试目标:	确保接口调用的正确性
测试范围:	所有软件、硬件接口，记录输入输出数据
技术:	
开始标准:	
完成标准:	
测试重点和优先级:	
需要考虑的特殊事项:	接口的限制条件

C.6.3   集成测试

集成测试的主要目的是检测系统是否达到需求，检测对业务流程及数据流的处理是否符合标准，检测系统对业务流处理是否存在逻辑不严谨及错误，检测需求是否存在不合理的标准及要求。此阶段测试基于功能完成的测试，在 C-9 中列出与集成测试有关的主要事项。

表 C-9   集成测试主要事项

测试目标:	检测需求中业务流程、数据流的正确性
测试范围:	需求中明确的业务流程，或通过组合不同功能模块而形成一个大的功能
技术:	利用有效和无效的数据来执行用例、用例流或功能，以核实以下内容： 在使用有效数据时得到预期的结果 在使用无效数据时显示相应的错误消息或警告消息 各个业务规则都得到正确的应用
开始标准:	在完成某个集成测试时必须达到标准
完成标准:	所计划的测试已全部执行，所发现的缺陷已全部解决
测试重点和优先级:	测试重点是指在测试过程中需要着重测试的地方,优先级可以根据需求及严重程度来定
需要考虑的特殊事项:	确定或说明那些将对功能测试的实施和执行造成影响的事项或因素(内部的或外部的)

C.6.4   功能测试

对测试对象的功能测试应侧重于所有可直接追踪到用例或业务功能和业务规则的测试需求。这种测试的目标是核实数据的接收、处理和检索是否正确，以及业务规则的实施是否恰当。此类测试基于黑盒技术，该技术通过图形用户界面(GUI)与应用程序进行交互，并对交互的输出或结果进行分析，以此核实应用程序及其内部进程。表 C-10 为各种应用程序列出推荐使用的测试概要。

表 C-10　功能测试概要

测试目标：	确保测试的功能正常，其中包括导航、数据输入、处理和检索等功能
测试范围：	
技术：	利用有效和无效的数据来执行各个用例、用例流或功能，以核实以下内容： 在使用有效数据时得到预期的结果 在使用无效数据时显示相应的错误消息或警告消息 各个业务规则都得到正确的应用
开始标准：	
完成标准：	
测试重点和优先级：	
需要考虑的特殊事项：	确定或说明那些将对功能测试的实施和执行造成影响的事项或因素(内部的或外部的)

C.6.5　用户界面测试

用户界面(UI)测试用于核实用户与软件之间的交互。UI 测试的目标是确保用户界面会通过测试对象的功能来为用户提供相应的访问或浏览功能。另外，UI 测试还可确保 UI 中的对象按照预期的方式运行，并符合公司或行业的标准。表 C-11 是用户界面测试概要。

表 C-11　用户界面测试概要

测试目标：	核实以下内容： 通过测试进行的浏览可正确反映业务的功能和需求,这种浏览包括窗口与窗口之间、字段与字段之间的浏览，以及各种访问方法(Tab 键、鼠标移动和快捷键)的使用 窗口对象和特征(例如菜单、大小、位置、状态和中心)都符合标准
测试范围：	
技术：	为每个窗口创建或修改测试,以核实各个应用程序窗口和对象都可正确地进行浏览，并处于正常的对象状态
开始标准：	
完成标准：	成功地核实出各个窗口都与基准版本保持一致，或符合可接受标准
测试重点和优先级：	
需要考虑的特殊事项：	并不是所有定制对象或第三方对象的特征都可访问

C.6.6　性能评测

性能评测是一种性能测试，用于对响应时间、事务处理速率和其他与时间相关的需求进行评测和评估。性能评测的目标是核实性能需求是否都已满足。实施和执行性能评测的目的是将测试对象的性能行为当作条件(例如工作量或硬件配置)的一种函数来进行评测和微调。表 C-12 是性能评测概要。

注意：以下所说的事务是指"逻辑业务事务"。这种事务被定义为将由系统的某个 Actor 通过使用测试对象来执行的特定用例，例如添加或修改给定的合同

表 C-12　性能评测概要

测试目标：	核实指定的事务或业务功能在以下情况下的性能行为： 正常的预期工作量、预期的最繁重工作量
测试范围：	
技术：	使用为功能或业务周期测试制定的测试过程 通过修改数据文件来增加事务数量，或通过修改脚本来增加每项事务的迭代数量 脚本应该在一台计算机上运行(最好以单个用户、单个事务为基准)，并在多个客户机(虚拟的或实际的客户机，请参见下面的"需要考虑的特殊事项")重复
开始标准：	
完成标准：	单个事务或单个用户：在每个事务的预期时间范围内成功地完成测试脚本，没有发生任何故障 多个事务或多个用户：在可接受的时间范围内成功地完成测试脚本，没有发生任何故障
测试重点和优先级：	
需要考虑的特殊事项：	综合的性能测试还包括在服务器上添加后台工作量 可采用多种方法来执行此操作，其中包括： 直接将"事务强行分配到"服务器上，这通常以 SQL 调用的形式来实现 通过创建"虚拟的"用户负载来模拟多台(通常为数百台)客户机。此负载可通过"远程终端仿真(Remote Terminal Emulation)工具来实现。此技术还可用于在网络中加载"流量" 使用多台实际客户机(每台客户机都运行测试脚本)在系统上添加负载 性能测试应该在专用的计算机上或在专用的机时内执行，以实现完全的控制和精确的评测 性能测试所用的数据库应该是实际大小或相同缩放比例的数据库

C.6.7　负载测试

负载测试是一种性能测试。在这种测试中，将使测试对象承担不同的工作量，以评测和评估测试对象在不同工作量条件下的性能行为，以及持续正常运行的能力。负载测试的目标是确定并确保系统在超出最大预期工作量的情况下仍能正常运行。此外，负载测试还要评估性能特征，例如响应时间、事务处理速率和其他与时间相关的方面。表 C-13 是负载测试概要。

注意：以下所说的事务是指"逻辑业务事务"。这种事务被定义为将由系统的某个最终用户通过使用应用程序来执行的特定功能，例如添加或修改给定的合同。

表 C-13　负载测试概要

测试目标：	核实指定的事务或商业理由在不同工作量条件下的性能行为时间
测试范围：	
技术：	使用为功能或业务周期测试制定的测试。通过修改数据文件来增加事务数量，或通过修改脚本来增加每项事务发生的次数
开始标准：	
完成标准：	多个事务或多个用户：在可接受的时间范围内成功地完成测试，没有发生任何故障
测试重点和优先级：	
需要考虑的特殊事项：	负载测试应该在专用的计算机上或在专用的机时内执行，以实现完全的控制和精确的评测 负载测试所用的数据库应该是实际大小或相同缩放比例的数据库

C.6.8　强度测试

强度测试是一种性能测试，实施和执行此类测试的目的是找出因资源不足或资源争用而导致的错误。如果内存或磁盘空间不足，测试对象就可能表现出一些在正常条件下并不明显的缺陷。而其他缺陷则可能由于争用共享资源(如数据库锁或网络带宽)而造成。强度测试还可用于确定测试对象能够处理的最大工作量。表 C-14 是强度测试概要。

注意：以下提到的事务都是指逻辑业务事务。

表 C-14　强度测试概要

测试目标：	核实测试对象能够在以下强度条件下正常运行，不会出现任何错误： 服务器上几乎没有或根本没有可用的内存(RAM 和 DASD) 连接或模拟了最大实际(实际允许)数量的客户机 多个用户对相同的数据或账户执行相同的事务 最繁重的事务量或最差的事务组合(请参见上面的 C.6.6 节"性能测试") 注意：强度测试的目标可表述为确定和记录那些使系统无法继续正常运行的情况或条件
测试范围：	
技术：	使用为性能评测或负载测试制定的测试 要对有限的资源进行测试，就应该在一台计算机上运行测试，而且应该减少或限制服务器上的 RAM 和 DASD 对于其他强度测试，应该使用多台客户机来运行相同的测试或互补的测试，以产生最繁重的事务量或最差的事务组合
开始标准：	
完成标准：	所计划的测试已全部执行，并且在达到或超出指定的系统限制时没有出现任何软件故障，或者导致系统出现故障的条件并不在指定的条件范围之内
测试重点和优先级：	
需要考虑的特殊事项：	如果要增加网络工作强度，可能会需要使用网络工具来给网络加载消息或信息包 应该暂时减少用于系统的 DASD，以限制数据库可用空间的增长 使多台客户机对相同的记录或数据账户同时进行的访问达到同步

C.6.9　容量测试

容量测试使测试对象处理大量的数据，以确定是否达到将使软件发生故障的极限。容量测试还将确定测试对象在给定时间内能够持续处理的最大负载或工作量。例如，如果测试对象正在为生成一份报表而处理一组数据库记录，那么容量测试就会使用一个大型的测试数据库。检验软件是否正常运行并生成正确的报表。表 C-15 是容量测试概要。

表 C-15　容量测试概要

测试目标：	核实测试对象在以下高容量条件下能否正常运行： 连接或模拟了最大(实际或实际允许)数量的客户机，所有客户机在长时间内执行相同的且情况(性能)最坏的业务功能 已达到最大的数据库大小(实际的或按比例缩放的)，而且同时执行多个查询或报表事务

(续表)

测试范围:	
技术:	使用为性能评测或负载测试制定的测试 应该使用多台客户机来运行相同的测试或互补的测试,以便在长时间内产生最繁重的事务量或最差的事务组合(请参见上面的 C.6.8 节"强度测试") 创建最大的数据库大小(实际的、按比例缩放的或填充了代表性数据的数据库),并使用多台客户机在长时间内同时运行查询和报表事务
开始标准:	
完成标准:	所计划的测试已全部执行,而且达到或超出指定的系统限制时没有出现任何软件故障
测试重点和优先级:	
需要考虑的特殊事项:	对于上述高容量条件,哪个时间段是可以接受的时间

C.6.10　安全性和访问控制测试

安全性和访问控制测试侧重于安全性的两个关键方面:应用程序级别的安全性,包括对数据或业务功能的访问;系统级别的安全性,包括对系统的登录或远程访问。

应用程序级别的安全性可确保:在预期的安全性情况下,Actor 只能访问特定的功能或用例,或者只能访问有限的数据。例如,可能会允许所有人输入数据,创建新账户,但只有管理员才能删除这些数据或账户。如果具有数据级别的安全性,测试就可确保"用户类型一"能够看到所有客户消息(包括财务数据),而确保"用户类型二"看见同一客户的统计数据。系统级别的安全性可确保只有具备系统访问权限的用户才能访问应用程序,而且只能通过相应的网关来访问。表 C-16 是安全性和访问控制测试概要。

表 C-16　安全性和访问控制测试概要

测试目标:	应用程序级别的安全性:核实 Actor 只能访问其所属用户类型已被授权访问的那些功能或数据 系统级别的安全性:核实只有具备系统和应用程序访问权限的 Actor 才能访问系统和应用程序
测试范围:	
技术:	应用程序级别的安全性:确定并列出各用户类型及其被授权访问的功能或数据;为各用户类型创建测试,并通过创建各用户类型所特有的事务来核实其权限;修改用户类型并为相同的用户重新运行测试;对于每种用户类型,确保正确地提供或拒绝这些附加的功能或数据 系统级别的访问:请参见下方"需要考虑的特殊事项"
开始标准:	
完成标准:	各种已知的 Actor 类型都可访问相应的功能或数据,而且所有事务都按照预期的方式运行,并在先前的应用程序功能测试中运行所有的事务
测试重点和优先级:	
需要考虑的特殊事项:	必须与相应的网络或系统管理员一起对系统访问权进行检查和讨论

C.6.11　故障转移和恢复测试

故障转移和恢复测试可确保测试对象能成功完成转移，并能从导致数据意外损失或数据完整性遭受破坏的各种软硬件网络故障中恢复。

故障转移测试可确保：对于必须持续运行的系统，一旦发生故障，备用系统将不失时机地"顶替"发生故障的系统，以避免丢失任何数据或事务。

恢复测试是一种对抗性的测试过程。在这种测试中，将把应用程序或系统置于极端条件下(或是模拟的极端条件下)，以产生故障(例如设备输入/输出(I/O)故障或无效的数据库指针和关键字)。然后调用恢复进程并监测、检查应用程序和系统，核实应用程序、系统和数据已得到正确恢复。表 C-17 是故障转移和恢复测试概要。

表 C-17　故障转移和恢复测试概要

测试目标：	确保恢复进程(手工或自动)将数据库、应用程序和系统正确地恢复到预期的已知状态 测试中将包括以下各种情况： ● 客户机断电 ● 服务器断电 ● 通过网络服务器产生的通信中断 ● DASD 和/或 DASD 控制器被中断、断电或与 DASD 和/或 DASD 控制器的通信中断 ● 周期未完成(数据过滤进程被中断，数据同步进程被中断) ● 数据库指针或关键字无效 ● 数据库中的数据元素无效或遭到破坏
测试范围：	
技术：	应该使用为功能和业务周期测试创建的测试来创建一系列事务。一旦达到预期的测试起点，就应该分别执行或模拟以下操作： ● 客户机断电：关闭 PC 的电源 ● 服务器断电：模拟或启动服务器的断电过程 ● 通过网络服务器产生的中断：模拟或启动网络的通信中断(实际断开通信线路的连接或关闭网络服务器或路由器的电源) ● DASD 和/或 DASD 控制器被中断、断电或与 DASD 和/或 DASD 控制器的通信中断：模拟与一个或多个 DASD 控制器或设备的通信，或实际取消这种通信 ● 一旦实现上述情况(或模拟情况)，就应该执行其他事务。而且一旦达到第二个测试点状态，就应调用恢复进程 ● 在测试不完整的周期时，使用的技术与上述技术相同，只不过应异常终止或提前终止数据库进程本身 ● 对以下情况的测试需要达到已知的数据库状态。当破坏若干个数据库字段、指针和关键字时，应该以手工方式在数据库中(通过数据库工具)直接进行。其他事务应该通过使用"应用程序功能测试"和"业务周期测试"中的测试来执行，并且应执行完整的周期
开始标准：	
完成标准：	在所有上述情况中，应用程序、数据库和系统应该在恢复过程完成时立即返回到已知的预期状态。此状态包括仅限于已知损坏的字段、指针或关键字范围内的数据损坏，以及表明进程或事务因中断未被完成的报表

(续表)

测试重点和优先级：	
需要考虑的特殊事项：	• 恢复测试会给其他操作带来许多麻烦。断开缆线连接的方法(模拟断电或通信中断)可能并不可取或不可行。所以，可能需要采用其他方法，例如诊断性软件工具 • 需要系统(或计算机操作)、数据库和网络组中的资源 • 这些测试应该在工作时间之外或在一台独立的计算机上运行

C.6.12　配置测试

配置测试核实测试对象在不同的软件和硬件配置中的运行情况。在大多数生产环境中，客户机工作站、网络连接和数据库服务器的具体硬件规格会有所不同。客户机工作站可能会安装不同的软件，例如应用程序、驱动程序等。而且在任何时候，都可能运行许多不同的软件组合，从而占用不同的资源。表 C-18 是配置测试概要。

表 C-18　配置测试概要

测试目标：	核实测试可在所需的硬件和软件配置中正常运行
测试范围：	
技术：	• 使用功能测试脚本 • 在测试过程中或在测试开始之前，打开各种与非测试对象相关的软件(例如 Microsoft 应用程序 Excel 和 Word)，然后将它们关闭 • 执行所选的事务，以模拟 Actor 与测试对象软件和非测试对象软件之间的交互 • 重复上述步骤，尽量减少客户机工作站上的常规可用内存
开始标准：	
完成标准：	对于测试对象软件和非测试对象软件的各种组合，所有事务都成功完成，没有出现任何故障
测试重点和优先级：	
需要考虑的特殊事项：	• 需要、可以使用并用可以通过桌面访问哪种非测试对象软件？ • 通常使用的是哪些应用程序？ • 应用程序正在运行什么数据？例如，在 Excel 中打开的大型电子表格，或是在 Word 中打开的 100 页文档 • 作为测试的一部分，应将系统、Netware、网络服务器、数据库等都记录下来

C.6.13　安装测试

安装测试有两个目的：第一个目的是确保软件在正常情况和异常情况的不同条件下(例如，进行首次安装、升级、完整的或自定义安装)都能进行安装。异常情况包括磁盘空间不足、缺少目录创建权限等。第二个目的是核实软件在安装后可立即正常运行，这通常是指运行大量为功能测试制定的测试。表 C-19 是安装测试概要。

表 C-19　安装测试概要

测试目标：	核实在以下情况下，测试对象可正确地安装到各种所需的硬件配置中： ● 首次安装。以前从未安装过<项目名称>的新计算机 ● 更新。以前安装过相同版本的<项目名称>的计算机 ● 更新。以前安装过<项目名称>的较早版本的计算机
测试范围：	
技术：	● 手工开发脚本或开发自动脚本，以验证目标计算机的状况：首次安装，<项目名称>从未安装过；<项目名称>安装过相同或较早的版本 ● 启动或执行安装 ● 使用预先确定的功能测试脚本子集来运行事务
开始标准：	
完成标准：	<项目名称>事务成功执行，没有出现任何故障
测试重点和优先级：	
需要考虑的特殊事项：	应该选择<项目名称>的哪些事务才能准确地测试出<项目名称>应用程序已经成功安装，而且没有遗漏主要的软件构件

C.7　问题严重度描述

在表 C-20 中填写问题严重度描述及其响应时间。

表 C-20　问题严重度描述

问题严重度	描述	响应时间
高	例如使系统崩溃	程序员在多长时间内改正此问题
中		
低		

C.8　附录：项目任务

- 制定测试计划
  - 确定测试需求、评估风险、制定测试策略
  - 确定测试资源、创建时间表、生成测试计划
- 设计测试
  - 准备工作量分析文档
  - 确定并说明测试用例
  - 确定测试过程，并建立测试过程的结构
- 复审和评估测试覆盖
- 实施测试
  - 记录或通过编程创建测试脚本
  - 确定设计与实施模型中的测试专用功能

    ○   建立外部数据集
- 执行测试和测试过程
- 评估测试的执行情况
- 核实结果、调查意外结果
- 记录缺陷、分析缺陷
- 对测试进行评估、评估测试用例覆盖、评估代码覆盖
- 确定是否达到测试完成标准与成功标准

附录 D

验收测试报告模板

在表 D-1 中填写本文档修订历史记录。A-添加，M-修改，D-删除。

表 D-1　修订历史记录

版本	日期	AMD	修订者	说明
1.0	××××年××月××日			

D.1　简介

D.1.1　编写目的

本测试报告的具体编写目的，指出预期的读者范围。

实例：本测试报告为×××项目的验收测试报告，目的在于总结验收测试阶段的测试，以及分析测试结果，描述系统是否符合需求(或达到×××功能目标)。预期参与人员包括业务人员、测试人员、开发人员、项目管理者、其他质量管理人员和需要阅读本报告的高层经理。

提示：通常，业务人员对测试结论部分感兴趣，开发人员希望从缺陷结果以及分析中得到开发质量的信息，项目管理者对测试执行中成本、资源和时间予以重视，而高层经理希望能够阅读到简单的图表并且能够与其他项目进行同向比较。此部分具体描述什么类型的人可参考本报告××页的××节。

D.1.2　项目背景

对项目目标和目的进行简要说明。

D.1.3　系统简介

可从设计文档中获取相关内容，可用框架图和网络拓扑图进行系统简介说明。

D.1.4　术语和缩写词

对于技术相关的名词和多义词一定要标注清楚，以便阅读时不会产生歧义。

D.1.5　参考资料

需求、设计、测试用例、手册以及其他项目文档等。
测试使用的国家标准、行业指标、公司规范和质量手册等。

D.2　测试概要

包括测试的一些声明、测试范围、测试目的等，主要是测试情况简介。

D.2.1　测试用例设计

简要介绍测试用例的设计方法，例如等价类划分法、边界值分析法、因果图法等。

提示：如果能够具体对设计进行说明，在其他开发人员、测试经理阅读的时候就容易对用例设计有个整体的概念。重点测试部分一定要保证有两种以上不同的用例设计方法。

D.2.2　测试环境配置

简要介绍测试环境配置，包括数据库服务器、应用服务器以及客户端的配置。

1. 数据库服务器配置(见表 D-2)

表 D-2　数据库服务器配置

硬件配置	机型及名称	CPU	内存	硬盘	备注
软件配置	IP 地址 及端口号	操作系统名称 及版本号	DBMS 名称 及版本号	应用软件 及版本号	备注

2. 应用服务器配置(见表 D-3)

表 D-3　应用服务器配置

硬件配置	机型及名称	CPU	内存	硬盘	备注
软件配置	IP 地址 及端口号	操作系统名称 及版本号	DBMS 名称 及版本号	应用软件 及版本号	备注

3. 客户端配置(见表 D-4)

表 D-4　客户端配置

硬件配置	机型及名称	CPU	内存	硬盘	备注
软件配置	IP 地址 及端口号	操作系统名称 及版本号	DBMS 名称 及版本号	应用软件 及版本号	备注

说明：对于网络设备和要求也可以使用相应的表格，对于三层架构的系统，可以根据网络拓扑图列出相关配置。

D.2.3　测试方法和测试工具

简要介绍测试中采用的方法和工具。

提示：主要采用黑盒测试，测试方法可以写上测试的重点和采用的测试模式，这样可以一目了然地知道是否遗漏重要的测试点和关键模块。工具为可选项，当使用测试工具和相关工具时，需要予以说明。

注意：要注明是自产还是软件厂商产品，注明软件版本号，在测试报告发布后要避免测试工具的版权问题。

D.3　测试结果及缺陷分析

这是验收测试报告中的重点部分，这部分主要汇总各种数据并进行度量。度量包括对测试过程的度量和能力评估、对软件产品的质量度量和产品评估。

D.3.1　测试执行情况与记录

描述测试资源消耗情况，记录实际数据(测试人员、项目经理关注部分)。

1. 测试组织

在表 D-5 中列出简单的测试组织架构。

表 D-5　测试组织架构

测试组架构	测试经理(领导人员)	主要测试人员	参与测试人员
(如存在分组、参与人等情况)			

2. 测试时间

在表 D-6 中列出测试的跨度和工作量，最好区分测试文档和活动的时间。数据可供过程度量使用。

表 D-6　测试时间

任务名称	实际开始时间	实际结束时间	总工作日(人/时)	测试执行人员
XXX 子系统/子功能				

在汇总数据时可以统计个人的平均投入时间和总体时间、整体投入平均时间和总体时间，还可以算出每个功能点花费的时/人。

3. 测试版本

给出测试版本，如果是最终报告，可能要报告总体测试次数和回归测试次数。列出表格清单，以便知道具体子系统/子模块的测试频度，多次回归的子系统/子模块将引起开发者关注。

D.3.2　覆盖分析

1. 需求覆盖率

根据测试结果，在表 D-7 中按编号给出每一测试需求的通过与否结论。Y 表示通过，N 表示不通过，P 表示部分通过，N/A 表示不可测试或者用例不适用。实际上，需求跟踪矩阵列出了一一对应的用例情况以避免遗漏，从而传达需求的测试信息以供检查和审核。需求覆盖率计算方法：Y 项/需求总数×100%。

表 D-7　每一项测试需求通过与否结论

需求/功能(或编号)	测试类型	是否通过	备注

其中："是否通过"一列可用[Y]、[P]、[N]、[N/A]填写。

需求覆盖率是指经过测试的需求/功能和需求规格说明书中所有需求/功能的比值，通常情况下要达到 100％的目标。

2. 测试覆盖率

在表 D-8 中记录针对每一项测试需求的测试用例执行情况。实际上，测试用例已经记载预期结果数据，测试缺陷报告已经说明实测结果与预期结果的偏差，因此没有必要对每个编号在此进一步说明缺陷记录与偏差。目的仅仅在于更好地查看测试结果。测试覆盖率计算方法：执行用例数/用例总数×100%。

表 D-8　每一项测试需求的测试用例执行情况

需求/功能(或编号)	用例个数	执行总数	未执行	未/漏测分析和原因

D.3.3　缺陷的统计与分析

缺陷统计主要涉及被测系统的质量。因此，这部分成为开发人员、质量人员重点关注的部分。

1.　缺陷汇总

- 按缺陷严重程度统计(见表 D-9)

表 D-9　缺陷严重程度统计表

缺陷严重级别	缺陷数量	备注
致命缺陷		
严重缺陷		
一般缺陷		
微小缺陷		
缺陷合计		

- 按缺陷类型统计(见表 D-10)

表 D-10　缺陷类型统计表

缺陷类型	缺陷数量	备注
UI		
架构		
接口错误		
业务功能		
系统功能		
性能		
可用性		
可移植性		
可跟踪性		
一致性		
文字描述		
代码冗余		
总计		

- 按功能分布(见表 D-11)

表 D-11　功能分别统计表

功能	缺陷数量	备注
功能一		
功能二		
……		
缺陷合计		

最好给出缺陷的饼状图和柱状图以便直观查看。

2. 缺陷分析

该部分对上述缺陷和其他收集到的数据进行综合分析。

● 缺陷综合分析

缺陷发现效率＝缺陷总数/执行测试所用时间

可具体到人员得出平均指标。

用例质量＝缺陷总数/测试用例总数 ×100％

缺陷密度＝缺陷总数/功能点总数

缺陷密度可以得出如图 D-1 所示的系统各功能或各需求的缺陷分布情况，开发人员可以在此分析基础之上得出哪部分功能/需求缺陷最多，从而在今后开发中注意避免并在实施时予与关注。测试经验表明，测试缺陷越多的部分，隐藏的缺陷也越多。

图 D-2 给出了缺陷按驻留时间的分别情况，反映了缺陷的清除效率。

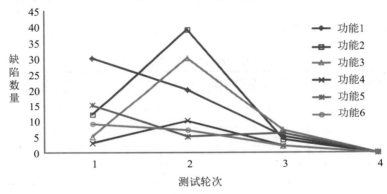

图 D-1　缺陷按功能分布

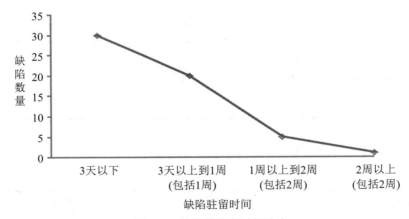

图 D-2　缺陷按驻留时间分布

- 重要缺陷摘要(见表 D-12)

表 D-12　重要缺陷摘要

缺陷编号	简要描述	分析结果	备注

3. 残留缺陷与未解决问题

- 残留缺陷(见表 D-13)

表 D-13　残留缺陷记录

编号	缺陷概要	原因分析	预防和改进措施
缺陷编号	缺陷描述的事实	如何引起缺陷，缺陷的后果，描述造成软件局限性和其他限制性的原因	弥补手段和长期策略

- 未解决问题(见表 D-14)

表 D-14　未解决问题记录

功能	测试结果	缺陷描述	评价
功能 1	与预期结果的偏差	具体描述	对这些问题的看法，也就是这些问题如果发生了会产生什么样的影响

D.4　测试结论与建议

对上述过程、缺陷分析之后清晰扼要地给出结论和建议。

D.4.1　测试结论

- 测试执行是否充分(可以增加对安全性、可靠性、可维护性和功能性的描述)。
- 针对测试风险的控制措施和成效。
- 测试目标是否完成。
- 测试是否通过。
- 是否达到需求的要求和目标。

D.4.2　建议

- 对系统存在问题的说明，描述测试揭露的软件缺陷和不足，以及可能给软件实施和运行带来的影响。
- 可能存在的潜在缺陷和后续工作。

- 对缺陷修改和产品设计的建议。
- 对过程改进方面的建议。

D.5 测试缺陷清单

记录所有测试中发现的缺陷，要求记录所有缺陷的解决状态。

主要内容：缺陷编号、缺陷描述、缺陷级别、缺陷类型、缺陷解决状态。

参考文献

[1] 朱少民. 软件测试[M]. 北京：人民邮电出版社，2009

[2] 佟伟光. 软件测试技术[M]. 2 版. 北京：人民邮电出版社，2010

[3] Glenford J. Myers 等. 软件测试的艺术[M]. 第 3 版. 张晓明，黄琳 译. 北京：机械工业出版社，2012

[4] 郑人杰等. 软件测试[M]. 北京：人民邮电出版社，2011

[5] 周元哲. 软件测试[M]. 2 版. 北京：清华大学出版社，2017

[6] 宫云战等. 软件测试教程[M]. 北京：机械工业出版社，2008

[7] 朱少民. 软件测试方法和技术[M]. 2 版. 北京：清华大学出版社，2010

[8] 赵斌. 软件测试技术经典教程[M]. 2 版. 北京：科学出版社，2011

[9] 李龙等. 软件测试实用技术与常用模板[M]. 北京：机械工业出版社，2010

[10] 51Testing 软件测试网：http://www.51testing.com/html/index.html

[11] 51Testing 软件测试论坛：http://bbs.51testing.com/forum.php

[12] 中国软件测试联盟：http://www.51sqae.com/portal.php

[13] 软件测试博客：http://hutianfa.blog.163.com/

[14] 软件测试模板：http://www.testingexcellence.com/downloads/templates/

[15] 软件测试现状调查报告：http://download.51testing.com/ddimg/uploadsoft/20170627/2016report.pdf

[16] 软件测试职业发展方向：http://blog.csdn.net/damys/article/details/8052010

[17] 软件测试发展历史：http://www.mamicode.com/info-detail-1762234.html

[18] 论"前置测试模型"：http://blog.51cto.com/leafwf/1256669

[19] 设计自动化测试用例的原则：http://blog.csdn.net/csq653273717/article/details/47358341

[20] 谷歌是如何做代码审查的：http://www.vaikan.com/things-everyone-should-do-code-review/

[21] 白盒测试方法-静态结构分析法：http://blog.csdn.net/andy572633/article/details/7269484

[22] 正交试验设计法的基本思想：http://www.doc88.com/p-492273209026.html

[23] 张颖. 基于正交法的软件测试用例设计[J]. 电脑知识与技术. 2010,6(24):6707- 6799

[24] 王玲玲，吴进华. 正交实验法在手机软件测试用例生成中的实现[J].计算机应用与软件.2011,28(6): 183-185

[25] 黑盒测试——场景法：https://wenku.baidu.com/view/e72fe960998fcc22bcd10d92.html

[26] 黑盒测试——场景法：https://www.cnblogs.com/yusijie/p/6690795.html

[27] 黑盒测试用例设计方法实践——错误推测法：https://blog.csdn.net/hellofeiya/article/details/21826097

[28] 浅谈单元测试的意义：http://developer.51cto.com/art/201106/268752.htm

[29] 谈谈单元测试，为什么要进行单元测试：http://www.51testing.com/html/88/n-3763388.html

[30] 单元测试：https://blog.csdn.net/qq_34803572/article/details/78148572

[31] 系统测试和单元测试的区别：https://blog.csdn.net/zll01/article/details/4555406

[32] 持续集成：https://www.cnblogs.com/web424/p/7521098.html

[33] 验收测试：https://baike.baidu.com/item/验收测试/10914477

[34] 杨放春，龙湘明.软件非功能属性研究[J].北京邮电大学学报.2004,27(3),1-12

[35] 非功能测试类型汇总：https://www.cnblogs.com/gisen_6/p/3734188.html

[36] GUI 图形用户界面测试：https://www.cnblogs.com/ccvamy/p/4474546.html

[37] "最佳并发用户数"和"最大并发用户数"：https://www.cnblogs.com/273286078up/p/7552015.html

[38] 非功能性测试指南：http://www.docin.com/p-762011819.html?docfrom=rrela

[39] Web 测试之 UI 测试：https://blog.csdn.net/weixin_36158949/article/details/79503772

[40] 功能测试方法总结：http://www.cnblogs.com/smile1313113/p/3267034.html

[41] 软件测试缺陷报告实用写作技术：https://download.csdn.net/download/maxmins/873820

[42] 如何编写有效的缺陷报告：https://wenku.baidu.com/view/9d393e3567ec102de2bd8960.html

[43] 软件测试系列——软件质量：https://www.cnblogs.com/shijiayi/p/4522342.html

[44] 配置管理的流程：http://www.51testing.com/html/50/n-7650.html

[45] 如何确定软件测试结束：https://www.cnblogs.com/yangxia-test/p/5661437.html

[46] UFT/QTP Turorial: https://www.learnqtp.com

[47] 基于 Selenium 的 Web 自动化框架：http://www.cnblogs.com/AlwinXu/p/5836709.html

[48] 数据驱动测试：https://blog.csdn.net/test_xia/article/details/78042682

[49] 几种典型的软件自动化测试框架：https://www.cnblogs.com/101718qiong/p/7428822.html

[50] 6 种最常用的测试自动化框架：http://www.kingwins.com.cn/content-1700.html

[51] 四种常用的自动化测试框架：https://www.cnblogs.com/40406-jun/p/6642112.html

[52] 选择自动化测试框架：https://www.ibm.com/developerworks/rational/library/591.html

[53] 2018 最好的自动化测试工具：https://testerhome.com/topics/12028